TEACHING MATERIALS
FOR COLLEGE STUDENTS
高等学校教材

计算机操作系统原理

（第 2 版）

张琼声　马　力　李华昱　编著

中国石油大学出版社
CHINA UNIVERSITY OF PETROLEUM PRESS
山东·青岛

内容简介

本书从操作系统的作用、功能、发展和现代操作系统的特点开始，全面介绍了操作系统内核实现的基本原理，涵盖了进程的描述与控制、线程的基本概念与实现、进程同步与通信、进程调度、内存管理、文件系统及设备管理的相关内容。本书尽量将实现操作系统内核的基本原理与相关的数据结构、算法、硬件相结合，试图用具体的实例消除操作系统原理的抽象感。

本书内容全面，实例丰富，深入浅出，将重要的知识点以每章习题的方式列出，以方便读者把握和接受重点知识。

本书适合作为计算机相关专业的本科生、专科生的教材和参考书，也可作为从事计算机相关领域工作人员的参考资料，尤其对操作系统的初学者来说是一本很容易自学的参考书。

第2版前言

对于计算机相关专业的学生和试图深入了解计算机系统的技术人员，学习和理解计算机操作系统存在的原因、工作的原理是至关重要的。如何在有限的时间内把操作系统的核心知识以及学习操作系统的重要性给学生讲清楚，使学生学有所得、学以致用、学而不厌，帮助学生降低学习的难度，这都是作者写本教材的初衷。

本教材源自作者第1版教材及上课的讲义。希望读者通过理解操作系统实现的基本原理，一方面深刻领悟计算机系统从应用软件层到硬件是如何无缝衔接、协同工作的，更重要的方面是能够写出效率和可靠性更高的应用程序。对于那些有兴趣致力于系统软件开发、优化的专业人员，学习操作系统原理也是打好基础的必要环节。

本教材的特点在于尽量做到既能避开内核实现代码的繁杂细节，又能结合数据结构和程序实现的方案，以尽量具体而非抽象的方式介绍操作系统的实现原理。教材始终强调两点：一是操作系统是程序，程序的实现离不开数据结构和算法；二是操作系统是连接应用层和硬件的桥梁，应用软件与操作系统、操作系统与硬件的接口是学习操作系统实现原理的必要内容，甚至为了更好地理解操作系统，还需要结合编译原理的知识。因此，在过去九年的教学过程中，本教材受到了很多学生的喜爱。

本教材的第2版对第1版的表述做了认真的斟酌与修改。第1章增加了对移动计算、分布式系统、虚拟化、云计算的介绍。第2章增加了系统引导过程的介绍。第3章增加了进程间通信一节。将第1版的第6章与第7章做了合并，增加了多级分页和64位系统的四级分页、页共享、利用反置页表的地址转换等内容，并增加了地址解析和地址变换的例题。第8章修改了中断控制方式、循环缓冲同步、设备分配等内容的阐述。所有章节都增加了有利于理解内容的图、表，同时对第1版中保留的图也做了改善。

在第2版的修订过程中，马力重新绘制了所有的新旧插图，不厌其烦地对图中的文字及缺憾进行了修改，直到我们都满意为止。她的耐心、勤奋令人佩服。李华昱对各章习题做了整理，张晓东参与了第8章内容的校对。

感谢山东大学的杨兴强教授认真审阅本教材，并给出了很多中肯的意见，同时也不断给予我诚挚的支持与鼓励。感谢南开大学的辛运帏教授在我撰写第2版的过程中给予的力所能及的帮助，在辛苦的教材编写工作中带给我很多的欢乐时刻。尤其感谢西安邮电大学的陈莉君教授，在我写教案、备课的过程中一直有她的著作、译作相伴，我们无数次探讨操作系统的技术问题和教学问题，她是我操作系统教学生涯中的领路人，也是我翻译专业书籍和撰写教材的启蒙者。

最后我还想感谢在第1版教材出版后，继续致力于学习和探究系统软件实现技术的学生们。他们与我一起解决新的疑问，积累新的认知。他们是张森、李超、沙岩、汪谦、包瑞琳、孟祥奎、徐晨升、赵国梁、田育华、高国亮。感谢范志东、刘童璇、董黎明在系统软件和新的计算环境、新技术发展和需求方面向我持续提供颇有助益的信息与帮助。

特别感谢我的家人对我的倾力相助。

由于作者能力有限，书中不妥之处敬请读者批评指正。

张琼声

2021年9月2日于青岛

第1版前言

"计算机操作系统原理"是计算机类专业的必修课程。学生通过本书的学习，能够掌握计算机操作系统的基本原理。

本书主要介绍实现操作系统内核的基本原理，其中第1章介绍了计算机操作系统的作用、功能、发展、特征、应用领域；第2章详细说明了什么是进程、线程，以及操作系统内核具有的中断处理、时钟管理、系统调用功能实现的基本原理；第3章介绍了同步机制的必要性和实现技术；第4章阐述了进程调度的策略、算法、性能评价方面的内容；第5章介绍了关于死锁及解决死锁的途径；第6章和第7章详细介绍了内存管理实现的原理；第8章结合实例对文件系统要解决的主要问题及实现的基本思路、系统安全性问题做了介绍；第9章介绍了设备管理软件的构成、设备控制方式、设备管理软件的功能及实现原理。本书的内容主要来自作者多年的授课经验和相关知识的积累，以及国内外相关教材和技术资料，已在书后列出，在此对这些文献的作者表示感谢。本书内容尽量使原理与数据结构、算法、硬件特征相联系，试图用实例削弱操作系统原理的抽象感，而且书中的实例采用 Tinix，Linux 2.4 和 Linux 2.6.11 源代码或简化的源代码编写。

由于作者能力有限，书中错误和不妥之处在所难免，敬请读者批评指正。

作　者

2012年3月

目　录

第1章 操作系统简介

计算机操作系统的设计与实现技术是计算机科学领域的一个重要研究主题,也是计算机科学相关领域的工作者理解计算机工作的基本原理、深入认识计算机软件驱动硬件完成特定功能,过程的关键环节。本章从操作系统的作用、功能、特征、发展、软件体系结构等不同角度简要介绍操作系统,目的是使读者了解什么是操作系统,操作系统能做什么,为什么计算机系统中需要操作系统的支持。为了使读者更好地理解后续章节的内容,在本章的最后一节介绍指令的执行过程。

1.1 什么是操作系统

操作系统(Operating System,OS)是一种复杂的系统软件,是不同程序代码、数据结构、数据初始化文件的集合,如常用的 Linux、Windows 7、Windows 10、Mac OS 等。人们常说的安装“系统”,就是指安装“操作系统”。操作系统提供计算机用户与计算机硬件之间的接口,并管理计算机软件和硬件资源。操作系统本身并不向用户提供可直接使用的功能,一台仅装有操作系统的计算机对用户而言几乎是没有用的,但是它为用户可直接使用的应用程序的运行提供了环境,并为应用程序的开发提供了平台,使应用程序的开发变得简单、高效。

操作系统是覆盖在裸机上的第一层软件,编译程序、数据库管理系统(DBMS)以及其他应用程序都运行在操作系统之上,操作系统为这些软件提供运行环境。操作系统在计算机系统中的位置如图 1-1 所示。

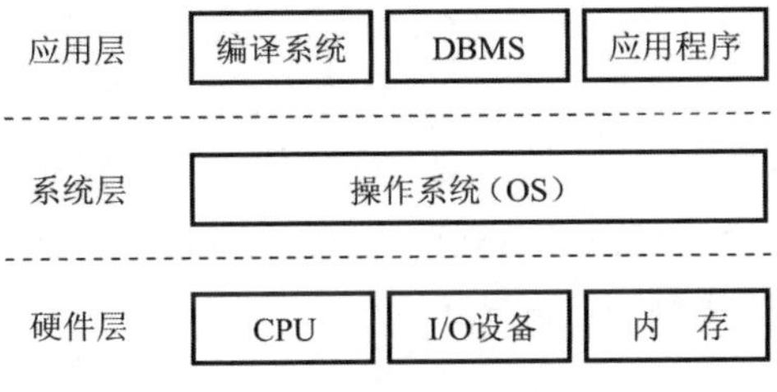

图 1-1 操作系统在计算机系统中的位置

下面从不同的角度说明什么是操作系统。

1.1.1 用户与硬件之间的接口

为什么说“操作系统提供了计算机用户与计算机硬件之间的接口”？接口是两个不同组成部分的交接面。在计算机专业领域，接口分硬件接口和软件接口。硬件接口如 USB 接口、串口、并口，软件接口如 C 语言中的函数调用 printf( )。

计算机的所有功能最终都是由硬件的操作来实现的。但是，通常使用诸如 C、C++、Java、Python 等高级程序设计语言所编写的应用程序中并没有直接操纵硬件的语句、指令，那为什么这些程序依然能够操纵显示器、打印机、摄像头、网卡、磁盘等硬件，通过硬件对程序的执行得到执行结果，完成特定的功能呢？因为用这些高级语言编写的应用程序是在操作系统上运行的，控制硬件的程序都封装在操作系统的内核中。

例如，执行用户程序中的 printf( )，在显示器上输出字符串，不需要在用户程序中写出直接操作打印机或显卡的指令，而是在操作系统上运行的用户程序通过接口 printf( )最终调用操作系统中实现输出功能的函数，其中包括驱动硬件的指令，从而实现了对硬件的操作。这个过程比较漫长，实际上在 printf( )函数中又调用了其他的库函数，经过库函数的层层调用之后，通过系统调用进入操作系统的内核，执行操作系统内核中的特殊函数和显示驱动程序或打印驱动程序，控制硬件完成显示或者打印输出的功能。

因为有了操作系统对硬件的抽象，而且操作系统为应用程序提供了运行环境，所以在操作系统之上编写和运行应用程序就简单多了。例如，在 Windows 下用 C 语言编写从磁盘读文件的程序，只需使用 fopen( )、fread( )、fclose( )几个函数调用即可。但是在没有操作系统的裸机上要写一个可以读文件的程序就复杂多了，必须清楚地知道要读的文件在磁盘上的物理位置，即文件数据在磁盘上的柱面号、磁头号和扇区号，还需要知道读入的数据放在内存的什么位置，然后执行相应的指令序列完成读操作。

在有操作系统的环境中使用高级语言开发应用程序比在无操作系统的裸机上开发相同功能的应用程序要简单、快捷，下面通过两个实例来说明。

例 1-1 在操作系统环境下，用 C 语言编写读磁盘文件 data.dat 的程序。

程序如下：

```
#include <stdio.h>
#include <stdlib.h>
    main()
    {FILE*fp;
      char ch[1000];
      if((fp=fopen("a:\data.dat","r"))==NULL)
        /* 打开要读的文件 data.dat */
      {
      printf("Cannot open file strike any key exit!");
      exit(1);
      }
    fread(ch,sizeof(int),30,fp);   /* 从文件中读 */
```

```
fclose(fp);
}
```

例 1-2 在无操作系统的裸机上编写读磁盘文件 data. dat 的程序。

程序如下：

```
xor ah,ah                ;(对 ah,dl 清零)
xor dl,dl                ;软驱复位(当 ah= 00h,dl= 驱动器号“0 表示 A 盘”
                         ;时,软驱复位)
int 13h                  ;(BIOS 功能调用 int 13h 中断)
mov ax,[wSectorNo]       ;要读取的扇区号送 ax 寄存器)
mov cl,1                 ;将 1 赋值给 cl 寄存器
call ReadSector          ;调用 ReadSector,从第 19 个扇区开始,读出扇区内容,
                         ;逐个放入 es:bx 中
…
- - - - - - - - - - - - - - - - - - - - - - - - - - - - - - - - - - - - -
;以下程序根据逻辑扇区号求扇区在磁盘中的位置,即柱面号,磁头号,扇区号
push bp                  ;sp=sp-2,bp=sp+1
mov bp,sp
sub esp,2                ;开辟出两个字节的堆栈区域保存要读的扇区数:
                         ;byte [bp-2]

mov byte [bp-2],cl       ;将 cl 中的值放入 bp-2 中,cl 为要读的扇区数
push bx                  ;保存 bx
mov bl,[BPB_SecPerTrk]   ;将每个磁道的扇区数值放入 bl 中
div bl
inc ah                   ;ah 中初值为起始扇区号,然后进行扇区号递增
mov cl,ah                ;起始扇区号送 cl 寄存器
mov dh,al
shr al,1
mov ch,al                ;柱面号送 ch
and dh,1                 ;dh&1=磁头号
pop bx                   ;恢复 bx
                         ;至此,“柱面号,磁头号,扇区号”计算完毕
mov dl,[BS_DrvNum]       ;驱动器号送 dl 寄存器 (0 表示 A 盘)
GoOnReading:
mov ah,2                 ;int 13h 的功能调用 ah=2,表示功能号为 2,进行读操作
mov al,byte[bp-2]        ;读 al 个扇区
int 13h                  ;执行 BIOS 的 int 13h 中断,将磁盘中的内容读入内存
```

该程序省略了由文件名 data. dat 查找根目录获取该文件所在的逻辑扇区号部分的程

序，所列程序清单仅包括初始化磁盘驱动器和根据文件所在的逻辑扇区号计算出文件所在的物理位置、定位磁头、启动读操作部分的程序代码(完整代码见附录1)。

上面这段程序，首先执行了一次 int 13h 中断对磁盘进行初始化，通过将 ah 和 dl 清零对驱动器复位。然后，根据逻辑扇区号计算出文件 data.dat 的第一个扇区在磁盘上的绝对物理地址。这个地址包括了 data.dat 的第一个逻辑扇区在磁盘上的柱面号、磁头号和扇区号。最后，程序将这些地址信息和功能号写入指定的寄存器，并再次执行 int 13h 中断，完成一次读操作。

大多数应用软件的开发者可以在不了解计算机硬件接口的情况下编写应用程序，这是因为有了操作系统和大量的库函数完成了公用的、复杂的、可以被应用程序调用的功能。由以上两个实例的对比可以看出，操作系统屏蔽了对硬件操作的细节，提供了计算机用户(最终用户和应用程序开发者)与计算机硬件之间的接口，并且通过这个接口使应用程序的开发变得简单、高效。

操作系统必须实现两个主要目标：

(1) 与硬件部分相互作用，为包含在硬件平台上的所有底层可编程部件提供服务。

例如，要使用显示器，必须为驱动显示器工作的一些寄存器赋值，以便让显示器“知道自己要以什么样的背景颜色、前景颜色显示什么内容”。

(2) 为运行在计算机系统上的应用程序提供执行环境。

高级语言的应用程序是不能在裸机上运行的，必须运行在操作系统上，由操作系统为应用程序的执行分配必要的软件和硬件资源，并对这些资源进行有效的管理。

1.1.2 资源的管理者

现代计算机系统的一个重要特点就是支持多任务，即允许在同一个系统内多个应用程序“同时”执行。多个应用程序共同使用计算机硬件和软件资源时，就需要操作系统对这些资源进行有效的管理，一方面保证用户程序的顺利执行，另一方面使计算机系统资源得到尽可能高效的利用，保证计算机系统的高性能。操作系统所管理的资源主要包括处理器(也称处理机)、内存、设备、文件，在网络操作系统中还包括网卡、带宽等，如图 1-2 所示。

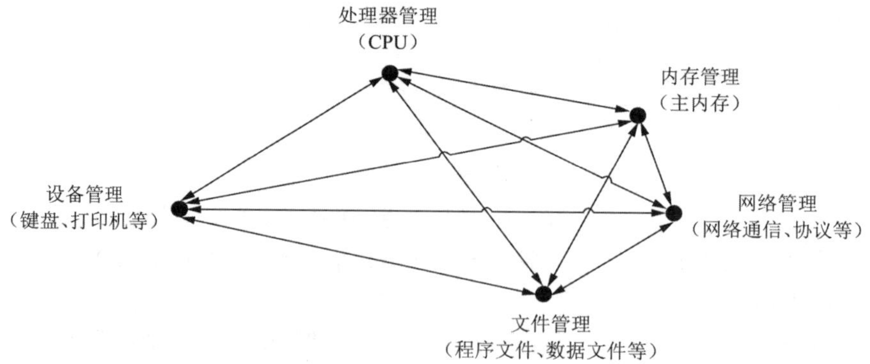

图 1-2　操作系统管理的资源

下面对操作系统的主要功能进行说明。

1）处理器管理

本教材介绍多任务操作系统的实现原理。由于程序的执行必须依靠处理机，而任意时刻处理器都只能执行一个程序流，因此，在单处理器系统中执行多个程序流时，必须由操作系统的处理器调度程序来管理处理器的分配，以使多个程序共享处理器，即从宏观上看多个程序能同时顺利执行。在多处理器系统中，也需要操作系统对多个处理器在多任务的情况下进行有效的管理。

2）内存管理

在多任务系统中，内存不再是独占资源，而是可能被多个应用程序共同占用。如何为多个应用程序分配内存并使不同应用程序的地址空间互不干扰，如何在程序执行结束后回收其所占内存，如何支持逻辑地址到物理地址的转换，如何实现虚拟内存管理，都是操作系统内存管理程序要完成的功能。

3）设备管理

设备管理主要完成接受用户的 I/O 请求、为用户分配 I/O 设备、管理 I/O 缓存、驱动 I/O 设备等功能。

4）文件管理

计算机系统把大量需要长时间保留的数据信息以文件的形式存放在外存储设备中（如硬盘、光盘、磁带、U 盘），操作系统通过自己的文件管理程序完成外存空间的分配、外存空间的回收、文件的按名访问、文件的组织、文件的共享与保护等功能。

1.2 操作系统的发展

操作系统是在解决计算机系统所面临的问题中诞生并发展的自然结果。操作系统的发展依次经历了从无操作系统到单道批处理系统、多道程序系统（多道批处理系统、分时系统）的过程。随着计算机应用领域的扩大、计算机体系结构的多样化，又出现了微机操作系统、网络操作系统、实时操作系统、嵌入式操作系统、移动终端操作系统、物联网操作系统。本节以计算机发展的时间为线索，说明操作系统是如何在解决计算机系统面临的问题中自然发展的。

1.2.1 无操作系统

第一代计算机（1945—1955 年）使用电子管作为主要的电子器件，用插件板上的硬连线或穿孔卡片表示程序，没有用来存储程序的内存，无操作系统。

以 1946 年诞生于宾夕法尼亚大学的第一台实用电子计算机埃尼克（ENIAC）为例，它没有真正的内存，只有 20 个字节的寄存器用来存储数字。每个字节 10 位，也就是只有 200 位的“存储”容量，无法支持存储程序。操作系统需要常驻内存，但当时的情况是不仅硬件技术无法支持操作系统的运行，理论研究领域也没有操作系统的概念。使用埃尼克的方式是程序员用电路的连接方式表示算法，一旦算法发生改变，必须变更电路的连接方式。程序员在使用埃尼克进行计算工作之前，先用插件板上的电路连接表示程序，同时预约好一段上机时间，然后到机房中将插件板接到计算机中，开启计算机开关，开始一次运算。显然，一个用户程序进入计算机和退出计算机系统都需要人工干预，计算机无法自动完成程序的加载和卸载。因此，整个计算机系统处于运行→因等待人工操作而暂停→运行，这样一种不能连续自动工作的状态。

1.2.2 单道批处理系统

第二代计算机(1955—1965 年)使用的主要电子器件是晶体管，开始使用磁性存储设备，内、外存容量增加，计算机运算速度提高，出现了早期的单道批处理系统。

在本书中，将用户程序及程序处理的数据统称为作业。在单道批处理系统出现以前，使用计算机的方式是操作员把作业挂到输入设备上，启动机器，运算结束取结果。典型的情况是程序员用穿孔卡片表示程序和数据，当需要运行这些穿孔卡片表示的作业时，程序员把卡片盒交给输入室的计算机操作员，然后程序员开始等待输出结果。计算机运行完当前作业后，计算结果从打印机上输出。操作员到打印机上撕下运算结果送到输出室，程序员可以在这里取到自己作业运行的输出结果。

这种对计算机的人工控制模式存在的问题是 CPU 速度很快时，CPU 长时间等待人工操作，造成 CPU 资源的严重浪费。该问题的解决方案是利用磁性存储设备提高输入/输出(简写为 I/O)速度。同时，系统程序常驻内存并自动装入作业、撤销作业、输出运算结果。

更详细地描述这一解决问题的思路：操作员在输入室收集全部作业，然后用一台相对便宜的、专门用来输入的计算机把作业从穿孔卡片输入到磁带中，一盘磁带可以存储多个作业。然后，操作员把存有批量作业的磁带装到与计算主机相连的磁带机上。操作员在专门用于计算的、性能较高的计算机上装入早期的操作系统，也叫监视程序，它能自动从磁带读入作业并使之运行，把作业运行结果写入专门存放输出结果的磁带中。每当一个作业运行结束，操作系统自动从磁带中读入下一个作业并使之运行。当一批作业运行完毕，操作员取下输入和输出磁带，将输入磁带换成下一批作业，并把输出磁带装到专门用于输出的计算机上，打印输出结果。过程如图 1-3 所示。

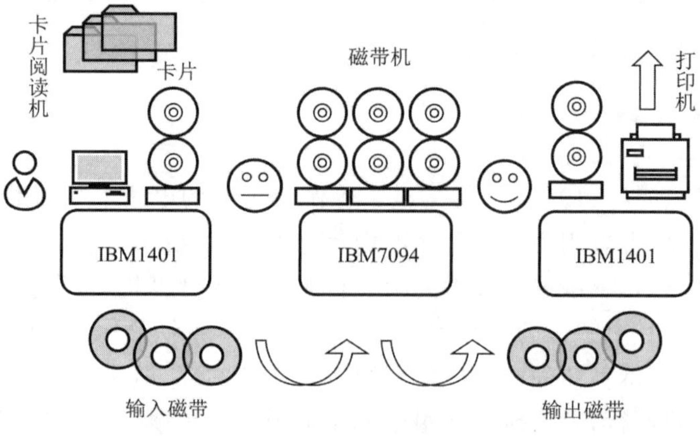

图 1-3　单道批处理系统示意图

这一时期的操作系统是单道批处理系统，内存中只能驻留一道用户作业，CPU 和内存资源被用户作业独占。我们知道，程序是指令的集合，程序的执行是 CPU 依次、逐条执行指令的过程，当执行到输入/输出指令时，启动设备控制器工作。在设备控制器控制设备完成输入/输出（磁带和内存之间的数据传输）的一段时间内是不需要 CPU 干预的。在单道批处理系统的管理下，此时间段内 CPU 空闲，无事可做。对租用计算机的用户而言，损失了 CPU 的机时，而对计算机系统而言，损失了系统的吞吐量。吞吐量是单位时间内计算机系统处理的作业量。

1.2.3 多道程序系统

随着电子技术的发展，计算机开始采用集成电路芯片作为主要的电子器件，IBM 360 是第一个采用小规模集成电路芯片的主流机型。这个时期，生产厂商试图通过生产通用计算机，把用于科学计算、工程计算以及磁带归档、打印处理的两类计算机合二为一。但是通用计算机存在一个问题，就是对于 CPU 操作密集型的作业（使用 CPU 频率高的作业），输入/输出操作较少，CPU 利用率比较高。但是，当通用计算机运行输入/输出密集型的作业时，由于 CPU 频繁等待输入/输出，而且 CPU 在等待输入/输出完成的过程中只能原地踏步，无法进行任何有效的工作，使得 CPU 的浪费最多可达 80%～90%。为了解决这一问题，即提高 CPU 的利用率，提出了多道程序系统的概念。OS/360 是 IBM 开发的第一个多道程序系统。

多道程序系统的最初想法是将内存分成几个部分，每一部分存放不同的作业，如图 1-4 所示。当 CPU 执行一个作业的输入/输出指令后，等待输入/输出操作完成时，可以执行另一个作业，CPU 与输入/输出设备并行工作。任何时刻，当一个作业运行完毕，操作系统会自动从外存装入另一个作业到空闲的内存区域。从理论上讲，如果内存中可以同时存放足够多的作业，则 CPU 的利用率可以接近 100%。

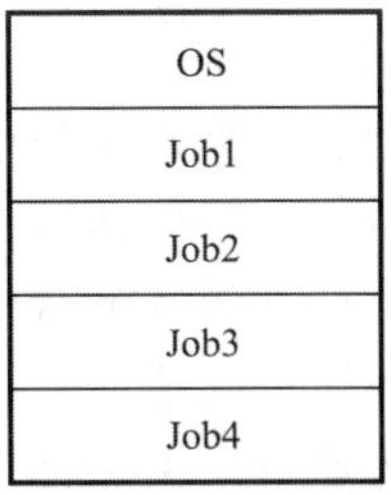

图 1-4 内存中有多道作业的多道程序系统

早期的多道程序系统不具有交互功能，被称为多道批处理系统。程序员提交作业后，在作业运行结束、输出结果之前，无法观察和控制作业的运行。程序员提交作业后可能等待很长的时间，得到的却可能是因为一个小小的语法错误而造成的错误结果。解决这一问题的需求非常迫切，于是出现了分时操作系统。在分时操作系统的支持下，多个用户可以同时通过不同的终端使用主机，主机可以快速响应常用命令，如程序调试命令，使终端用户感觉自己独占计算机资源，并且实现用户与主机的及时交互。在分时系统中同时登陆系统的多个用户提交的作业轮流执行，每个作业运行一小段时间就把主机资源让给另一个作业运行一段时间，多个作业交替执行，分时使用主机资源。

第一个通用分时系统 CTSS（Compatible Time Sharing System）是麻省理工学院 1962 年在一台改装过的 IBM 7094 机上开发成功的，以后出现了 MULTICS（MULTiplexed Information and Computing Service）、UNIX、Linux、Windows 等著名的既支持多道批处理功能又支持分时功能的多道程序系统。

1.2.4 微机操作系统

随着个人电脑的出现，微机操作系统应运而生。第一个微机操作系统是 Intel 公司的顾问 Gary Kildall 编写的 CP/M(Control Program for Microcomputer)系统。这是一个磁盘操作系统，用于 Intel 8080。1977 年，CP/M 被重写，可以在使用 Intel 8080、Zilog Z80 以及其他 CPU 芯片的多种微型计算机上运行。从此，CP/M 在微机操作系统市场风行了几年，成为最著名的 8 位机操作系统，Gary Kildall 为此成立了 Digital Research 公司。

20 世纪 80 年代初，IBM 进军个人电脑市场。在 IBM 向 Digital Research 公司提出为 IBM 个人电脑编写 16 位操作系统时，Digital Research 拒绝了 IBM 的请求。这无疑是 Digital Research 最糟糕的一次商业决策。此时，一直与 IBM 有联系的比尔·盖茨向一家计算机制造商购买了 DOS(Disk Operating System)操作系统。经过对 DOS 的修改，形成了新的 DOS 版本 MS-DOS(Microsoft Disk Operating System)。以后，比尔·盖茨的微软公司采取了将 MS-DOS 与硬件捆绑销售的策略。随着 CPU 的不断升级，微软及时更新 MS-DOS，使之日臻完善，成为个人电脑操作系统的主流。

受 Macintosh 的影响，1985 年微软开始构建 Windows 操作系统。时至今日，虽然面临各种挑战，Windows 操作系统依然是个人电脑操作系统的主流。目前，除 Windows 系列的个人电脑操作系统之外，还有 Linux、Chrome OS、Mac OS 等一些支持个人电脑的操作系统。

1.2.5 实时操作系统

随着计算机在各种工业现场的自动控制、智能机器人、海底探测、航空航天等领域的应用，出现了各种实时系统。实时系统是支持实时计算的系统。实时计算的正确性不仅依赖于系统计算的逻辑结果，还依赖于产生正确结果的时间。简单的解释就是，实时系统不仅要求系统能正确地计算出 1 加 1 等于 2，而且要求必须在规定的时间内计算出 1 加 1 等于 2。如果计算结果正确，但是时间超过了规定时限，则依然认为计算出错。例如，锅炉温度和压力自动控制系统、重病监测系统、机器人都属于实时系统。

实时系统可以使用操作系统，也可以不使用操作系统。在高端的实时系统中通常都有高可靠性和支持实时资源调度的实时操作系统(Real-Time Operating System，RTOS)。VxWorks 操作系统是美国 WindRiver 公司于 1983 年设计开发的一种嵌入式实时操作系统。μC/OS-Ⅱ是一种被广泛应用于微处理器、微控制器和数字信号处理器的开源实时多任务操作系统内核。Linux 系统也支持实时性。

1.2.6 批处理系统、分时系统、实时系统的特点

1）单道批处理系统的特点

单道批处理系统的内存中只有一道作业，可以自动成批处理作业，其特点如下：

(1) 自动性。

单道批处理系统使计算机能够在操作系统控制下自动地将作业从外存装入内存运行，当作业运行完毕，自动撤销已运行完毕的作业，依次从外存装入下一个作业，使之运行。

(2) 顺序性。

存放在外存中的作业按顺序依次被装入内存运行，先进入内存的作业先运行完毕。

(3) 单道性。

任何时刻内存中只有一道作业，即操作系统每次只能从外存装入一个作业进入内存。只有当该作业正常或异常结束，才能将下一个作业装入内存。

单道批处理系统与无操作系统的计算机系统比较而言，减少了等待人工操作的时间。但是，在单道批处理系统中，由于作业独占 CPU 和内存，当作业进行输入/输出时，CPU 只能等待输入/输出完成而无事可做，使得 CPU 资源不能得到充分利用。

2) 多道批处理系统的特点

在多道批处理系统中，用户所提交的作业都先存放在外存中并排成一个队列，该队列称为后备作业队列。由操作系统的作业调度程序按一定策略从后备作业队列中选择作业调入内存，使它们共享 CPU 和系统中的各种资源，以达到提高资源利用率和系统吞吐量的目的。与单道批处理系统相比，多道批处理系统支持多道程序驻留内存，CPU 可以不再空闲等待输入/输出。

多道批处理系统的特点是：

(1) 多道性。

在内存中可同时驻留多道程序，当在 CPU 上运行的作业提出输入/输出请求后，该 CPU 可以执行其他作业。系统支持多个程序并发执行，CPU 与输入/输出设备可以并行工作。在多 CPU 系统中，多个程序可以分别在不同的 CPU 上并行执行，从而有效提高了系统资源的利用率和吞吐量。

(2) 无序性。

作业完成的先后顺序与它们进入内存的顺序之间没有严格的对应关系。同时驻留在内存中的作业，其获得 CPU 的顺序和执行的进度无法预知，先进入内存的作业不一定先被调度，也不一定先执行完。

(3) 调度性。

多道批处理系统必须具有作业调度和进程调度功能。作业调度用来从后备作业队列中选择被装入内存的作业。进程调度程序用来从内存中选择进程，使其在 CPU 上运行。

(4) 复杂性。

由于在多道批处理系统中作业共享 CPU、内存、外设、文件，程序并发执行，而且多道批处理系统必须具有处理器管理、内存管理、输入/输出设备管理、文件管理、作业管理的功能，分时系统还必须解决终端用户管理问题，因此其功能和实现技术都比单道批处理系统复杂。

多道批处理系统的优点是能够提高 CPU、内存和输入/输出设备的利用率及系统的吞吐量。

多道批处理系统的缺点是系统平均周转时间长、缺乏交互能力。周转时间是指从作业被提交给系统开始到作业完成为止的时间。平均周转时间是指所有作业的周转时间之和与作业数量的比值。

3) 分时系统的特点

分时操作系统允许多个用户通过终端同时使用计算机。支持多个用户任务同时驻留内存,每个用户通过终端与主机交互时都能得到快速的响应。

分时系统的特点是多路性、独立性、及时性、交互性。多路性是指允许在一台主机上同时联结多台联机终端。独立性是指各终端用户彼此独立操作,互不干扰。及时性是指用户请求能在很短的时间内获得响应。交互性是指用户可以通过终端与系统进行广泛的人机对话。

分时系统的优点是向用户提供了人机交互的方便性,使多个用户可以通过不同的终端共享主机。

分时系统的实现需要解决两个关键问题,即及时接收和及时处理。同时连接多个用户终端的分时系统要能及时接收用户的命令或数据,当新用户命令到来时,尚未处理的用户命令要通过缓冲区来妥善保存。此外,分时系统要能及时处理用户的交互命令,使系统的响应时间得到保证。响应时间是从用户提交命令到系统显示第一条反馈信息的时间。为了实现这一目标,应该使所有的用户任务都直接进入内存,并在很短的时间内使每个任务都运行一次。

4) 实时系统的特点

实时系统主要用于实时控制和实时信息处理领域。实时系统必须能及时响应外部事件的请求,在规定的时间内完成对该事件的处理,并控制所有实时任务协调一致地运行。与分时系统相比,实时系统具有以下特点:

(1) 多路性。

实时系统的多路性除具有与分时系统相同的特点外,主要表现在经常对多路的现场信息进行采集以及对多个对象或多个执行机构进行控制。

(2) 独立性。

实时信息系统与分时系统一样,每个终端用户在向实时系统提出服务请求时,是彼此独立操作、互不干扰的。在实时控制系统中,信息的采集和对对象的控制也都是彼此互不干扰的。

(3) 及时性。

实时信息系统对实时性的要求是以人所能接受的等待时间来确定的,如智能手机系统。实时控制系统的及时性则是以控制对象所要求的开始截止时间或完成截止时间来确定的。开始截止时间是从事件发生到开始处理该事件的最晚时间。完成截止时间是从事件发生到处理完该事件的最晚时间。

(4) 交互性。

实时信息系统的交互性仅限于访问系统某些特定的专用服务程序。

(5) 可靠性。

实时系统比分时系统要求有更高的可靠性,因为任何实时系统的错误都可能带来巨大的经济损失,甚至危及生命安全。因此,在实时系统中,往往采取多级容错措施,以保证系统安全和数据安全。

需要说明的是,批处理系统、分时系统和实时系统是三种基本的操作系统类型,而一个实际的操作系统可能兼有三者或其中两者的功能特点。

1.2.7 操作系统产品

1）主机操作系统

主机操作系统是运行在大型主机上的操作系统，主要提供三类服务：批处理、事物处理和分时处理。

批处理系统处理不需要交互式用户干预的周期性作业，例如保险公司的索赔处理或者连锁商店的销售报告通常以批处理的方式完成。

事务处理系统负责大量的小请求，例如银行的支票处理或航班预定。事务处理系统的每个业务量都很小，但是系统必须每秒处理成百上千个业务，需要很快的处理速度。

分时系统允许多个远程用户同时在计算机上工作，执行命令或处理作业。

一个大型主机操作系统通常同时具有批处理、事务处理和分时处理的功能。例如 IBM 的 OS/360、OS/390 是典型的大型主机操作系统，Linux、UNIX 的一些版本也是很多大型机常用的操作系统。

2）服务器操作系统

服务器操作系统是运行在网络服务器上的操作系统，可以通过网络同时为众多用户服务，允许用户共享硬件和软件资源。服务器可提供打印服务、文件服务和 Web 服务。典型的服务器操作系统有 Solaris、FreeBSD、Linux、Windows NT、Windows Server 200X。Linux 作为影响力最大的开源软件，其内核根据不同的需要被定制，广泛地应用于服务器、个人电脑和移动设备。一些互联网公司如腾讯、阿里巴巴使用 Linux 内核的不同发行版作为自己的网络服务器操作系统。

3）个人电脑操作系统

现代个人电脑操作系统都支持多道程序处理，就是通常所说的支持多任务。个人电脑操作系统为单个用户提供良好的应用环境和应用软件开发环境。常见的个人电脑操作系统有 Windows 的个人电脑操作系统系列、Linux 的不同发行版、Macintosh、Chrome Os、苹果电脑的 Mac OS 系统等。

4）嵌入式操作系统

嵌入式系统的概念出现在 20 世纪 70 年代。嵌入式系统是宿主于非计算机设备中的计算机系统。嵌入式操作系统是运行于嵌入式设备中的操作系统。嵌入式系统的构成如图 1-5 所示。

- 嵌入式系统
  - 嵌入式硬件
  - 嵌入式软件
    - 嵌入式操作系统
    - 嵌入式应用程序

图 1-5 嵌入式系统的组成

嵌入式系统由嵌入式硬件和嵌入式软件组成，嵌入式软件包括嵌入式操作系统和嵌入式应用程序。在功能简单的低端嵌入式系统中，直接在嵌入式硬件中运行嵌入式应用程序，不必使用嵌入式操作系统，如早期的诺基亚手机的很多系列是没有操作系统的。现在的智能手机支持的功能丰富、复杂，都需要操作系统的支持。

第一个商用嵌入式操作系统 VRTX32 出现于 1981 年。20 世纪 80 年代的嵌入式操作系统主要用于军事和电信产品，如 VRTX32 和 PSOS。20 世纪 90 年代以后，微内核设计技术和模块化的设计思想开始渗入嵌入式操作系统。互联网的迅速发展，对嵌入式操作系统提出了新的要求。为了方便使用大量现有的软件代码，嵌入式操作系统需要支持标准的 API。这个时期出现了几十种产品，代表性的有 VxWorks、QNX、WinCE、Android 等。嵌入式操作系统在技术上的特征是设计上采用更易于移植的方案，以适应越来越多的新处理器；开放源码，提高性能，保证高可靠性。嵌入式 Linux 在消费电子设备中得到广泛应用。

目前，应用于嵌入式系统的实时操作系统产品非常多。在物联网快速发展的情况下，出现了物联网操作系统。物联网操作系统本质上是连接在物联网中的各种可计算设备中的操作系统，也是嵌入式操作系统。物联网操作系统的产品较为丰富，如苹果公司的 iOS、谷歌的 Android Things、微软的 Windows10 IoT Core、开源物联网项目 FreeRTOS，等等。

嵌入式操作系统的特征是小巧、实时性、可装卸、代码固化、弱交互性、强稳定性、接口统一、低能耗。

嵌入式操作系统的应用领域有智能手机、数码相机、自动售货机、自动取款机、工业控制设备、军工装备、游戏机、医疗设备、网络设备、汽车的车载设备等。

1.2.8 操作系统的应用环境

移动计算、分布式计算、虚拟化、云计算等计算环境的出现和发展对操作系统提出了新的要求，出现了支持不同计算环境的操作系统。

1）移动计算

移动计算（mobile computing）就是智能手机或平板电脑的计算，其物理特性是便携、轻巧。移动计算系统的功能越来越丰富，性能越来越好，运行其上的应用程序发展迅猛。很多原来只能在个人电脑上运行的程序，越来越多地有支持移动计算设备的版本。但是，移动设备的内存容量和处理速度还是不如个人电脑，而且对能耗有较高的要求。为了减小电池能耗，移动设备通常考虑使用较小、较慢、核数量较少的处理器。

移动计算设备中使用的操作系统需要满足移动计算设备硬件及应用的特殊性，目前移动计算设备主要使用的操作系统有苹果 iOS 和 Google Android。

2）分布式系统

分布式系统是通过计算机网络连接起来的一组在物理位置上分开的、同构或异构的计算机系统。分布式系统中的操作系统具有支持网络协议、驱动网卡、进行网络通信等功能，在分布式系统中不同的节点计算机上可能运行不同的操作系统。

分布式系统面对不同硬件和操作系统实现某种统一性的途径是在操作系统之上加一层中间件，如图 1-6 所示。中间件提供特定的数据结构和操作，从而允许散布在不同节点机器上的进程和用户用一致的方式进行互操作。

分布式系统的实现可采用客户机-服务器计算模型和对等计算模型。

(1) 客户机-服务器计算模型。

客户机-服务器计算模型的通用结构如图 1-7 所示。

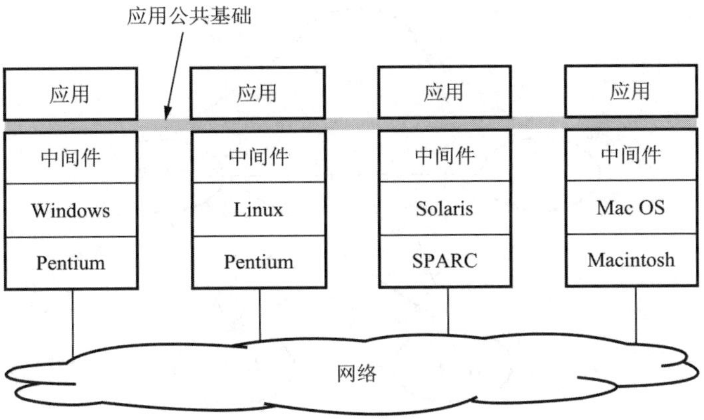

图 1-6　分布式系统及其中的中间件

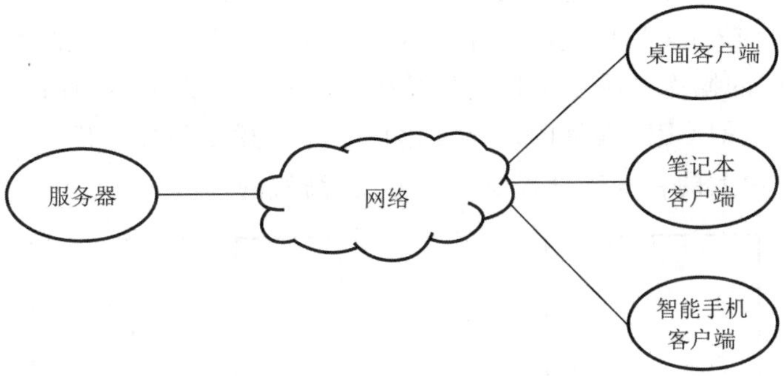

图 1-7　客户机-服务器计算模型

采用客户机-服务器计算模型的系统可分为计算服务系统和文件服务系统。计算服务系统提供接口，客户端通过接口向服务器发送请求，服务器执行操作，将执行结果发送给客户端。例如，学生通过智能手机的 APP 发送成绩查询请求给学校的数据库服务器，数据库服务器将查询结果返回到学生的智能手机中，通过 APP 界面显示出来。

文件服务系统提供文件系统接口，以便客户机可以创建、更新、访问和删除文件。例如，一个 Web 服务器可以发送文件到运行 Web 浏览器的客户机。

(2) 对等计算模型。

在对等(Peer-to-Peer，P2P)计算模型中，不区分客户机与服务器，系统中所有的节点是对等的，每个节点都可以是客户机或服务器，这取决于它是请求还是提供服务。对等系统的优点是不存在服务器瓶颈，因为每个节点都可以提供服务。对等计算模型如图 1-8 所示。

3) 虚拟化

虚拟化技术是一种软件技术。通过虚拟化技术能够让一个平台上的操作系统运行在另一个不同的平台上。当需要在一台机器上运行支持不同 CPU 的操作系统或者支持同一类型 CPU 的不同操作系统时，可以使用虚拟化技术。虚拟化技术通过模拟不同的 CPU 实现对 CPU 类型的抽象。

通过虚拟化，为某一 CPU 编译的操作系统可以运行在另一个操作系统上。例如，可以在支持 Intel 芯片的 Windows 操作系统上安装 VMWare 虚拟机，然后在 VMWare 中安装为

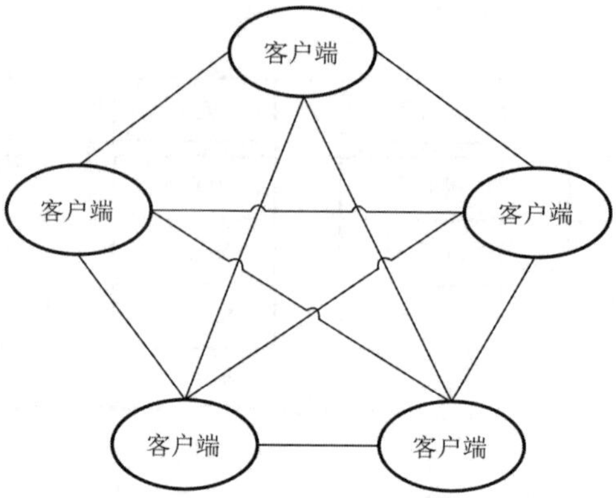

图 1-8　对等计算模型

某种 CPU 编译的 Linux 系统。这样做的好处是用户可以运行 Windows 及其上的应用程序，也可以同时运行 Linux 及其上的应用程序。有了 VMWare 这样的虚拟机，就不需要划分多个分区，在不同的操作系统中选择引导其中的一种操作系统，而且这些操作系统都只能是为本机使用的同类型 CPU 编译的。虚拟化技术为在开发平台上开发、调试运行于不同于开发平台的目标平台上的各种软件提供了更方便、高效的环境。

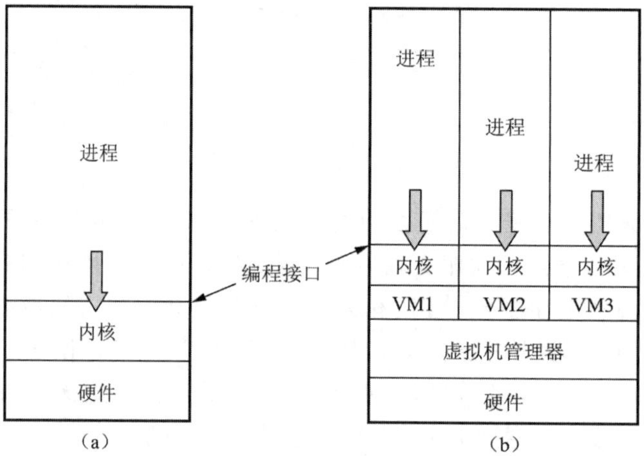

图 1-9　利用 VMWare 实现虚拟化

VMWare 虚拟化 CPU 采用的是一种模拟技术，模拟不同的 CPU 环境。操作系统本身也有不同的虚拟化技术，比如通过支持并发技术，提供比物理资源更多的逻辑资源，在单 CPU 系统中虚拟出多个 CPU，运行多任务；在内存管理中通过请求调入和置换技术实现虚拟存储系统，使用户能够使用比实际物理内存更大的逻辑地址空间；在设备管理中实现虚拟设备，提高设备的利用率等。

4) 云计算

云计算可以通过网络提供计算、存储、应用程序等服务。用户可以通过互联网付费使用云平台提供的资源。云计算的类型如下：

(1) 公有云(public cloud)，即只要通过网络注册、付费就可以使用的云。

(2) 私有云(private cloud)，即局限于某个单位内部使用的云。

(3) 提供服务的软件(Software as a Service,SaaS),是指可以通过互联网使用的应用程序,如在线文字处理程序和电子表格程序。

(4) 提供服务的平台(Platform as a Service,PaaS),是指应用程序通过互联网使用的软件堆栈。

(5) 提供服务的基础设施(Infrastructure as a Service,IaaS)。

上述云计算的类型可以组合以提供多种类型的云计算服务和环境。云计算环境如图1-10所示。

传统的操作系统可以为云计算环境提供支持。此外,现有的不同的虚拟机管理和组件管理工具也可为云计算环境提供支持。

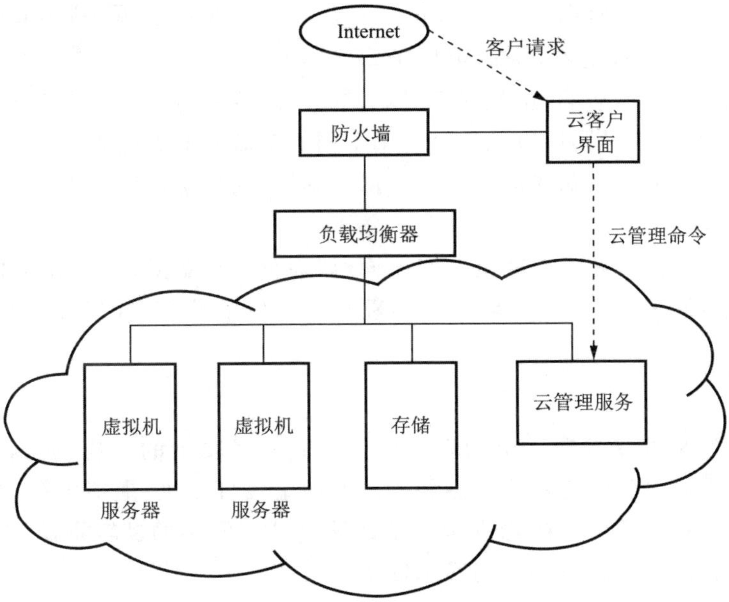

图 1-10　云计算环境

1.3　操作系统的特征

现代操作系统都支持多任务,具有并发、共享、虚拟、异步的特征。

1) 并发

两个或多个事件在同一时间间隔内发生。并发强调"同一时间间隔",它与并行是有区别的两个不同的概念,并行是指多个事件同时发生。

以单 CPU 多任务的操作系统为例,当我们说两个程序并发执行,是指从宏观上看这两个程序同时在向前推进。例如,你可以在一台单 CPU 的笔记本电脑中一边运行音频播放程序听歌曲,一边用 Microsoft Office Word 编辑文档,编辑程序在工作的同时音频播放程序也在工作。但是,在单 CPU 的系统中,任意时刻只能有一个程序流在 CPU 上执行,要么是编辑程序,要么是音频播放程序。之所以用户能感觉到两个程序似乎同时在工作,而且互不干扰,是因为操作系统使两个程序在 CPU 上快速地轮流交替执行,实现了"并发"的功能,如

图 1-11 所示。

2）共享

共享是指系统中的资源可供内存中多个并发执行的进程共同使用。资源共享有两种方式，即互斥共享和同时共享。

互斥共享是指任意时刻一种资源只能被一个进程访问，当一个进程访问资源时，其他进程必须等待，直到资源被进程访问完毕，释放访问权。例如打印机的访问，如果不采取互斥访问的方式，可能会把多个进程的输出内容打印到同一页打印纸上。

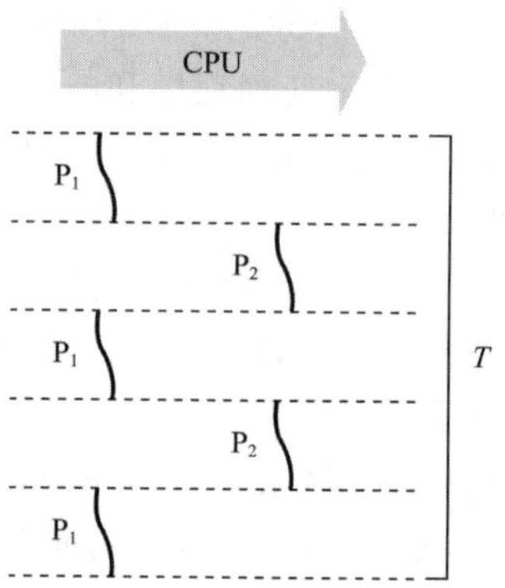

图 1-11　两个进程在单 CPU 系统中并发执行

同时共享是指从宏观上看，资源可以被多个进程同时访问。例如对磁盘的访问，虽然任意时刻磁盘驱动器只能为一个磁盘请求提供服务，但是在一段时间内，磁盘驱动器可以轮流为多个不同的磁盘请求提供服务。从用户的角度看，多个用户程序可以同时发磁盘访问命令，并可以同时得到响应。从宏观上看，磁盘可以被多个用户程序同时访问。

并发与共享的关系是相互依赖的。一方面，如果系统不支持并发，资源的使用都是独占的，不需要共享资源；另一方面，如果不能实现有效的资源共享，并发就不可能得到很好的支持。

3）虚拟

虚拟是指通过某种技术把一个物理实体变成若干逻辑上的对应物。物理实体是实在的，即实际存在，而后者仅仅是用户感觉到的。例如虚拟打印机、虚拟内存、虚拟 CPU，都是操作系统通过某种技术把少量的物理资源变成比物理资源多的逻辑资源，使共享资源的每个用户都感觉到自己独立拥有和使用系统资源。

4）异步

异步是指进程以不可预知的速度向前推进。内存中的每个程序何时执行、何时暂停，以怎样的速度向前推进，每个程序总共需要多少时间才能完成等都是不可预知的。系统中什么时候会出现需要特殊处理的事件如键盘中断、鼠标中断等也是随机的、不可预知的。现代操作系统需要很好地处理这些异步事件。

1.4 操作系统的功能

本节简单介绍操作系统的内存管理、进程管理、设备管理、文件管理等功能及操作系统提供的用户接口。

1.4.1 内存管理

内存管理的主要任务是为多道程序的运行提供良好的环境，方便用户使用内存，提高内存的利用率，以及从逻辑上扩充内存以实现虚拟存储。为此，内存管理应具有内存分配、内存保护、地址映射、内存扩充、内存回收功能。

1）内存分配与回收

内存分配的主要任务是为每道程序分配内存空间，使它们“各得其所”；提高内存的利用率，以减少不可用的内存空间；允许正在运行的程序申请附加的内存空间，以适应程序和数据动态增长的需要。

OS 可以采用两种方式实现内存分配，即静态分配方式和动态分配方式。采用静态分配方式是把内存划分成固定大小和一定数量的区域，在系统运行过程中各分区的大小和数量不再变化。采用动态分配方式是系统在运行过程中，根据进程的请求分配内存，内存中分区的大小和数量都是动态变化的。

为了实现内存分配，需要以下的数据结构和功能支持。

(1) 用于内存分配的数据结构。该数据结构用来记录内存使用状况，如内存空闲区域的大小、空闲区域的起始地址等，为内存分配的实现提供依据。

(2) 内存分配功能。系统按照一定的内存分配算法分配内存空间。

(3) 内存回收功能。系统需要回收被释放的内存空间并采用合适的数据结构记录回收的内存区域的大小和分布情况。

2）内存保护

内存保护的任务：一是使操作系统内核的空间不会被用户随意访问，以保证系统的安全、稳定；二是确保每道用户程序都在自己的内存空间中运行，互不干扰。实现的方式可以采用界限寄存器存放允许程序访问的地址区间的上限和下限值。程序运行期间访存时，把访问地址与界限寄存器的值相比较，如果发生越界，便发出越界中断信号，以停止该程序的运行。需要说明的是，现代操作系统实现内存保护的方式不仅限于使用界限寄存器。

3）地址映射

在 CPU 执行程序过程中访问内存时，需要把程序的逻辑地址转变为物理地址，这个转换的过程称为地址映射(地址变换)。下面先介绍什么是逻辑地址和物理地址，然后解释地址映射的功能和过程。

(1) 逻辑地址与物理地址。

一个应用程序经编译后，通常会形成若干个目标程序，这些目标程序再经过链接形成可装入程序。这些程序中指令和数据的地址都是相对于编译、链接后的机器代码程序的起始地址计算的，由这些地址所形成的地址范围称为地址空间，其中的地址称为逻辑地址。如图 1-12 所示，一个 main( )函数经过编译后形成 Intel 指令集的目标文件中，程序第一条指令的起始地址为 0，指令长度为 1 个字节。第二条指令的起始地址为 1，指令长度为 2 个字节。第三条指令的起始地址为 3，指令长度为 5 个字节。图 1-13 是经过链接后形成的可执行程序，第一条指令的起始地址不再是 0，而是 0x 80483ec(用十六进制表示的地址)。图 1-12 和图 1-13 中的地址都是逻辑地址。在本书中，把所有非物理地址的其他各种形式的地址(包括虚地址)均称为逻辑地址。此外，由内存中的一系列单元所限定的地址范围称为内存空间，其中的地址称为物理地址。CPU 访问内存时，需要将物理地址送地址总线，以选中要访问的内存单元。

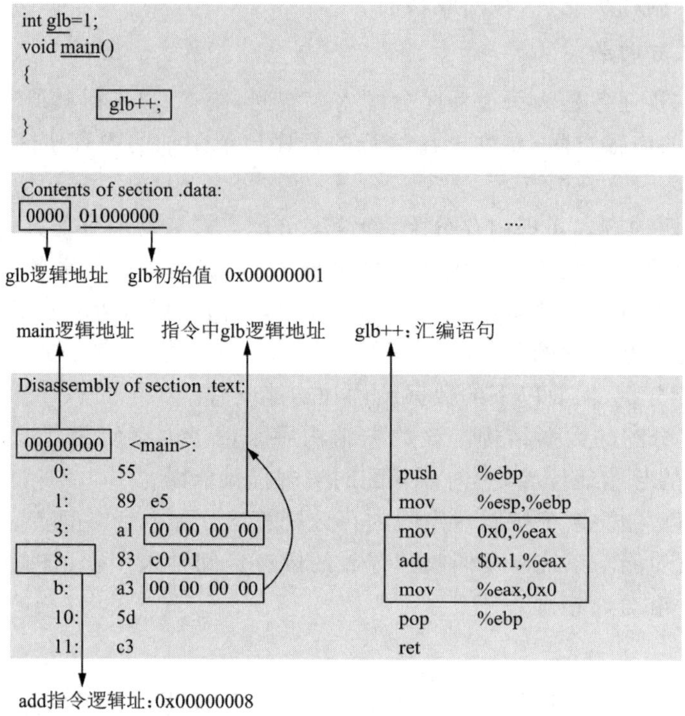

图 1-12　目标程序中的逻辑地址

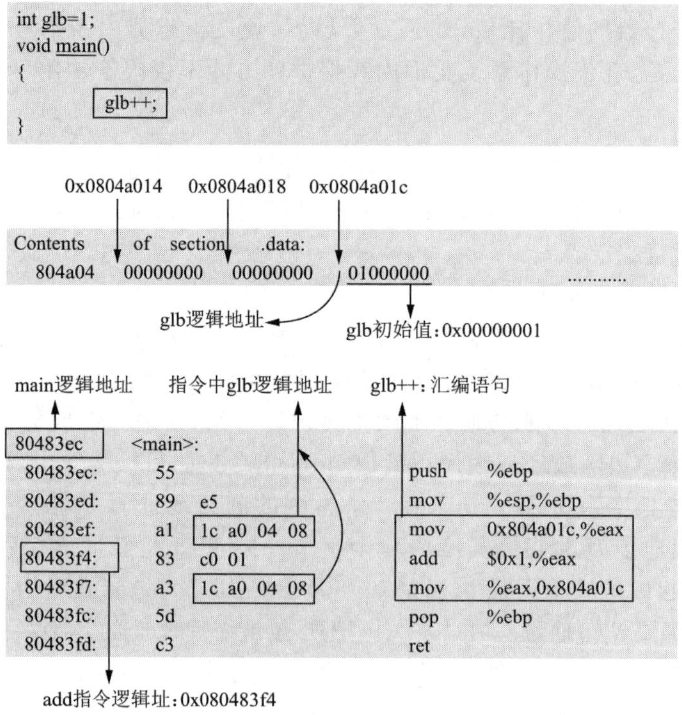

图 1-13　可执行程序中的逻辑地址

(2) 地址映射。

地址映射也称地址变换。在多道程序系统中,地址空间中的逻辑地址和内存中的物理地址是不一致的。因此,内存管理必须提供地址映射功能,以便将逻辑地址转换为对应的物理地址。地址映射应在硬件的支持下完成。

例如,高级语言把一个函数调用描述成:

```
    A( )
{
  call B
}
```

编译程序把 call B 翻译成 jump 0x 01040 这样的一条跳转语句,意思是调用函数 B 就跳转到函数 B 的实现代码的入口地址处开始执行。函数 B 实现代码的入口地址是0x 01040,但编译器给出的这个地址不是物理地址,而是一个逻辑地址。CPU 执行 jump 0x 01040 指令时,系统必须通过内存管理的地址映射机制把逻辑地址 0x 01040 转换成物理地址,将物理地址送到地址总线,才能访问存放 B 的第一条指令的物理内存单元,取得指令。

4) 内存扩充

内存扩充的任务是借助于虚拟存储技术,从逻辑上扩充内存容量,使系统能够向用户提供比物理内存大的存储容量。为了能从逻辑上扩充内存,系统必须具有内存扩充机制,以实现下述功能:

(1) 请求调入功能。允许系统在装入一部分用户程序时就启动该程序的运行,在程序运行过程中若发现要执行的指令或要访问的数据尚未装入内存,则通过请求调入把需要的指令或数据装入内存。

(2) 置换功能。在请求调入时,若发现内存空间不够,则需要系统先将内存中的一部分内容换出到外存中,以便腾出内存空间装入当前需要的内容。

1.4.2 进程管理

进程可以认为是程序的执行实体(进程的详细介绍见本书第 2 章)。进程管理功能主要包括进程的描述与组织、进程控制、进程同步、进程通信、进程调度。进程控制功能完成创建进程、撤销进程、唤醒进程、阻塞进程等操作。进程同步功能完成多个进程(含线程)运行的协调与互斥。进程通信功能用来实现进程之间的信息交换。进程调度功能是从多个可执行的进程中选出一个进程,以便 CPU 可执行该进程。

1.4.3 设备管理

设备管理主要完成用户的输入/输出(I/O)请求,为用户分配 I/O 设备。为了完成这些任务,设备管理应该具有以下功能:

(1) 缓冲管理:管理各种缓冲区。

(2) 设备分配:分配用户所需要的 I/O 设备。

(3) 设备处理:由设备驱动程序来实现 CPU 与设备控制器之间的通信,控制设备进行具体的 I/O 操作。

(4) 设备独立性和虚拟设备。设备独立性功能使应用程序独立于物理设备。例如,用高级程序设计语言写打印图形的程序,与使用什么型号、品牌的打印机无关。虚拟设备的功能是把一个物理设备变换为多个对应的逻辑设备,使一个物理设备能供多个用户共享。

1.4.4 文件管理

1) 文件存储空间的管理

为每个文件分配必要的外存空间,提高外存利用率,并能有助于提高访问文件的速度。

2) 文件的按名访问

为每个文件建立目录项,利用目录等数据结构实现文件的按名访问。

3) 文件的读、写管理和存取控制

根据用户的请求,从外存中读取数据或将数据写入外存。防止未经核准的用户存取文件、防止冒名顶替存取文件、防止以不正确的方式使用文件。

1.4.5 提供用户接口

为了方便用户使用操作系统,操作系统应向用户提供用户与操作系统之间的接口。操作系统向最终用户提供命令行和图形接口,向应用程序提供系统调用接口。系统调用是操作系统实现的具有某种功能的程序模块,应用程序可以通过系统调用的接口使用操作系统实现的功能,获得操作系统内核的服务。

1) 命令接口

为了便于用户与计算机系统的交互,早期的操作系统都向用户提供命令接口。命令接口又可分为联机用户接口和脱机用户接口。

(1) 联机用户接口。

这是为联机用户设计的接口,它由一组键盘操作命令和命令解释程序组成。当用户在终端或控制台上每键入一条命令后,系统便立即转入命令解释程序,对该命令进行解释并执行该命令。在完成功能后,控制又回到终端或控制台上,等待用户键入下一条命令。

(2) 脱机用户接口。

脱机用户接口是为批处理作业的用户提供的,也称为批处理用户接口。

2) 图形接口

20 世纪 90 年代,在操作系统中开始引入图形化用户接口。在提供图形用户接口的操作系统中,用户可以轻松地通过选择窗口、菜单、对话框、滚动条、图标等简单的操作来完成对作业和任务的提交与控制。用户不必记住与操作对应的命令和命令参数的格式。图形用户接口使操作计算机成为相对简单的事情,也使更多的非专业人员能很快掌握计算机和应用程序的操作。

3) 程序接口

操作系统提供给程序员的接口是系统调用。在类 UNIX 系统中,系统调用多使用 C 语言所提供的库函数。例如在程序中，使用 C 的函数 fseek( )，而 fseek( )的代码调用相应的系统调用。一般的操作系统都提供进程控制、文件操纵、通信管理和系统维护等几类系统调用。关于系统调用的详细内容见本书第 2 章。

1.5 操作系统的体系结构

操作系统的体系结构是操作系统作为一种软件的体系结构，对操作系统的可靠性、灵活性、可移植性及可维护性等方面都有重要的影响。

1.5.1 软件体系结构简介

随着计算机硬件技术的飞速发展和应用领域的日益广泛，软件的规模和复杂性不断增加。人们迫切需要一种新的超越传统算法和数据结构的高层抽象结构来描述整个系统，从而提出了软件体系结构的概念。

软件体系结构是一个复杂软件系统的高层结构，为软件系统提供了一个结构、行为和属性的高级抽象，包括系统元素的结构、元素间的相互关系以及指导元素集成的模式和约束三个方面。它采用形式化的方法刻画了软件系统的组织和拓扑结构，显示了系统需求和构成系统的元素之间的对应关系，能够针对系统需求对软件的早期设计进行正确性和完整性分析，从而降低了开发后期产生错误的数量，减少了软件维护的成本，也提高了软件重用的抽象层次和粒度，对提高软件系统的质量和开发效率有着巨大的作用。总的来说，明确清晰的软件体系结构是一条贯穿软件系统整个生命周期的主线，是软件设计成功的基础和关键，也是对软件大型化、复杂化趋势的一种很好的应对决策。

1.5.2 操作系统体系结构分析

操作系统体系结构研究整个操作系统内各组成成分以及成分间和成分内部存在的相互关系。在操作系统的发展过程中，产生了许多不同类型的体系结构模型，它们各有其适用范围。

应用需求的变化和硬件体系结构的不断发展对操作系统的可靠性、可扩充性、可移植性以及开放性都提出了更高的要求。嵌入式应用的发展要求操作系统具有更高的开发效率和较低的开发成本，这些变化必然要求修改和增强现有操作系统的结构。因此，深入理解和认识操作系统内核体系结构的实现模型，从而研究更优越的操作系统体系结构和开发方法具有重要意义。本节详细介绍几种操作系统体系结构模型。

1）简单的监控程序模型

最初的计算机中并不存在操作系统这个概念，所有的任务都直接运行于硬件之上，由程序员手工操作硬件系统。随着作业控制语言的出现，产生了简单的监控程序。这种系统的功能相当简陋，任意时刻系统中只能运行一个任务，这样就保证了对系统信息的互斥访问，保护了系统数据的安全。但是这种设计的主要问题是系统缺乏“可伸缩性”，任务独占整个系统，这将极大地降低系统中潜在的并发性，从而使系统效率严重受损。在结构设计方面，没有任何结构方面的指导，整个系统的所有功能全部集中在一个单一模块中。后来的单体结构模型就是在此基础上发展起来的。这个阶段的典型代表是 FMS(FORTRAN Monitor System)和 IBSYS(在 IBM 7094 机上运行)。

2）单体结构模型

单体结构模型是软件工程出现以前的早期操作系统以及目前一些小型操作系统采用的体系结构，如图 1-14 所示。在单体结构模型中，所有的软件和数据结构放置在一个逻辑模块中，对外层的用户程序提供一个完整的内核界面——系统调用。整个系统由若干具有一定独立功能的子程序组成，系统各部分之间没有确定的位置概念，彼此间没有信息隐藏，允许任一子程序调用其他子程序。因此，它的特点是结构简单，便于理解和实现，而且系统所有部分集中在一个内核中，效率较高。但它的缺点也很明显，由于各子程序间可以互相调用，系统结构关系复杂，容易引起循环调用和死锁。修改一个子程序往往会导致若干相关部分的变动，系统的可修改性和可维护性比较差。

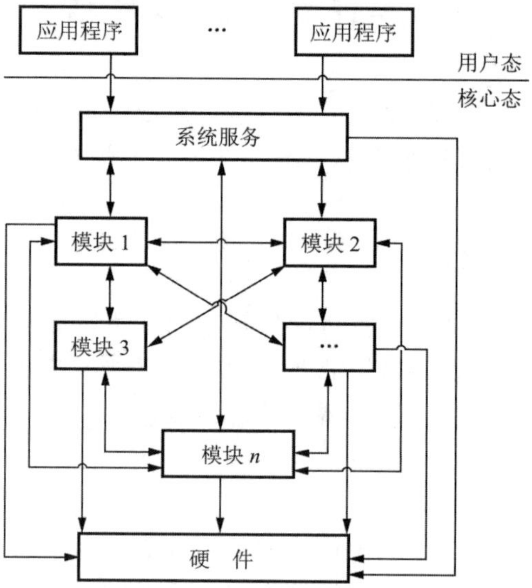

图 1-14　单体结构模型

随着软件工程的提出和发展，借助于软件工程的模块化思想，内核开发人员根据功能的不同，将操作系统内核结构划分成不同的模块，模块间仅能通过各自定义良好的对外接口进行相互通信，不能访问各模块内部的变量。这样不管一个模块内部如何变化，只要对外提供的接口保持不变，就不会影响到其他模块，从而局部化模块的变更，在一定程度上缓解了单体内核结构的复杂性，也提高了系统的可维护性和可扩充性。

单体内核是操作系统中最早、最常见的体系结构。在计算机发展初期，由于硬件设备和系统资源都极其昂贵和奇缺，单体结构的简单和高效特性满足了系统的设计要求，因而得到了广泛的应用。具有单体内核结构的典型操作系统有 UNIX、MS-DOS、Linux、BSD、Mac OS X 等系统。

3）层次结构模型

由于单体结构中各部分之间紧密依赖、相互调用，当系统中模块数较多时，无序相互调用所造成的系统复杂性将难以驾驭。为了消除这个弊病，就必须先从改变模块间的无序调用着手，实现有序调用，从而提出了层次结构模型，如图 1-15 所示。

层次结构的基本思想是将操作系统分解为多个小的、容易理解的层，系统功能被隔离在不同层中，每一层提供对系统功能的部分抽象，然后采用单向调用的次序，形成一连串彼此连续的对系统功能的抽象串，最终形成对整个系统的完整抽象。层次结构模型为系统中各个模块赋予了位置的理念。在操作系统的系统结构中，各个模块都有相对固定的位置、相对固定的层次；层与层之间有严格的接口定义，并且每一层只依赖于它下层提供的服务而工作，不能访问上层所提供的服务。这样组织的好处是方便操作系统的实现、调试和测试。分层结构使操作系统中各模块间的组织和依赖关系清晰明了，系统的可读性、可靠性和可移植性都得到增强。此外，对某一层的修改或替换只影响邻近的两层，便于系统的维护和扩充。分层设计的困难之处在于如何决定各层的顺序和内容，该问题处理不好将会出现“循环依赖”的问题。另一个问题就是性能问题，有时系统完成一个功能需要穿越多个层才能实现，系统分层粒度越小，所花费的额外开销也就越大。出于效率考虑，有些系统允许跨层向下调用。

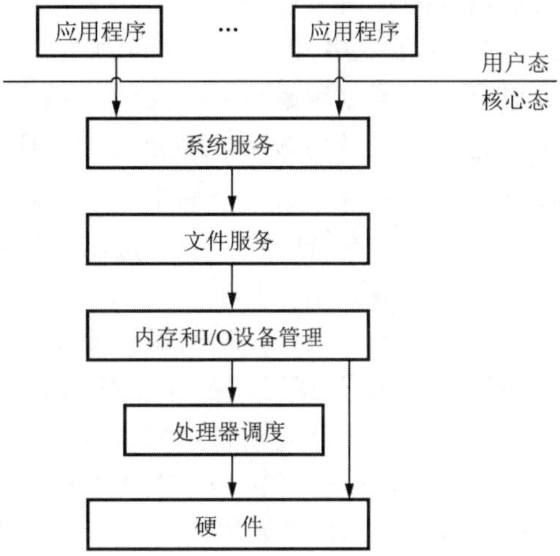

图 1-15 层次结构模型

分层结构最经典的例子是 Dijkstra 的 THE 系统，它是 20 世纪 60 年代在 Technische Hogeschool Eindhoven 上开发的。由于操作系统中各功能模块之间的调用关系是网状的，因此分层设计的思想有过度的局限性。要实现一个真正的分层操作系统是非常困难的，所以它难以被商用操作系统采用和推广，不过开发者在设计操作系统时可以借鉴分层的思想，使系统在抽象层次上努力达到分层的目标。

4）客户/服务器模型与微内核结构

传统操作系统一般将所有功能模块放在内核模式中完成。随着计算机硬件体系结构的迅速发展，这种实现方式使得操作系统内核的结构变得非常复杂，代码量也迅速膨胀，这样系统代码的可扩展性、可移植性和可维护性越来越差，错误也随之增加。为了脱离这个困境，人们提出了微内核技术。

微内核技术是操作系统发展的一个里程碑，它产生了一种完全不同的操作系统体系结构，提供了操作系统发展的新途径。它的核心思想是核心功能外移，在微内核中只保留操作系统最基本的功能，包括处理器调度、存储管理、消息通信等，把传统操作系统内核中的一些组成部分（如文件系统、网络、驱动程序等内核功能）放到内核之外作为一个独立的服务器进程来实现，这些服务器借助于微内核传递消息来实现相互之间的交互。例如，当用户进程请求系统服务时，内核将用户的请求以消息的形式发送给相应的服务器进程，并将服务器进程返回的信息以消息的形式传送给用户进程。因此，微内核更多的是起着信息交换的作用：验证信息、在服务器间传递信息并授权访问硬件。

微内核结构用一个水平分层的结构代替了传统的纵向分层的结构，这样带来的好处是系统结构清晰，具有较高的灵活性、可靠性和可维护性。首先，只要接口规范，操作系统就可以方便地增加或删除服务功能，系统具有很好的灵活性。其次，服务器进程运行在独立的用户进程空间中，如果某个服务器出现问题，不会引起系统其他服务器甚至是系统的崩溃，可靠性好。再次，微内核体积小，便于测试、管理和维护，而且修改服务器的代码不会影响系统的其他部分。最后，由于微内核技术实现了基于客户/服务器体系结构的操作系统，完全适用于网络环境及分布式计算模型。

但是，微内核设计有一个严重的缺点，就是效率不高。微内核采用消息传递机制来实现组件间的通信，消息收发的代价远比传统操作系统直接使用系统调用要大。因为任何消息传递潜在地都有可能跨越机器边界,所以参数就需要被拷贝而不是从发送者的堆栈进行引用。另外,发送者和接收者之间的同步也将增加系统的开销。为了解决微内核性能问题,目前已经提出了多种解决的办法。一是直接优化系统的消息传递机制的性能,二是扩大微内核并把一些关键的服务程序和驱动程序重新加入内核中,从而减少系统在用户态和核心态之间的切换以及系统在不同地址空间之间的切换。

微内核技术是现代操作系统的一个发展趋势,结合面向对象设计方法,微内核技术具有更大的应用空间。目前微内核结构的操作系统主要朝两个方向发展:一个是朝通用操作系统的方向发展,主要代表是美国微软公司研制的 Windows NT 操作系统和我国自行研制的 COSIX V2.3 操作系统;另一个是嵌入式操作系统领域,由于大多数嵌入式系统要求系统的规模比较小,而微内核结构正好满足这个需求,因此在嵌入式系统的应用领域广受青睐,典型代表是卡内基梅隆大学研制的 Mach 操作系统和 WindRiver 公司的 Vxworks 等。

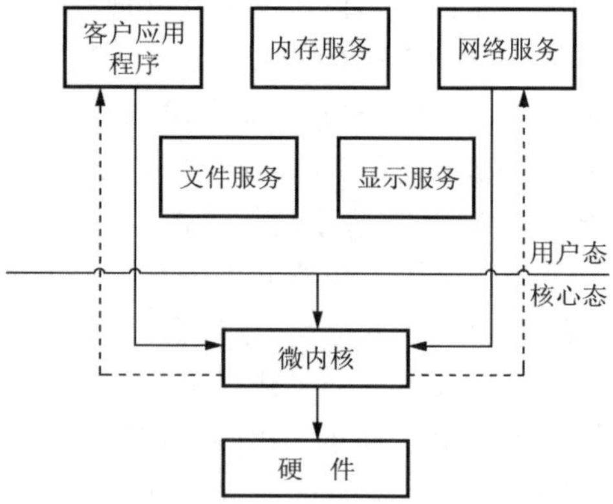

图 1-16 微内核模型

5) 动态可扩展结构模型

随着应用软件的日益丰富,传统的操作系统结构阻碍了应用程序在特定领域方面的优化,因此为了获得高性能和高灵活性,20 世纪 80 年代提出了动态可扩展结构模型。动态可扩展结构就是在运行过程中,能够动态地实现系统行为扩展的结构,也可称之为弹性结构。

要具体实现动态可扩展结构,首先要解决的问题就是如何实现系统行为的动态改变。目前的实现方法就是动态地增删系统的代码,采用的主要技术有 UPCALL 和 DOWNLOAD(也称为核心扩展技术)。UPCALL 技术是指在微内核操作系统中通过核心到用户层服务的调用方式来实现扩展的技术。由于微内核中部分操作系统服务存在于用户层,用户可通过修改服务来获得不同的行为,但产生的后果是系统性能的下降。由此,人们又提出了外核结构模型。该模型试图将所有的传统操作系统内核中提供的抽象转移到用户空间,以操作系统库的形式提供服务,核心只负责对物理设备的控制。应用程序可从用户层库中得到并控制内核抽象,从而实现了操作系统的动态扩展。这样,系统具有很好的扩展性和灵活性。但缺点是系统的安全性较低,内核抽象的安全必须由用户来保证,这也增加了用户的负担。这类结构的典型系统是 MIT 的 Exokernel 操作系统。

DOWNLOAD 技术的核心思想就是将软件构件动态地下载到内核中,以达到改变操作系统行为的目的。该技术最大的难点就是系统安全问题。因为扩展程序是动态下载并组装到系统核心中的,因此不安全的程序可能造成系统的故障甚至崩溃。当前这类系统主要采用软件保护机制进行保护。核心扩展技术是操作系统扩展性研究的一个方向,其典型代表有 Harvard 大学的 VINO 操作系统。

随着计算技术的发展和 Internet 与网络的普及及应用,产生了移动计算的需求,这在一定程度上要求操作系统具有动态可扩展性。因此,动态可扩展结构模型是适应当前应用变化的新一代操作系统体系结构模型,其应用前景十分广阔。

1.6　POSIX 标准

POSIX 是 Portable Operating System Interface of UNIX 的缩写，表示可移植操作系统接口。由 IEEE(Institute of Electrical and Electronics Engineers，电气和电子工程师协会)开发，由 ANSI(American National Standard Institute，美国国家标准学会)和 ISO(International Organization for Standardization ，国际标准化组织)标准化。

POSIX 的诞生和 UNIX 的发展是密不可分的，UNIX 于 20 世纪 70 年代诞生于贝尔实验室，并于 80 年代向美国各大高校分发 V7 版的源码以做研究。加利福尼亚大学伯克利分校在 V7 的基础上开发了 BSD UNIX。后来很多商业厂家意识到 UNIX 的价值也纷纷以贝尔实验室的 System V 或 BSD 为基础开发自己的 UNIX，较著名的有 Sun OS、AIX、VMS。由于各厂家对 UNIX 的开发各自为政，导致 UNIX 的版本相当混乱，给软件的可移植性带来很大的困难，对 UNIX 的发展极为不利。为结束这种局面，IEEE 开发了 POSIX。POSIX 在源代码级别上定义了一组最小的 UNIX(类 UNIX)操作系统接口。

IEEE 最初开发 POSIX 标准是为了提高 UNIX 环境下应用程序的可移植性。然而，POSIX 并不局限于 UNIX，许多其他的操作系统，例如 DEC OpenVMS 和 Microsoft Windows NT 等都支持 POSIX 标准，尤其是 IEEE Std. 1003. 1—1990(1995 年修订)或 POSIX. 1。POSIX. 1 提供了源代码级别的 C 语言应用编程接口(API)给操作系统的服务程序，例如读写文件。POSIX. 1 已经被 ISO 所接受，被命名为 ISO/IEC 9945-1:1990 标准，现已发展成为一个非常庞大的标准族。

1.7　指令的执行

为了更好地理解操作系统原理的内容，需要对程序执行的本质及其与硬件、指令集的关系以一个简化的实例加以说明。程序是指令的集合，程序的执行就是按照某种控制流执行指令的过程。

1) 指令周期

一个单一指令需要的处理时间称为指令周期，如图 1-17 所示。一个指令周期包括取指周期和执行周期。

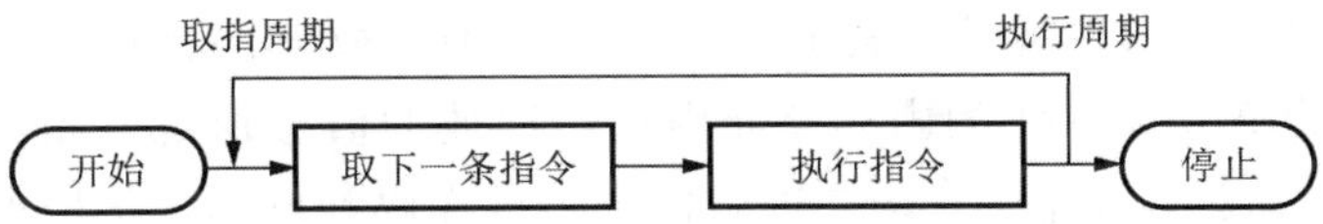

图 1-17　指令的执行

2) 取指令和执行指令

(1) 取指令。

在每个指令周期开始的时候，处理器从存储器中取一条指令。在典型的固定长度指令的处理器中，程序计数器(PC)保存有下一次要取的指令的地址。除非接收到别的指示，否则处理器在每次完成取指令操作后总是对 PC 递增，使它能够按顺序取得下一条指令，即位于下一个高端存储器地址的指令。

(2) 执行指令。

取到的指令被放置在处理器中的指令寄存器 IR 中。指令中包含确定处理器将要采取动作的位，处理器解释指令并执行要求的操作。这些操作可分为 4 类：

① 处理器与存储器之间的指令或数据传送操作。

② 处理器与 I/O 设备之间的指令或数据传送操作。

③ 算术运算操作或逻辑运算操作。

④ 控制操作，即修改指令执行顺序的操作。

3) 实例

假设一台模型机具备图 1-18 中列出的所有特征，处理器包含一个称为累加器(AC)的数据寄存器。所有指令和数据长度均为 16 位，故使用 16 位的单元或字来组织存储器。指令中用 4 位二进制位表示操作码，12 位用来表示内存地址，因而最多可有 16 种不同的操作码，可直接访问的存储器大小为 4 096 字节。

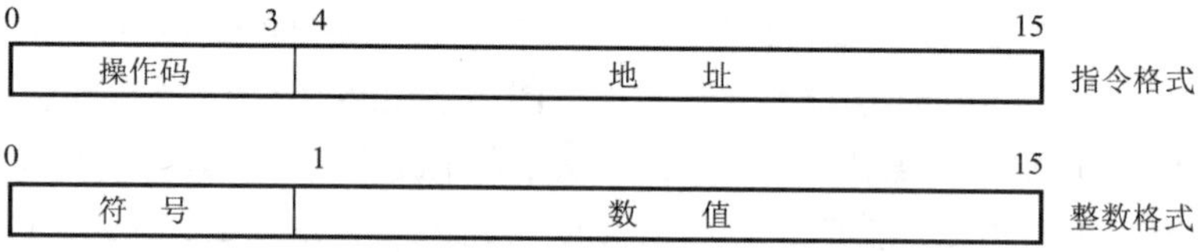

图 1-18　模型机的指令和数据格式

该模型机内部 CPU 寄存器如下：

(1) 程序计数器(PC)，存指令地址。

(2) 指令寄存器(IR)，存 CPU 从内存取到的指令。

(3) 累加器(AC)，临时存储体和累加操作。

部分操作码的二进制表示与其对应的操作如下：

(1) 0001——从内存中读取数据并送入 AC 累加器

(2) 0010——把 AC 的内容存储到内存中。

(3) 0101——把从内存中取得的值与 AC 中的值相加，结果仍存放在 AC 中。

下面举一个程序实例说明程序的执行。该程序的功能是把内存 940 单元的内容与 941 单元的内容相加，然后将累加结果送 941 单元。该程序通过执行三条指令完成，指令的汇编形式和二进制形式如图 1-19 所示。假定三条指令分别存放于内存地址为 300、301、302 的内存单元内，地址为 940 和 941 的内存单元内初始存放的值分别是 3 和 2。图 1-19 表示了程序顺序执行三条指令的情况。三条二进制指令的操作码和操作数都用十六进制表示。

程序执行开始，PC 的值为 300，根据该地址，CPU 从地址为 300 的内存单元取到指令 1940，并将该指令放入指令寄存器 IR，PC 的值自动加 1，变为 301，指示下一条要执行的指令在内存中的地址。CPU 对 IR 中的指令 1940 进行译码，操作码的二进制表示为 0001，根据该模型机规定，操作码为 0001 时执行从内存取数送入累加器的操作，内存地址是指令操作数部分的 940。指令执行结果是把地址为 940 的内存单元的值 3 送 AC 累加器。第一条指令至此执行完毕，此时 AC 中的值为 3。

CPU 根据当前 PC 指示的地址 301 到内存单元 301 取到要执行的第二条指令 5941，然后 PC 自动加 1，变为 302，指令 5941 放入指令寄存器 IR。指令 5941 的操作码的二进制表示为 0101，表示该指令执行的操作是把从内存中取得的值与 AC 中的值相加，结果仍存放在 AC 中。执行结果是把地址为 941 的内存单元中的 2 取出，与当前累加器 AC 中的 3 相加，结果 5 仍存放在 AC 中。第二条指令至此执行完毕，此时 AC 中的值为 5。

CPU 根据当前 PC 指示的地址 302 到内存单元取到要执行的第三条指令 2941，然后 PC 自动加 1，变为 303，指令 2941 放入指令寄存器 IR。该指令执行的结果是把当前 AC 中的值 5 送入地址为 941 的内存单元。至此，各单条指令全部执行完毕，程序也执行完毕。

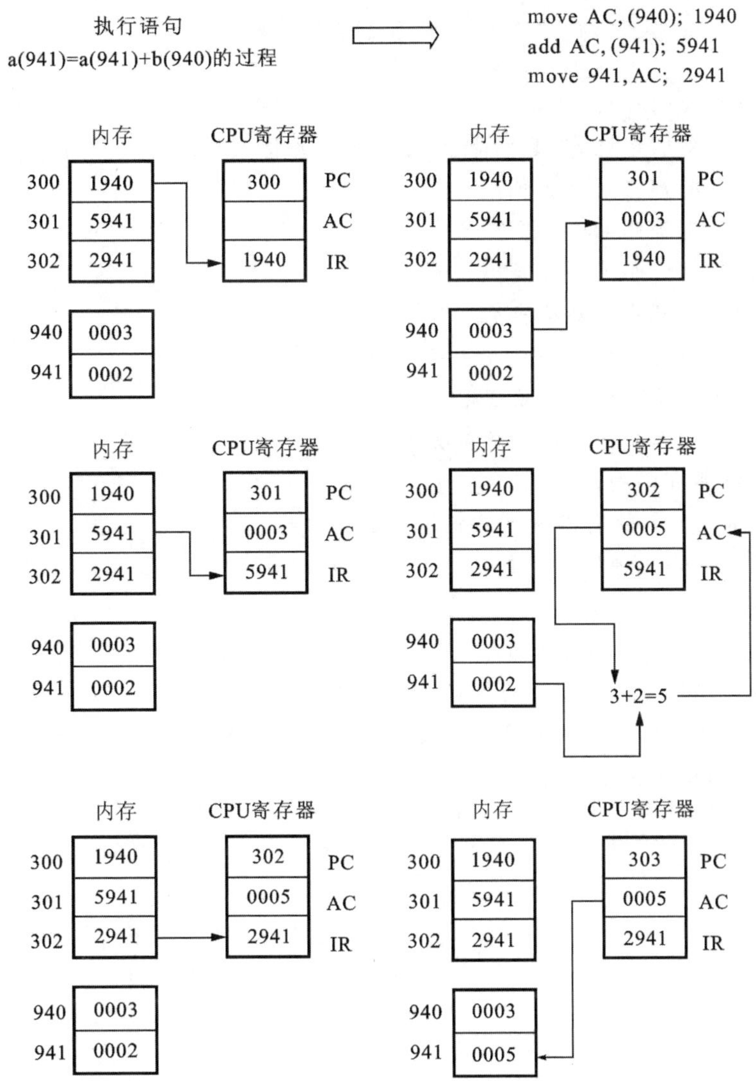

图 1-19　程序执行过程的实例

4）指令的执行小结

（1）程序执行的过程是反复取指令和执行指令的过程。

(2) PC 始终存有下一条待取指令的地址。

(3) 指令执行的结果就是使寄存器或内存单元的值发生变化，指令执行的过程也就是存储体内容不断变化的过程。

(4) 取指令和执行指令是由硬件完成的。

(5) 不同硬件的体系结构支持不同的指令集合；为某一种硬件平台开发的操作系统不能直接在另一种体系结构的硬件上运行；任何高级程序设计语言的程序被编译成指令集合，其中的每一条指令属于机器体系结构的指令集。

(6) CPU 执行程序的最小单位是指令，而不是高级语言程序的语句，中断发生在指令执行过程中或某条指令执行结束时。

本章习题

1. 说明操作系统的作用、功能。
2. 说明单道批处理系统、多道批处理、分时系统的特点及优缺点。
3. 内存管理具有哪些主要功能？
4. 进程管理具有哪些主要功能？
5. 设备管理具有哪些主要功能？
6. 文件管理具有哪些主要功能？
7. 说明指令执行的过程。
8. 什么是逻辑地址？什么是物理地址？
9. 什么是实时计算？什么是实时系统？
10. 操作系统具有哪些特征？
11. 什么是并发？什么是共享？它们有什么关系？
12. 操作系统有哪几种接口形式？
13. 什么是作业？
14. 嵌入式操作系统有什么特征？
15. 目前有哪些用于移动设备的操作系统产品？
16. 研究操作系统体系结构有什么意义？说明微内核体系结构的特点。
17. 制定 POSIX 标准有什么意义？

第 2 章 进程的描述与控制

介绍操作系统需要强调操作系统是软件，本质上就是数据结构、算法及软件与硬件的接口，所以介绍操作系统离不开讲清楚算法、实现算法所需要的数据结构以及标准系统内核与硬件的接口。本章开始介绍操作系统最基本的概念、数据结构、算法和操作系统内核的支撑功能，即中断、时钟机制与系统调用的实现。

操作系统中最核心的概念是进程，操作系统的其他所有内容都是围绕进程展开的。因此，在学习操作系统原理时，首先理解进程是必要的。本章将详细阐述进程的概念、进程的描述、进程的组织、进程的控制(包括进程的创建、撤销、阻塞、唤醒)。

本章为了使原理不至于过于抽象，使用了一部分 Linux 程序的代码来帮助读者理解，Linux 内核代码仅作为辅助理解原理的实例，不作为考试内容，读者可根据代码的注释理解代码的流程，以达到理解原理的目的。

2.1 进程的描述

本节由程序的并发执行引入进程的定义，给出与进程有关的数据结构即进程控制块的作用和数据类型，以及进程状态及其数据类型、进程的组织。

2.1.1 程序的并发执行

为了说明引入进程的原因，需要先介绍程序的并发执行及程序并发执行的特点。为了更好地理解程序的并发执行，本节先介绍表示程序执行顺序的前趋图，然后说明程序顺序执行的特点，将程序的并发执行与顺序执行做比较，重点阐述程序并发执行的特点。

1) 前趋图

前趋图(precedence graph)是有向无循环图，用于描述程序的语句、程序段或进程执行的先后顺序。图中的顶点表示语句、程序段或进程，图中的有向边表示语句、程序段或进程的执行顺序。边起始于先执行的语句、程序段或进程对应的顶点，箭头指向后执行的语句、程序段或进程。图 2-1 是程序和语句顺序执行的前趋图，图 2-2 表示程序和语句并发执行的前趋图。

图 2-1(a)表示程序按照从 I_1 到 P_2 的先后顺序执行，图 2-1(b)表示程序的语句按照从 S_1 到 S_3 的先后顺序执行。

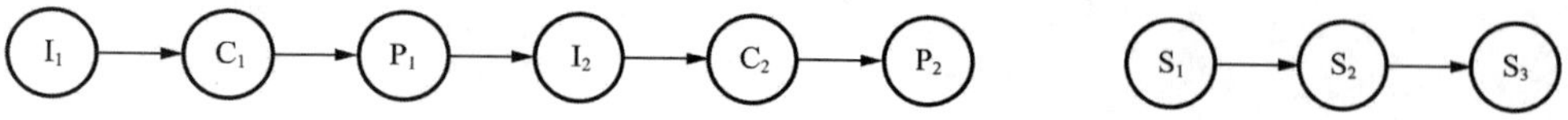

(a) 程序的顺序执行　　　　(b) 三条语句的顺序执行

图 2-1　程序和语句顺序执行的前趋图

(a) 程序并发执行的前趋图　　　　(b) 语句并发执行的前趋图

图 2-2　程序和语句并发执行的前趋图

图 2-2(a)表示程序 P_1 和 P_2 可以并发执行，P_1 和 P_2 都执行完之后执行 P_3，最后执行 P_4；图 2-2(b)表示 S_1、S_2、S_4 必须按先后顺序执行，S_1、S_2 均可与 S_3 并发执行，S_2 与 S_3 都执行完之后执行 S_4。

2）程序的顺序执行

在早期运行单道批处理系统的计算机中，程序的执行方式都是典型的顺序执行，即先进入内存的程序先执行，在一个程序执行完毕之前不能执行其他程序。程序顺序执行时具有以下特点：

(1) 顺序性。

处理器的操作严格按照程序所规定的顺序执行，即只有前一操作结束后才能执行后继操作。

(2) 封闭性。

程序是在封闭的环境下运行的，即程序在运行时独占全机资源，因而各资源的状态(除初始状态外)只有本程序才能改变。程序一旦开始运行，其结果不受外界因素的影响。

(3) 可再现性。

只要程序执行时的环境和初始条件相同，当程序多次重复执行时，其执行结果就相同。例如一个求两个数之和的加法程序，其可再现性是指无论程序重复执行多少次，在输入的两个加数相同的情况下，和不变，即 1+1 永远都等于 2。

3）程序的并发执行

程序并发执行是指在同一时间间隔内运行多个程序，在一个程序执行结束之前可以运行其他程序。对用户而言，看到的是计算机同时运行多个程序。程序并发执行的确切含义是：宏观上，用户看到多个程序同时向前不间断地推进；微观上，任意时刻一个 CPU 上只有一个程序在执行。在现代单 CPU 或多 CPU 的计算机中，支持多任务及支持多用户多任务的操作系统都能够有效管理和支持程序的并发执行。多道程序系统、分时系统、实时系统都可以支持用户程序在计算机系统中的并发执行。程序并发执行具有如下特点。

(1) 间断性。

程序在并发执行时，由于它们共享资源，而资源数量又往往少于并发执行的程序数量，系统不能保证每个程序不受限制地占用资源，因而每个程序在 CPU 上运行都是时断时续的。当请求某种资源的程序数量大于被请求的资源数量时，就必然有因申请不到资源而暂停执行的程序。当其他程序释放资源后，该程序才可能继续执行。资源的有限使并发执行的程序呈现执行过程的间断性。

(2) 失去封闭性。

程序在并发执行时，由于它们共享资源或者合作完成同一项任务，系统的状态不再是只有正在执行的某一个程序可以“看见”和改变的。

例如，有一个多用户的售票系统，各终端程序共享存储待售票数量的数据库表中的字段 X，任意第 i 个终端程序设置自己的局部临时变量 Ri，采用下述程序可实施售票管理。

```
Ri=read(X);   //从数据库中读取剩余机票数量,将该值存入售票进程的局部变量 Ri 中
If(Ri>0)
{
  Send(Ri);   //卖票
  Ri--;
  X=Ri;       //将更新的机票数量写回数据库表的相应字段
}
```

每一个终端都可以读/写 X，X 的值不再只对某个特定的程序可见。

(3) 不可再现性。

程序在并发执行时，由于失去了封闭性，也将导致其失去执行结果的可再现性。同一个程序在输入完全相同的情况下多次运行，可能出现不同的运行结果。

下面举一个程序并发执行结果不可再现的示例。

例如，counter 是全局变量，初值为 0，程序 P_1 和程序 P_2 都包含执行对 counter 加 1 操作的代码：

```
程序 P1：…
    counter=counter+1;
    …
程序 P2：…
    counter=counter+1;
    …
```

用高级程序设计语言表达的程序语句 counter＝counter＋1，经过编译后可能被转化为多条指令以完成其功能。CPU 执行的最小单位是编译后的机器语言指令，而不是高级语言的一条语句。

用 r1 和 r2 表示两个通用寄存器，counter＝counter＋1 经编译后细化为以下形式的基本指令序列。

```
程序 P1：
r1=counter;      //内存变量 counter 对应的内存中的数据送寄存器
r1=r1+1;         //执行累加 1 的操作
```

```
counter=r1;     //将 r1 中的累加结果送内存变量 counter 对应的内存中
程序 P2:
r2=counter;     //内存变量 counter 对应的内存中的数据送寄存器
r2=r2+1;        //执行累加 1 的操作
counter=r2;     //将 r2 中的累加结果送内存变量 counter 对应的内存中
```

假设 counter 初始值为 0，P_1 和 P_2 各执行一遍，分别对 counter 做一次加 1 操作。若进程并发执行时出现下面的执行序列：

```
r1=counter;     //执行结果:r1=0
r1=r1+1;        //执行结果:r1=1
r2=counter;     //执行结果:r2=0
r2=r2+1;        //执行结果:r2=1
counter=r2;     //执行结果:counter=1
counter=r1;     //执行结果:counter=1
```

则会出现 P_1 和 P_2 都执行了一遍，但是 counter 的值等于 1 而不等于 2 的错误结果。

而当 P_1 和 P_2 按下列顺序执行指令时，在 counter 初值为 0 的条件下，P_1 和 P_2 还是各执行了一遍，但是 counter 的值等于 2，而不是错误地等于 1。

```
r1=counter;     //执行结果:r1=0
r1=r1+1;        //执行结果:r1=1
counter=r1;     //执行结果:counter=1
r2=counter;     //执行结果:r2=1
r2=r2+1;        //执行结果:r2=2
counter=r2;     //执行结果:counter=2
```

2.1.2 进程的概念

当操作系统支持程序并发执行时，并发执行的程序可能是同一个程序在不同数据集合上的执行实体，也可能是不同的程序在不同数据集合上的执行实体，它们共享系统资源。此时用程序已不能方便地描述并发执行的程序对应的实体，因此引入进程的概念。

1）进程的定义

定义 1：进程是允许并发执行的程序在某个数据集合上的运行过程。

定义 2：进程是由程序、用户数据以及进程控制块共同组成的执行环境。程序包括被执行的机器指令，用户数据包括进程在执行时直接进行操作的用户数据，进程控制块用于记录程序的运行环境，操作系统通过进程控制块描述和管理进程。

程序被装入内存后就可以运行了，根据指令计数器 PC 的值，不断将指令从内存取到 CPU 的指令寄存器中，再经过译码后完成各种操作。这些指令控制的对象不外乎各种存储器（内存、外存和各种寄存器）。这些存储器中存有指令、数据或指令在内存中的地址、数据在内存中的地址。指令只有得到 CPU 才能发挥其作用。可见，在计算机内部，程序的执行过程实际上对应了一个执行环境的总和。这个执行环境包括程序中的各种指令和数据，还有一些额外数据，比如寄存器的值、用来保存临时数据的堆栈、被打开文件的数量及输入/输出设备的状态等。这个执行环境的动态变化表征程序的运行，一个进程对应了一个这样的环境。进程代表了程序的执行过程，是一个动态的实体，它随着程序中指令的执行而不断地变化。在某个特定时刻的进程内容被称为进程映像。

2）进程的特征

进程是操作系统管理的实体，对应了程序的执行过程，具有如下特征：

(1) 并发性。多个进程实体能在一段时间间隔内同时运行。并发性是进程的重要特征，支持多任务的操作系统都支持并发的实现。

(2) 动态性。进程是进程实体的执行过程。进程的动态性表现在进程在执行的过程中进程映像不断变化，还表现在执行用户程序需要操作系统创建进程、因程序运行结束撤销进程的动态变化过程。此外，进程在被创建后还有进程状态的变化。

(3) 独立性。在没有引入线程概念的操作系统中，进程是独立运行和资源调度的基本单位。

(4) 异步性。异步性是指进程的执行时断时续，进程什么时候执行，什么时候暂停都无法预知，呈现一种随机的特性。

(5) 结构特征。进程实体包括程序、用户数据、进程控制块。

3）进程与程序的比较

(1) 进程与程序的区别。

① 程序是静态的，进程是动态的。程序是存储在某种介质上的二进制代码，而进程对应着程序执行的过程。系统不需要为一个不执行的程序创建进程，而一旦进程被创建，就处于不断变化的动态过程中，对应一个不断变化的上下文环境。

② 程序是永久的，进程是暂时存在的。程序的永久性是相对于进程而言的，只要程序的拥有者不去删除它，程序就可以永久性地存在于磁盘、U盘等存储介质中。进程因程序的执行而被创建，因程序执行的结束而被撤销，有一个相对短暂的生命期。

③ 程序与进程的存在实体不同。程序是指令的集合，而进程是包括了程序、用户数据和进程控制块的实体。

(2) 进程与程序的联系。

① 进程是程序的一次执行，它总是对应至少一个特定的程序，执行程序的代码。

② 一个程序可以对应多个进程。同一个程序可以在不同的数据集合上运行，因而构成若干个不同的进程。几个进程能并发地执行相同的程序代码，而同一个进程能顺序地执行几个程序。

《现代操作系统》的作者 Andrew S. Tanenbaum 在其著作中对进程和程序的关系给出了一段很形象的比喻："一位计算机科学家正在为她的女儿烘制生日蛋糕。他有做蛋糕的食谱以及做蛋糕的各种原料，如面粉、鸡蛋、糖、香草汁等。做蛋糕的食谱好比程序，计算机科学家好比处理器 CPU，而做蛋糕的各种原料就是输入数据。进程就是计算机科学家阅读食谱并利用原料烘制蛋糕的过程。"

2.1.3 进程控制块

操作系统中的进程不仅仅是一个概念，而是真实存在的实体。应用程序对应的进程由程序、用户数据和操作系统管理进程所需要的进程控制块构成。进程实体存在的标志是操作系统管理进程所使用的数据结构——进程控制块。

1）什么是进程控制块(Process Control Block，PCB)

进程控制块是进程实体的一部分，是操作系统中最重要的数据结构。进程控制块中记录了操作系统所需要的，用于描述进程情况及控制进程运行所需的全部信息。每个进程都有唯一的进程控制块，进程控制块是操作系统感知进程存在的唯一标志。

在使用C语言实现的操作系统中，这个数据结构是一个结构类型的变量。在该结构类型中包含描述和管理进程需要的字段。这些字段的类型可以是简单类型，也可以是复杂类型。操作系统在创建进程时，首先要为进程创建进程控制块，也就是生成一个进程控制块类型的变量，以存储所创建进程的描述信息。下面是 Linux 2.6.11 的进程控制块结构的定义和其中的部分字段。

```
struct task_struct{
      volatile long state;        /* -1 unrunnable,0 runnable,>0 stopped */
      struct thread_info *thread_info;
      atomic_t usage;
      unsigned long flags;        /* per process flags,defined below */
      unsigned long ptrace;
      int lock_depth;             /* lock depth */
      int prio,static_prio;
      struct list_head run_list;
      prio_array_t *array;
      unsigned long sleep_avg;
      unsigned long long timestamp,last_ran;
      int activated;
      unsigned longpolicy;
      cpumask_t cpus_allowed;
      unsigned int time_slice,first_time_slice;
…
}
```

2）进程控制块中的信息

不同操作系统，其进程控制块中所包含的描述信息不完全相同。一般操作系统的进程控制块中包含如下信息：

(1) 进程标识符信息。

进程标识符用于唯一标识一个进程。进程控制块中除了存有本进程的标识符，还存有其父进程、子进程的标识符。

(2) 处理器状态信息。

处理器是被进程共享的资源。当一个进程在 CPU 上执行时,CPU 寄存器的值随进程的执行不断变化,当发生进程切换时,当前的进程执行要被暂停,新进程占用 CPU。为了使当前进程的 CPU 寄存器的值不被新进程覆盖而丢失,造成当前进程以后无法恢复当前的现场而不能正确地继续运行,必须将当前进程的 CPU 寄存器的值保存到内存中,以便该进程再次获得 CPU 时,能从内存中加载寄存器的值,恢复进程上次被暂停时的 CPU 环境,使进程从上次被中断处继续执行。进程控制块中保留的处理器状态信息通常包括:

① 通用寄存器。用户程序可以访问的寄存器,用于暂存信息。

② 指令计数器。其中存放了 CPU 要访问的下一条指令的地址。

③ 程序状态字 PSW。其中含有状态信息,如条件码、执行方式、中断屏蔽标志等。

④ 用户栈指针。每个用户进程都有一个与之相关的系统栈,用于存放过程和系统调用参数及调用地址。栈指针指向该栈的栈顶。

下面以 32 位的 Intel 80386 处理器为例,对与操作系统相关的可编程寄存器做简要说明。

① 8 个通用寄存器。

eax:一般用作累加器。

ebx:一般用作基址寄存器。

ecx:一般用来计数。

edx:一般用来存放数据。

esp:用作栈指针。

ebp:用作基址指针。

esi:一般用作源变址。

edi:一般用作目标变址。

② 6 个 16 位的段寄存器。

cs:代码段寄存器。

ds:数据段寄存器。

ss:堆栈段寄存器。

es、fs 及 gs:3 个附加数据段寄存器。

③ 32 位的状态和控制寄存器。

eflags:标志寄存器,用于存放有关处理器的控制标志。

eip:指令指针寄存器,用于存放下一条将要执行的指令在当前代码段寄存器所指示的段内偏移量。

cr0、cr1、cr2、cr3:4 个控制寄存器。其中,cr0 的第 31 位是分页允许位;cr1 是未定义的控制寄存器;cr2 是页故障线性地址寄存器,保存最后一次出现页故障的全 32 位线性地址;cr3 用来存放外层页表的基地址。

④ 系统地址寄存器。

gdtr:全局描述符表寄存器,共 48 位,用来保存全局描述符表(GDT)的 32 位基地址和 16 位 GDT 界限。

idtr：中断描述符表寄存器，共 48 位，用来存放中断描述符表（IDT）的 32 位基地址和 16 位 IDT 界限。

ldtr：局部描述符表寄存器，共 16 位，用来保存局部描述符表 LDT 段的选择符。

tr：任务状态寄存器，用于保存任务状态段 TSS 的 16 位选择符。

⑤ 调试寄存器和测试寄存器。

80386 为调试提供了硬件支持。在 80386 芯片内有 8 个 32 位的调试寄存器 dr0～dr7，2 个 32 位的测试寄存器 tr6 和 tr7。

（3）进程调度信息。

进程调度信息包括进程状态信息、进程优先级、进程调度所需的其他信息。

（4）进程控制信息。

进程控制信息包括程序和数据的地址、进程同步和通信机制、资源清单、链接指针。

本书中的数据结构就是为程序的需要而定义的简单类型或复杂类型的变量。变量用来存放随着程序的执行不断发生变化的数据。进程控制块是复杂类型的变量。

操作系统如何利用进程控制块呢？换句话说，进程控制块这种数据结构在操作系统这种复杂的软件中有什么作用呢？下面以 Linux 的进程控制块结构中的变量为例来说明该问题。

例 2-1 进程控制块中可设置表示进程优先权的字段，用来存放进程的优先权值。在操作系统决定为系统中的多个可执行进程中的哪个进程分配 CPU 时，可以利用这个字段来比较进程的优先权，把 CPU 分配给优先权最高的进程。

例 2-2 内核可在进程控制块中设置 time_slice 字段用来记录进程在 CPU 上的剩余运行时间。当进程被进程调度程序选中开始运行时，内核为 time_slice 赋初值，每当产生一次时钟中断，当前运行进程的 time_slice 值减 1。当 time_slice 值减为 0 时，内核重新进行一次进程调度。内核利用进程控制块中的 time_slice 字段跟踪和控制进程在 CPU 上的执行时间，以防止进程超时使用 CPU，独占 CPU 资源。

2.1.4 进程的状态

进程控制块的状态字段描述了进程当前所处的状态。它由一组标志组成，其中每个标志描述一种可能的进程状态。Linux 中进程状态字段是 task_struct 中的 state 字段。

不同操作系统在设计和实现时，定义的进程状态数量和含义有所不同，不同版本的 Windows、UNIX、Linux 的进程状态数也不同，对每种状态的定义亦不同。为了说明操作系统实现的原理，可以把操作系统的进程状态归结为几种基本的状态，而不影响对操作系统基本实现原理的解析。

1）进程的三种基本状态

（1）就绪态。

就绪态是进程一旦获得 CPU 就可以投入运行的状态。在多任务系统中，可以有多个处于就绪态的进程，这些进程被组织成一个或多个就绪进程队列。

Linux 2.4 把所有就绪进程组织成一个就绪队列，Linux 2.6.11 根据进程的优先权不同把就绪进程组织成多个不同的就绪队列。优先权相同的进程放在同一个就绪队列中，每个不同的优先权对应不同的就绪队列。

（2）执行态。

执行态是进程获得 CPU 正在运行的状态。系统中执行态的进程数量受 CPU 数量的限制。单 CPU 系统中，任意时刻只能有一个进程处于执行态。有 N 个 CPU 的多 CPU 系统中，任意时刻系统中最多有 N 个进程处于执行态。

（3）阻塞态。

阻塞态是进程由于等待资源或某个事件的发生而暂停执行的状态。系统不会为处于阻塞态的进程分配 CPU。阻塞态进程在获得其等待的资源或其等待的事件发生之后，转变为就绪态。处于阻塞态的进程数量可能很多，系统可以根据不同的阻塞原因把进程组织成不同的阻塞队列。例如，把因为等待打印机而阻塞的进程组织成一个打印阻塞队列，把等待输入数据的进程组织成等待输入数据的队列。

2）进程状态的转换

进程的三个基本状态之间的转换关系如图 2-3 所示。

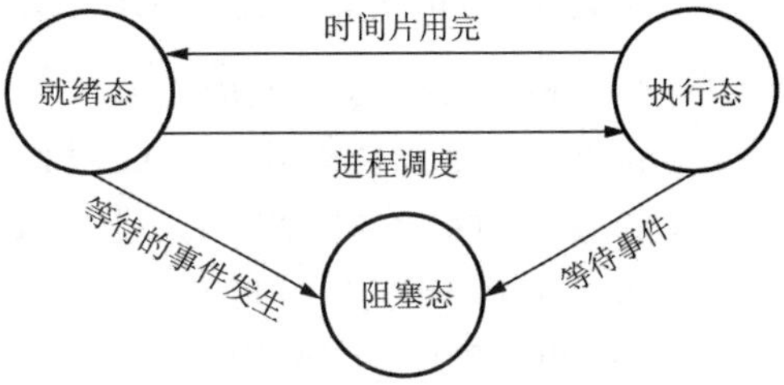

图 2-3　进程状态转换图

新创建进程的状态一般被置为就绪态。当操作系统为处于就绪态的进程分配 CPU 后，进程开始在 CPU 上运行，进程的状态就由就绪态变为执行态。执行态进程可能变为就绪态，也可能变为阻塞态。在多任务系统中，CPU 是被多个进程共享的资源，操作系统通常会为普通进程规定一个在 CPU 上连续运行的时间长度，这个时间长度称为时间片。当某进程被调度获得 CPU 时，内核将该进程在 CPU 上运行的剩余时间初始化为时间片长度，当该进程在 CPU 上运行的剩余时间递减为零时，系统将该进程的状态由执行态变为就绪态，通过执行进程调度程序把 CPU 分配给其他就绪进程。如果执行态进程在运行过程中因为申请某种资源或等待某事件的发生而不宜继续占用 CPU，则系统可把该进程的状态改为阻塞态，并暂停该进程的执行，将 CPU 分配给就绪态进程。阻塞态进程在其等待的事件发生或申请到所需资源后，系统将其状态转变为就绪态。阻塞态进程等待事件最容易理解的一个实例是进程提出 I/O 请求后等待 I/O 结束。

进程在创建后到撤销前，其状态可能多次在三个状态之间转换。进程状态不能由阻塞态直接转变为执行态，只能先变为就绪态，经过进程调度，获得 CPU 后变为执行态。进程状态由阻塞态变为就绪态的过程称为唤醒过程，由执行态变为阻塞态的过程称为阻塞过程。

3）Linux 的进程状态

Linux 2.4.30 的进程状态及其定义如下：

（1）可运行状态（TASK_RUNNING）

（2）可中断的等待状态（TASK_INTERRUPTIBLE）

（3）不可中断的等待状态（TASK_UNINTERRUPTIBLE）

（4）暂停状态（TASK_STOPPED）

（5）僵死状态（TASK_ZOMBIE）

```
#define TASK_RUNNING            0
```

```
#define TASK_INTERRUPTIBLE          1
#define TASK_UNINTERRUPTIBLE        2
#define TASK_ZOMBIE                 4
#define TASK_STOPPED                8
```

(定义文件:include/linux/sched.h)

Linux 2.6.11 的进程状态及其定义如下:

(1) 可运行状态(TASK_RUNNING)

(2) 可中断的等待状态(TASK_INTERRUPTIBLE)

(3) 不可中断的等待状态(TASK_UNINTERRUPTIBLE)

(4) 暂停状态(TASK_STOPPED)

(5) 跟踪状态(TASK_TRACED)

(6) 僵死状态(TASK_ZOMBIE)

(7) 僵死_撤销状态(EXIT_DEAD)

```
#define TASK_RUNNING                0
#define TASK_INTERRUPTIBLE          1
#define TASK_UNINTERRUPTIBLE        2
#define TASK_STOPPED                4
#define TASK_TRACED                 8
#define EXIT_ZOMBIE                 16
#define EXIT_DEAD                   32
```

在 Linux 2.6.11 中状态字段的值通常用一个简单的赋值语句设置,例如:

```
procdesc_ptr->state=TASK_RUNNING
```

2.1.5 进程的组织

系统中可能同时存在很多进程,每个进程对应一个进程控制块,操作系统组织和管理进程是通过管理和组织进程控制块来实现的。管理和组织的主要目的就是使系统中的程序在需要的时候能够以有效的方式检索到系统中的每一个进程。实际上对进程的组织是通过定义数据结构实现的。

1) 链接方式

把系统中具有相同状态的进程的进程控制块(PCB)用其中的链接字链接成一个队列,如图 2-4 所示。

2) 索引方式

系统根据所有进程的状态,建立几张索引表,索引表的每一个表项指向一个 PCB 的物理块,如图 2-5 所示。

3) 进程队列

当系统中有很多进程时,可以把进程控制块用队列组织起来,形成进程队列。把具有相同状态的进程放在同一个队列中,具有不同状态的进程就形成不同的进程队列。处于就绪

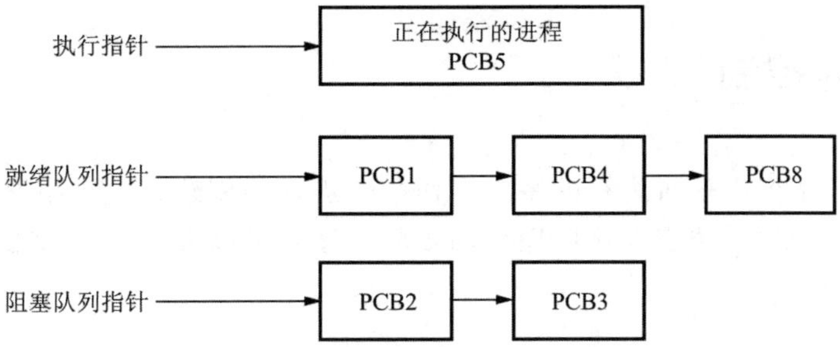

图 2-4　进程队列

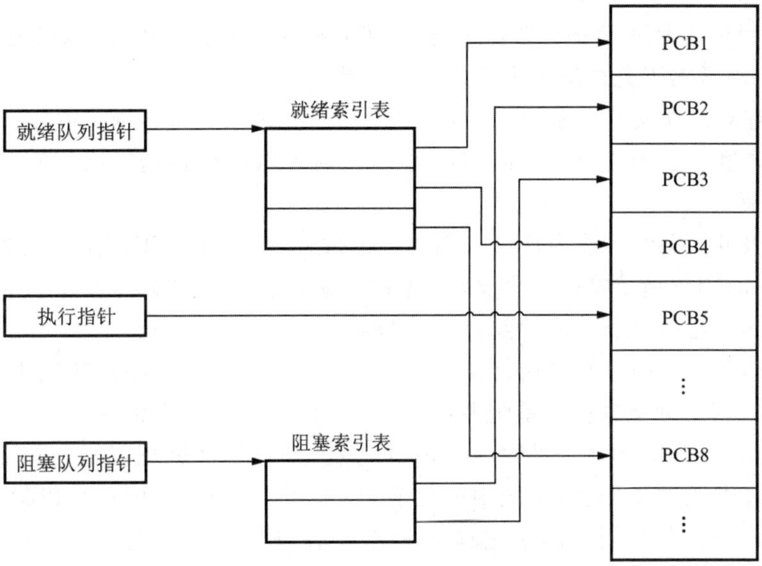

图 2-5　采用索引方式组织进程

态的进程构成的进程队列称为就绪队列，处于阻塞态的进程构成的进程队列称为阻塞队列。

根据算法的需要，还可以把就绪队列按照优先权分成几个优先权不同的就绪队列，而把阻塞进程根据阻塞原因分成不同的阻塞队列，阻塞原因相同的进程在同一个阻塞队列中，如图 2-6 所示。

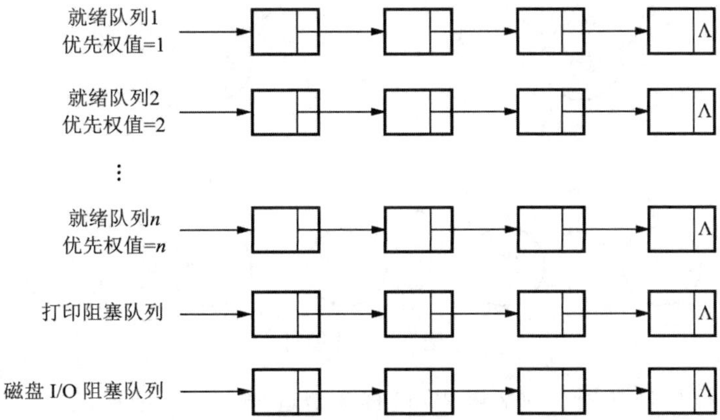

图 2-6　多个就绪队列、阻塞队列的进程组织

2.2 进程的控制

本节介绍操作系统内核对进程的基本操作——进程的创建、终止、阻塞、唤醒，说明每种操作执行的时机及操作系统实现这些操作的步骤。读者可以进一步思考如何通过程序代码实现这些操作步骤。

2.2.1 进程的创建

创建新进程包括为进程分配必要的资源、建立操作系统管理进程的数据结构(如进程控制块)等操作。通常在下列情况下需要创建新进程：

(1) 用户登录。在交互式系统中，当一个新用户登录系统时会创建进程。

(2) 作业调度。当把位于外存储器中的作业调入内存准备运行时，操作系统会为作业的运行创建进程。

(3) 提供服务。操作系统内核可以创建一个进程，代表用户程序执行某种功能，使用户无须等待。例如，用户请求打印一个文件，操作系统内核可以创建一个管理打印的进程，进而可以使请求进程继续执行，与完成打印任务的时间无关。

(4) 应用请求。当用户发出执行某程序的命令，或者用户程序在执行中基于并行的要求在程序中显式调用创建进程的系统调用时，都会引起进程的创建。

在 Linux 系统中，除了 0 号进程(swapper 进程)外的其他进程都是由其父进程创建的。在操作系统启动并正常工作后，系统中的已有进程在执行的过程中都可以通过系统调用或内核函数创建新进程。被创建的新进程成为创建者进程的子进程，创建者进程和被创建进程成为父子进程。一个进程可以创建多个子进程。由同一个进程创建的多个子进程称为兄弟进程。系统中所有的进程通过父子关系和兄弟关系被组织成进程树，如图 2-7 所示。

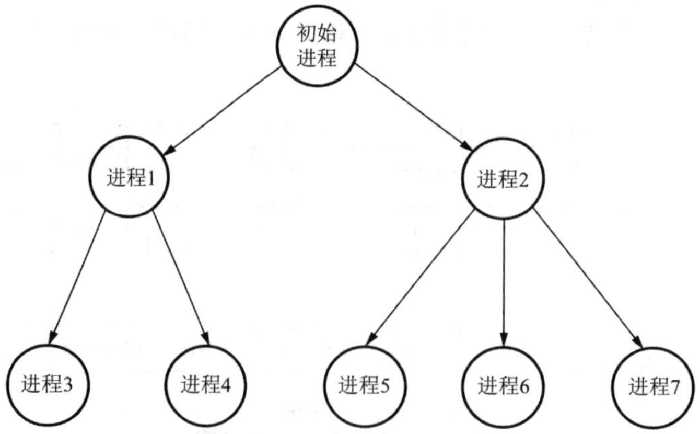

图 2-7　进程树

图 2-7 中，进程 1 是进程 3 的父进程，进程 3 是进程 1 的子进程，进程 3 和进程 4 互为兄弟进程。

通常，进程需要一定的资源（如CPU、内存、文件、I/O设备），以完成其任务。在一个进程创建子进程时，子进程既可以从操作系统那里直接获得资源，也可以共享其父进程的资源。

进程被创建时，除了得到各种资源外，还能从父进程那里得到所需要的输入数据。例如，考虑一个进程P，其功能是在终端屏幕上显示文件F1的状态。在该进程被创建时，会得到来自父进程的输入——F1的文件名。进程P则使用该文件名作为输入数据而执行以获得所需要的F1的其他信息。

当新进程被创建时，有两种执行可能：

(1) 父进程与子进程并发执行。

(2) 父进程等待，直到某个或全部子进程执行完毕。

新进程的地址空间也有两种可能：

(1) 子进程共享父进程的地址空间。

(2) 子进程拥有独立的地址空间。

创建新进程的一般步骤为：

(1) 申请进程控制块。

(2) 为新进程分配资源。

(3) 初始化进程控制块。

(4) 将新进程插入就绪队列。

Linux 2.6.11中创建进程的常用系统调用的接口函数是fork()。

下面以一般用户进程的创建为例说明进程创建的过程。用户在shell中键入命令后，shell大多数情况下调用函数fork()来创建进程。

在Linux内核文件linux/include/asm-x86_64/unistd.h中定义其系统调用号。

```
#define __NR_fork                              57
SYSCALL(__NR_fork,stub_fork)
```

函数fork()对应的系统调用是sys_fork()。在这个系统调用服务例程中调用内核函数do_fork()，由do_fork()完成进程创建。简单而言，do_fork()主要完成了下述功能：

(1) 为新进程分配唯一的进程pid。

(2) 为新进程获取自己的进程描述符。

(3) 为新进程指定内存地址空间。

(4) 完成进程的一些初始化工作。

(5) 返回进程的pid。

Linux创建进程的系统调用还有clone()、vfork()，它们对应的系统调用服务例程分别是sys_clone()和sys_vfork()。这两个系统调用在/linux 2.6.11/arch/i386/kernel/process.c中定义，都调用了do_fork()函数。

与进程创建密切相关的函数还有execve()，与其对应的系统调用是sys_execve()，主要功能是使进程执行新的程序代码。

2.2.2 进程的阻塞

操作系统在下述情况下可能进行进程的阻塞和唤醒操作。

(1) 请求系统服务。如打印服务,进程在提出打印请求后,系统创建打印服务进程为该进程服务,而提出打印请求的进程可能被阻塞起来等待打印的完成。

(2) 启动某种操作。如进程发出启动 I/O 或启动打印机的命令后,等待启动完成时处于阻塞态。

(3) 新数据尚未到达。对于一个计算进程,如果新的输入数据还没有到达,则计算进程需要阻塞等待。

(4) 无新工作可做。如一个进程给另一个进程发送消息之后,可能进入阻塞等待的状态。

完成进程阻塞的简化过程如下:

(1) 将进程的状态改为阻塞态。

(2) 将进程插入相应的阻塞队列。

(3) 转进程调度程序,从就绪进程中选择进程,使该进程能在 CPU 上执行。

处于执行态的进程被阻塞后,CPU 空闲,需要执行进程调度程序,从就绪态进程中为 CPU 选择一个进程运行。

2.2.3 进程的唤醒

操作系统通过下述过程将阻塞态进程唤醒,使其变成就绪态进程:

(1) 将进程从阻塞队列中移出。

(2) 将进程状态由阻塞态改为就绪态。

(3) 将进程插入就绪队列。

2.2.4 进程的终止

进程的终止也叫进程的撤销。在下述情况下,进程会被终止:

(1) 当进程正常执行完毕,调用终止进程的系统调用请求操作系统删除该进程。

(2) 一个进程调用适当的系统调用终止另外一个进程。通常,操作系统规定只允许父进程通过这种方式终止其子进程。

父进程终止其子进程的原因可能有:

(1) 子进程使用了超过它所分配到的一些资源。

(2) 分配给子进程的任务已不再需要。

(3) 父进程终止。如果父进程终止,那么操作系统不允许子进程继续。对于这类系统,如果一个进程终止,那么它的所有子进程也被终止,这种现象称为级联终止,通常是由操作系统完成的。在 UNIX 系统中,如果父进程终止,那么其他所有子进程会以 init 进程作为它们新的父进程。因此,子进程仍然有父进程可以收集它们的状态和执行统计情况。

操作系统通过系统调用完成进程终止的一般过程是：

（1）从进程 PCB 中读进程状态。

（2）若进程正在执行则终止进程的执行。

（3）若进程有子孙进程，则在大多数情况下需要终止子孙进程。

（4）释放资源。

（5）释放进程的 PCB。

2.2.5　操作系统的启动和系统中进程的出现

当打开计算机电源后，计算机会先进行加电自检，然后寻找启动盘。如果是选择硬盘启动，计算机会检查硬盘中活动分区的 0 号柱面、0 号磁头、0 号扇区。如果发现该扇区以 0x AA55 结束，则 BIOS 认为它是引导扇区。一旦发现引导扇区，BIOS 会执行程序将其装入内存地址 XXXX：YYYY 处（有一种实例是 0000：7c00），然后跳转到该地址处执行这段引导程序，开始加载操作系统。由于引导扇区的字节数有限，存储的代码行数及其能完成的功能有限，所以执行引导扇区程序通常完成的功能只是从硬盘中找到加载操作系统内核的程序。将这段程序读入内存后，跳转到这段程序的起始地址处，执行这段程序从外存中找到操作系统内核程序，将操作系统内核程序读入内存，开始执行操作系统内核程序。

当硬盘被划分为多个分区且同时安装多个操作系统时，每个分区都有自己的引导扇区，但是整个硬盘有一个主引导扇区。主引导扇区就是硬盘的 0 号柱面、0 号磁头、0 号扇区。通过执行主引导扇区的代码，判断当前被激活的分区，然后加载被激活分区的引导扇区，并通过该引导扇区代码的执行加载该激活分区的操作系统。

若 BIOS 将硬盘设置为系统启动盘，则 Linux 系统从硬盘引导、加载、初始化和创建进程的简化过程如图 2-8 所示。

2.3　操作系统内核

操作系统内核是计算机硬件的第一次扩充。内核执行 OS 与硬件关系密切，通常执行频率高的模块。不同的 OS 内核包括的功能可能是不同的。一般 OS 内核包括下述功能。

1）支撑功能

支撑功能包括中断处理、时钟管理、原语操作。原语操作也叫原子操作，是一组在执行过程中不能被中断的操作。

2）资源管理功能

资源管理功能包括进程管理、内存管理、文件管理、设备管理、处理机管理、网络管理。

本节主要介绍操作系统在完成中断处理、时钟管理中的作用，以及系统调用的相关内容。

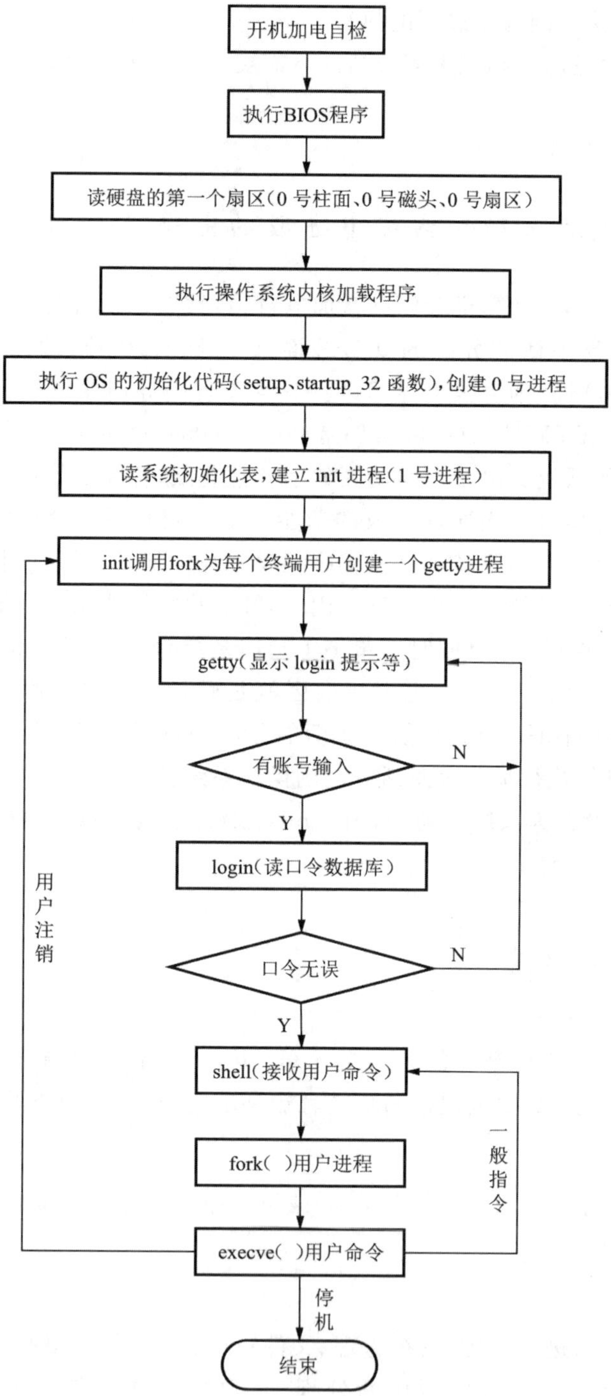
开机加电自检
执行BIOS程序
读硬盘的第一个扇区(0 号柱面、0 号磁头、0 号扇区)
执行操作系统内核加载程序
执行 OS 的初始化代码(setup、startup_32 函数),创建 0 号进程
读系统初始化表,建立 init 进程(1 号进程)
init调用fork为每个终端用户创建一个getty进程
getty(显示 login 提示等)
有账号输入
N
Y
login(读口令数据库)
口令无误
N
Y
shell(接收用户命令)
fork( )用户进程
execve( )用户命令
用户注销
一般指令
停机
结束

图 2-8 系统初始化流程

2.3.1 中　断

1）什么是中断？

中断是改变处理器执行指令顺序的一种事件，与CPU芯片内外部硬件电路产生的电信号相对应。

计算机在执行程序的过程中，当出现中断时，计算机停止现行程序的运行，转向对这些中断事件的处理，处理结束后再返回到现行程序的间断处，如图2-9所示。

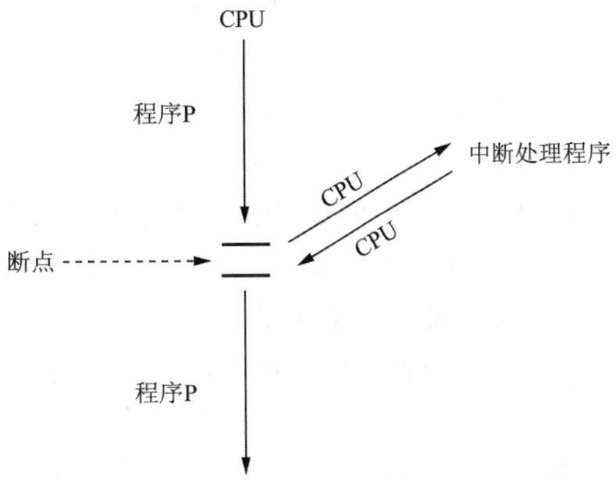

图2-9　中断

2）为什么需要中断

引入中断机制后，使CPU可以与其他设备并行工作，能有效提高CPU的利用率，改善系统性能，支持系统的异步性。引入中断机制前，当在CPU上执行的程序遇到I/O时，CPU采取反复轮询的方式，检测本次I/O是否结束。在轮询的过程中，CPU不能完成任何更有效的工作。引入中断机制后，一个正在执行的进程P请求I/O后，CPU启动本次的I/O，然后在具体设备为P的I/O服务的过程中，CPU可以先去执行其他进程。其间，CPU与进程P的I/O是并行工作的。在本次I/O完成后，通过中断机制使CPU获得进程P的I/O结束信息，转中断处理。中断处理完毕再返回到原来进程P的断点处，继续执行后续指令，或者使P变为就绪态进程，CPU执行其他进程。

图2-10表示了在引入中断处理机制的系统中打印机与CPU并行工作的情况。

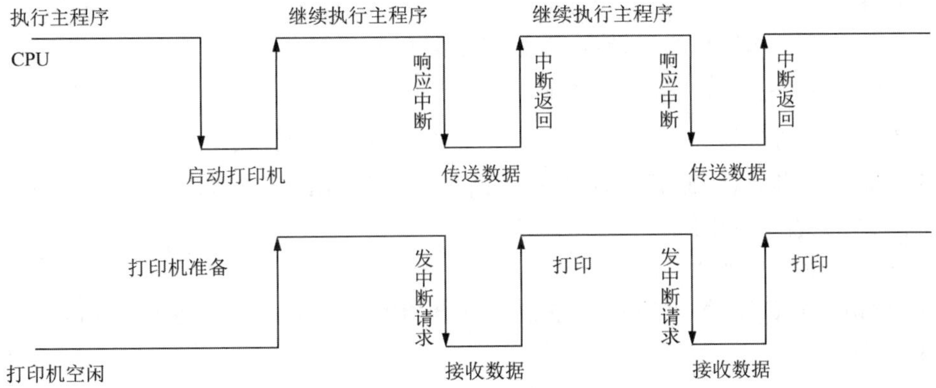

图2-10　打印机与CPU并行工作示意图

由图2-10可见，在打印机准备的过程中，CPU与打印机是并行工作的；在打印机进行数据打印的过程中，打印机与CPU也是并行工作的。

3）中断的类型

中断分为同步中断（也叫内部中断或异常）和异步中断（也叫外部中断）。

（1）同步中断（内部中断、异常）。

同步中断是当指令执行时由 CPU 控制单元产生的，之所以称为同步中断，是因为只有在一条指令终止执行（注意：此时指令并不一定已经执行完毕）后 CPU 才会发出中断，如除法出错、调试、溢出、浮点出错等。

（2）异步中断（外部中断）。

异步中断是由其他硬件设备随机产生的。在 Intel 微处理器手册中，把同步中断和异步中断分别称为异常（exception）和中断（interrupt）。Linux 中采用这种分类，有时也用术语“中断信号”指这两种类型的中断（同步中断及异步中断）。

外部中断又可以分为外部可屏蔽中断和外部不可屏蔽中断。

（1）外部可屏蔽中断。

外部可屏蔽中断是由 I/O 设备产生的中断。有两种方式可以屏蔽中断：一种是如在 Intel 80x86 的 CPU 上，把 eflags 寄存器的 IF 标志置 0，表示关中断。此时，CPU 忽略所有可屏蔽中断；另一种是可以对可编程中断控制器（Programmable Interrupt Controller，PIC）编程来禁止 IRQ。也就是说，可以告诉 PIC 停止为给定的 IRQ 线发布中断。

（2）外部不可屏蔽中断。

外部不可屏蔽中断是由紧急事件引起的中断，如硬件故障。

4）引起中断的原因

引起中断的原因可能有：

（1）人为设置中断。在程序中人为设置中断。

（2）程序性事故。如计算中出现除数为 0。

（3）硬件故障。如插件接触不良、电源掉电等。

（4）I/O 设备。I/O 设备被启动以后，一旦其准备就绪或完成一次输入/输出便向 CPU 发出中断请求。

（5）外部事件。如用户通过键盘、鼠标来中断现行程序。

5）中断响应

（1）响应中断的条件。

对于可屏蔽中断，开中断是响应中断的前提。例如，Intel 80x86 CPU 中 eflags 寄存器的 IF 位标志置 1 表示开中断。

（2）响应中断的时机。

对于外部中断，CPU 每执行完一条指令都会检测是否有外部中断信号的到来。若有，则转中断处理。

6）单重中断的处理过程

下面以单重中断为例简单说明外部中断处理的过程。假定在中断处理的过程中不再响应新近产生的中断信号，直到本次中断处理完毕。同时假定中断处理完毕后，CPU 返回被中断的程序断点处继续执行被中断的程序（如图 2-9 所示）。

单重中断的处理过程如图 2-11 所示。CPU 在反复执行指令的过程中，每执行完一条指令，都会检测是否有外部中断信号的到来。如果检测到中断信号，则转中断处理程序。响应中断后硬件和软件的工作如下：

(1) 系统关闭中断,保存断点,把当前要执行的下一条指令的地址保存到内存中,以便中断返回时能把这个地址恢复到程序计数器 PC 中,使被中断的程序从断点处开始继续执行。

(2) 转中断处理程序。在中断处理程序中完成保护现场的工作,就是把相关的硬件上下文信息保存到内存中。硬件上下文就是中断返回恢复被中断程序的执行时,需要写回 CPU 寄存器的值。

(3) 执行中断服务程序,完成本次中断处理的特定处理工作。

(4) 恢复现场,开中断,CPU 返回断点处继续执行被中断的程序。

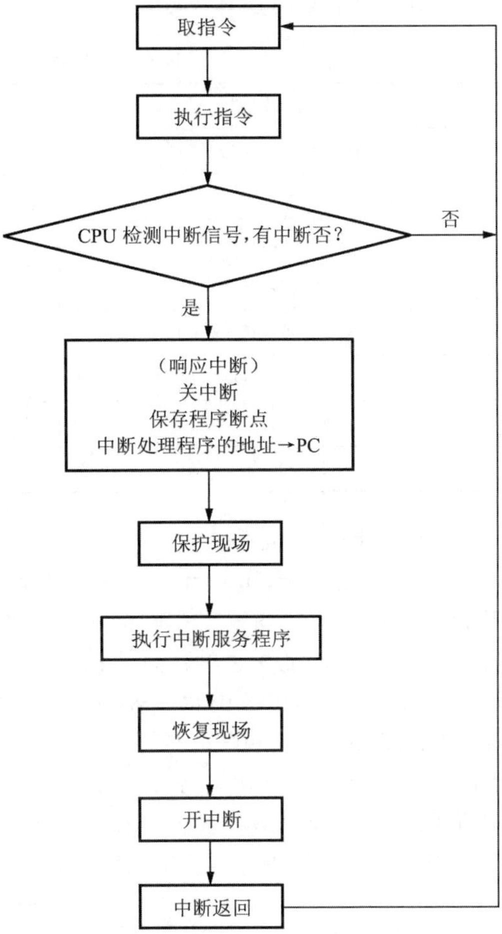

图 2-11 单重中断的处理流程

7) 如何找到中断服务程序

下面以 Intel 80x86 和 Linux 系统为例说明获取中断(键盘、鼠标、时钟中断等)服务程序入口地址的原理。

(1) 中断向量。

中断向量是对不同中断源到来的信号编号,编号是一个无符号整数(0～255),称之为中断向量。不可屏蔽中断的向量和异常的向量是固定的,而可屏蔽中断的向量可以通过对中断控制器的编程来改变。

可编程中断控制器的 IRQ 线是从 0 开始按顺序编号的,因此第一条 IRQ 线通常表示成 IRQ0。与 IRQn 关联的 Intel 的缺省向量是 $n+32$。如前所述,通过向中断控制器端口发布合适的指令就可以修改 IRQ 与向量之间的映射。图 2-12 是级联的中断机构示意图。

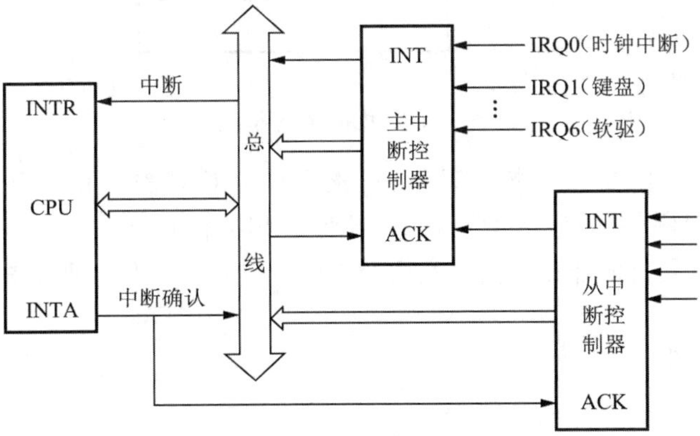

图 2-12 级联的中断机构示意图

Intel 的中断向量与中断源的对应关系见表 2-1。

表 2-1　Intel 的中断向量与中断源的对应关系

向量范围	用　途
0～19(0x 0-0x 13)	非屏蔽中断和异常
20～31(0x 14-0x 1f)	Intel 保留
32～127(0x 20-0x 7f)	外部中断(IRQ)
128(0x 80)	用于系统调用的可编程异常
129～238(0x 81-0x ee)	外部中断(IRQ)
239(0x ef)	本地 APIC 时钟中断(参见第 6 章)
240(0x f0)	本地 APIC 高温中断(在 Pentium4 模型中引入)
241～250(0x f0-0x fa)	由 Linux 留作将来使用

(2) 中断描述符表。

中断描述符表(Interrupt Descriptor Table,IDT)是一个系统表,每一个中断或异常都与中断向量相联系。每一个中断向量在表中有唯一对应的表项,其中存有与中断或异常处理服务程序入口地址相关的信息。内核在允许中断发生前,必须正确地初始化 IDT。

在 Linux 中,IDT 的每一表项对应一个中断或异常向量,每个表项由 8 个字节(64 位)组成,因此最多需要 256×8=2 048 字节来存放 IDT。IDT 的起始地址由操作系统执行 lidt 汇编指令存入 CPU 的 idtr 寄存器中。idtr 寄存器使 IDT 可以位于内存的任何地方,它指定 IDT 的基地址及其最大长度。在允许中断之前,必须用 lidt 汇编指令初始化 idtr。

例如,有如图 2-13 所示的 IDT 表。

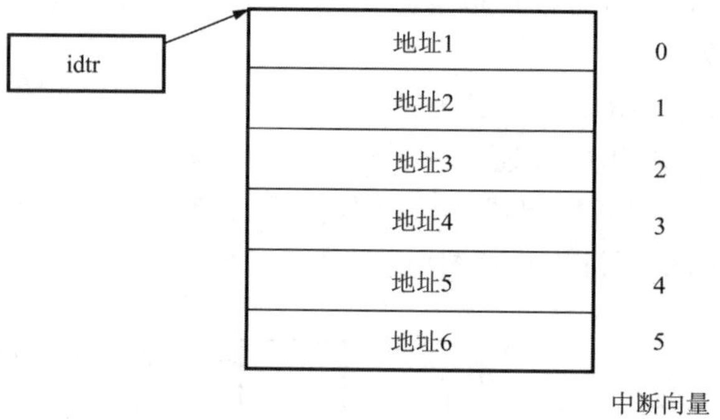

图 2-13　中断描述符表

当中断发生时,CPU 获取中断向量值,再根据中断描述符表的起始地址和中断向量值得到形成中断服务程序(中断服务例程)入口地址的相关信息。

中断服务程序的入口地址相关信息在内存中的地址=idtr 中的地址+8×中断向量的值。

2.3.2　时钟机制

1) 时钟的重要性

时钟是计算机系统的脉搏。计算机的很多活动都是由定时测量(timing measurement)

驱动的。计算机系统的定时测量功能对用户通常是不可见的。例如，屏幕保护功能的实现就利用了定时器，操作系统的内核跟踪用户最后一次按键或移动鼠标后经过了多少时间，如果这个时间达到一个用户设定的阈值，屏幕会自动进入被保护状态。

编译系统为了缩短一个比较大的工程文件重新编译和链接的时间，对于一个工程文件中的所有源程序，并不是每次修改某一个源文件后都需要重新编译所有的源文件，通常只编译那些源文件的最后修改时间晚于相应目标文件生成时间的源程序。例如，有一个文件 a.c 和它的目标文件 a.obj，如果 a.c 的生成时间晚于 a.obj 的生成时间，则需要重新编译 a.c 以形成新的 a.obj。为了进行这些操作，程序必须能从每个文件中检索到文件的最后修改时间，即时间戳(timestamp)。因此，这样的时间标记必须由内核自动地设置。

更重要的是，操作系统的内核可以利用时钟机制防止一个进程垄断 CPU 或其他资源。

系统可以利用时钟机制限制一个用户进程在 CPU 上连续执行的时间，当进程一次连续运行的时间超过限定的时间时，由系统将 CPU 分配给其他进程。

计算机中显示当前时间、即时通信程序等与时间相关的软件都需要时钟机制的支持。

2）计算机系统中的时钟

大部分 PC 机中有两个时钟源，分别称为实时时钟(Real Time Clock，RTC)和 OS 时钟。RTC 时钟也叫 CMOS 时钟，是一块时钟芯片，靠电池供电，为计算机提供计时标准，是最原始、最底层的数据。OS 时钟产生于 PC 主板上的定时/计数芯片，在开机时有效，由 OS 控制。

计算机开机加电后，操作系统通过 BIOS 获取当前 RTC 时钟的值作为系统的初始时间。在网络中的计算机，从网络服务器获得系统的初始时间值。操作系统初始化后启用自己的时钟硬件，即可编程间隔定时器(Programmable Internal Timer，PIT)。PIT 可以按照一定的频率产生时钟中断(timer interrupt)，以告知内核又一个时间间隔过去了。

RTC 时钟、OS 时钟和应用程序之间的关系如图 2-14 所示。

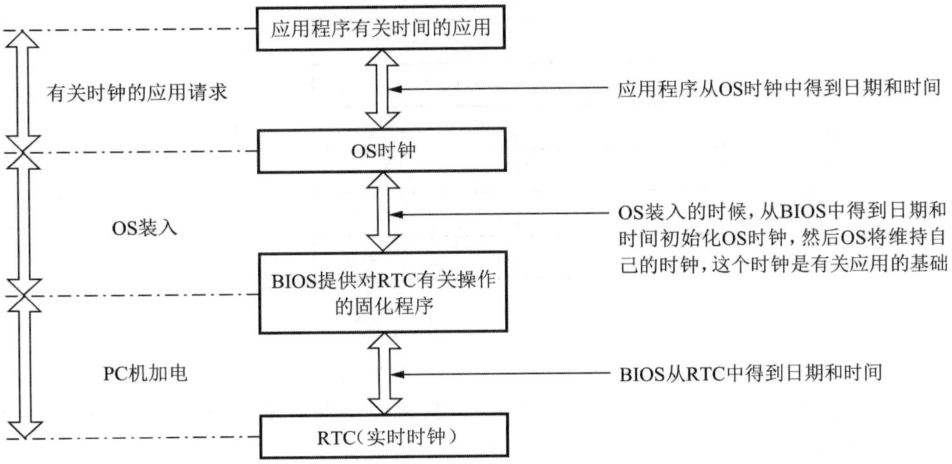

图 2-14 RTC 时钟、OS 时钟和应用程序之间的关系

3）操作系统的时钟机制

操作系统内核需要完成两种主要的定时测量：一是保存当前的日期和时间，以便能通过

系统调用把它们返回给用户程序，让用户程序获得当前的日期和时间，也可以由内核本身把当前时间作为文件和网络包的时间戳；二是维持定时器，这种机制能够告诉内核或用户程序某一时间间隔已经过去了。

操作系统依靠时钟硬件(可编程间隔定时器)和时钟驱动程序完成上述两种定时测量功能。

(1) OS 时钟硬件(可编程间隔定时器 PIT)。

可编程间隔定时器的功能是按指定的时间间隔产生时钟中断，测量逝去的时间，并触发与时间有关的操作。可编程间隔定时器主要由三部分构成，即晶振、计数器、保持寄存器，其逻辑结构如图 2-15 所示。

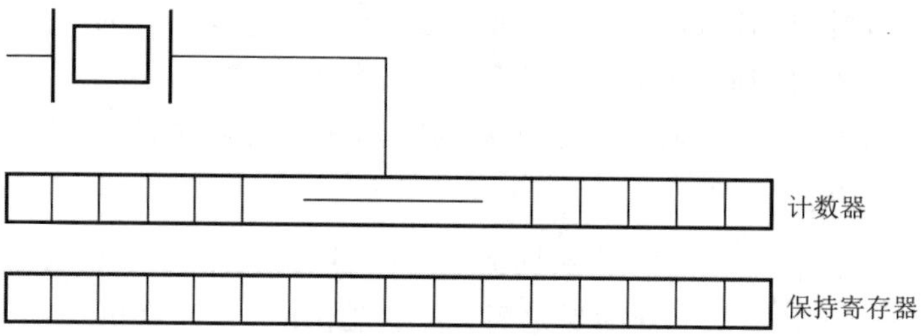

图 2-15　可编程间隔定时器逻辑结构

晶振能够产生固定频率的脉冲，每产生一次脉冲，计数器的值减 1。当计数器的值减为 0 时，产生一次时钟中断信号，保持寄存器的值再次送计数器。由可编程间隔定时器产生的时钟中断信号送到可编程中断控制器的时钟中断信号引脚上，引发 CPU 响应时钟中断，执行时钟中断处理程序。

可编程间隔定时器产生时钟中断信号的过程如图 2-16 所示。

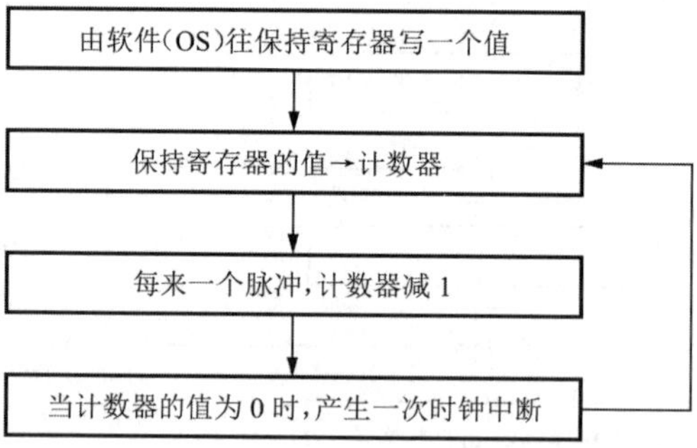

图 2-16　时钟中断信号的产生

(2) 时钟中断处理程序。

每产生一次时钟中断信号，操作系统内核都要执行时钟中断处理程序。时钟中断处理程序完成下述功能：

① 维护日期、时间。

② 递减当前进程在一个时间片内的剩余执行时间，并检查是否为零，防止进程运行超时。

当前进程在一个时间片内的剩余执行时间通常记录在进程控制块中的一个字段中。该字段在进程被调度后初始化为一个时间片的长度，这个值通常用时钟中断的次数来表示。每次处理时钟中断时，对当前进程在 CPU 上的剩余时间值做递减操作，并检查该值递减后是否为零。若进程在 CPU 上的剩余时间值为零，则系统执行进程调度程序，将 CPU 分配给其他进程；若不为零，则进程可继续执行。

③ 对 CPU 的使用情况记账。

④ 递减报警计数器。

4）Linux 时钟

该小节内容可以帮助读者获得对时钟软件的直观认识，理解 OS 时钟软件实现的原理。

(1) 时钟滴答。OS 时钟是由可编程定时器/计数器输出脉冲触发中断而产生的，输出脉冲的周期称为一个时钟滴答。Linux 2.4 的设计者将一个时钟滴答定义为 10 ms(每秒产生 100 次时钟中断)。

(2) 时钟基准。Linux 的时间基准是 1970 年 1 月 1 日凌晨 0 点。

(3) Linux 用全局变量 jiffies 表示自系统启动以来的时钟滴答数，即时钟中断的次数。

(4) Linux 提供的时间格式举例如下：

```
struct timespec{time_t tv_sec;      //存放自 1970 年 1 月 1 日(UTC)午夜
                                    //以来经过的秒数
long tv_nsec;                       //存放自上一秒开始经过的纳秒数
}xtime;
```

(5) 与时钟中断相关的函数。

下面是 Linux 2.4 中几个与时钟相关的函数的简化代码。

```
① do _timer_interrupt(…)
   {do_timer(regs);
    if(xtime.tv_sec>last_rtc_update+660)
   update_RTC( );}                    //每 11 分钟更新一次实时时钟
② do_timer(struct pt_regs *regs)
   {jiffies++;
   update_process_times(user_mode(regs));
   //为本地 CPU 执行几个与定时相关的计数操作
   }
③ void _init time_init(void)
   {
   xtime.tv_sec=get_cmos_time( );  //获得自 1970 年 1 月 1 日(UTC)午夜
                                    //以来经过的秒数
    xtime.tv_nsec=0;
   setup_irq(0,&irq0);         //创建与 IRQ0 相应的中断门(中断门:包含段
                               //选择符和中断或异常处理程序在段内的偏移量)
   }
```

2.3.3 系统调用

1）什么是系统调用？

系统调用是一群预先定义好的模块，它们提供一条管道让应用程序或一般用户能由此得到核心程序的服务。系统调用是系统程序与用户程序之间的接口，在类 UNIX 系统中，系统调用多使用 C 语言所提供的库函数作为接口。例如，在 Linux 操作系统平台上使用 C 语言编程，在程序中调用 C 的库函数 getpid( )以获取进程的内部标识符，而 getpid( )的代码调用了在系统态（内核态）运行的系统调用服务例程（system call service routine）sys_getpid( )。

2）系统调用与一般函数的区别

为了说明系统调用与一般函数的区别，需要先说明什么是内核态执行，什么是用户态执行。

（1）内核态执行。

内核空间是指含有一切系统核心代码的地址空间。当 CPU 执行系统核心代码时，称进程处于内核态执行。

（2）用户态执行。

用户空间是指用户进程所处的地址空间。一个用户进程不能访问其他进程的用户空间，也不能访问内核空间。只有操作系统内核程序才能访问其他用户空间和内核空间。当 CPU 执行用户空间的代码时，称该进程在用户态执行。

在 32 位系统中，每个进程的逻辑地址空间（虚拟地址空间）为 4 GB，其中 Linux 内核占用 1 GB 的空间，用户进程占用 3 GB 的空间，地址空间布局如图 2-17 所示。

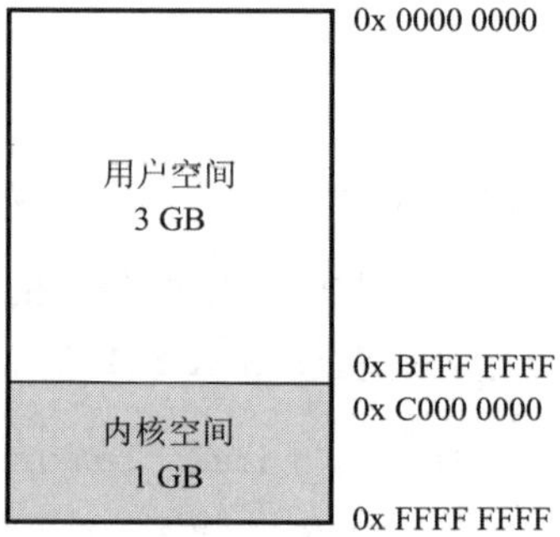

图 2-17　用户空间与内核空间

系统调用与一般函数调用的区别如下：

① 系统调用服务例程运行在系统态，而一般函数运行在用户态。

② 系统调用与一般函数调用的执行过程不同。系统调用执行过程中，当前进程被中断，由系统寻找相应的系统调用服务例程，并在系统态下执行。

系统调用的执行经过了从用户态到内核态，执行完内核中的系统调用处理程序和系统调用服务例程后再返回用户态的过程。系统调用执行过程、系统调用、系统调用处理程序、系统调用服务例程之间的关系如图 2-18 所示。

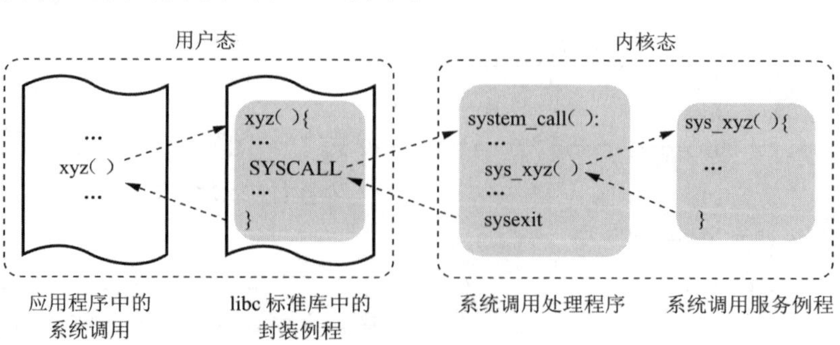

图 2-18　调用一个系统调用

图 2-18 中，xyz( )是系统调用；SYSCALL 是陷入指令(可能是汇编语言指令 int 0x80 或 sysenter)导致 CPU 从用户态进入内核态，开始执行 system_call( )系统调用处理程序；sys_xyz( )是系统调用 xyx( )对应的系统调用服务例程，其地址存放在系统调用表中；sysexit 是使 CPU 返回用户态的汇编指令。

③ 系统调用的执行过程要进行中断处理，比一般函数调用多了一些系统开销。

3）普通函数执行过程实例

例如，调用 C 语言的库函数求一个整数的绝对值。当执行求绝对值的函数调用时，程序执行的控制流只需要转移到求绝对值的函数代码的入口处，在图 2-19 所示的实例中就是跳转到地址为 100 的内存单元处，从此处开始执行一段求绝对值的子程序。在函数调用前后，进程都处于用户态。求绝对值的函数和主函数 main( )都处于用户地址空间。

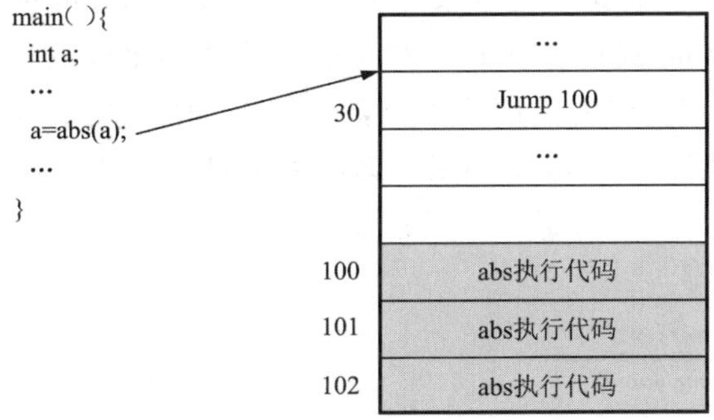

图 2-19 一般函数调用的执行

4）系统调用执行过程实例

下面以 Linux 系统中用户程序调用 getpid( )求当前进程的内部标识符为例，说明系统调用执行过程的细节。调用 getpid( )求当前进程内部标识符的用户程序如下：

```
#include <linux/unistd.h>
int main( )
{ int i=getpid( );
    printf("Hello world! This is My pid:%d\n",i);
}
```

该程序代码对 getpid( )的调用经过 unistd. h 中的宏展开后，转化为如下代码：

```
int getpid(void)
    long __res
     __asm__volatile("int $ 0x80"
                                    :"=a"(__res)
                                    "     "(__NR_getpid)
     __syscall_return(int,__res)
```

这段代码的汇编程序相当于以下汇编代码：

```
movl $__NR_getpid,%eax
int 0x80
movl %eax,_Res
```

这段代码首先执行 movl $__NR_getpid,%eax,把系统调用号__NR_getpid 保存到 eax 寄存器中,以便将来给内核程序使用。因为内核实现了很多不同的系统调用,所以进程必须传递一个名为系统调用号的参数来识别所需的系统调用服务例程。系统调用号是一个整数,与系统调用一一对应。__NR_getpid 是 getpid( )的系统调用号。内核需要根据__NR_getpid 找到与 getpid( )对应的系统调用服务例程 sys_getpid( )的入口地址。

然后执行陷入指令(如 int $0x80),使进程陷入内核态,并转去执行对应的处理程序(如 system_call)。

从图 2-20 中可以看到,在进程处于系统态执行 system_call 的过程中,先利用 getpid ( ) 的系统调用号__NR_getpid 找到 getpid( )对应的系统调用服务例程 sys_getpid( ),然后执行 sys_getpid( )获得当前进程的内部标识符,最后程序通过执行 movl %eax,_Res 将系统调用结果返回给用户,执行 sysexit 汇编指令返回到用户态。

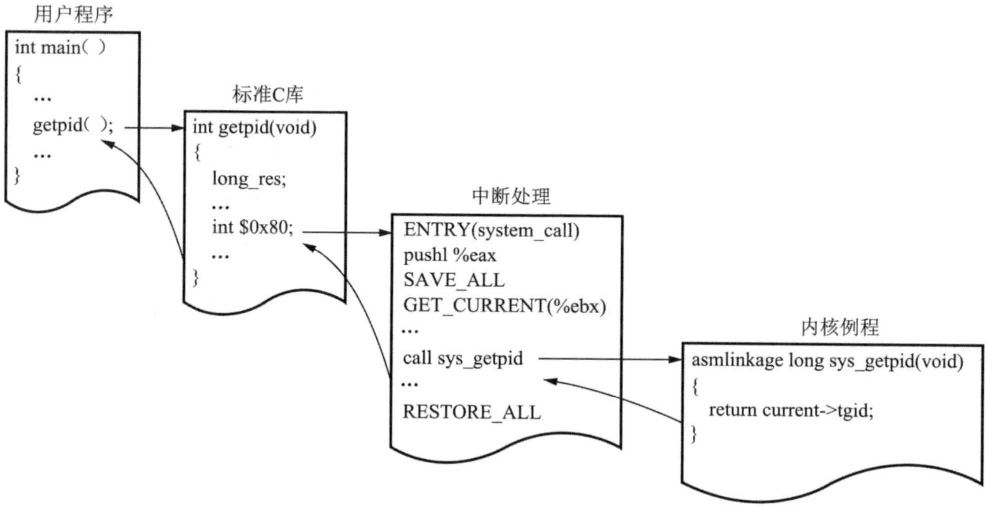

图 2-20　系统调用 getpid( )的执行

为了把系统调用号与相应的系统调用服务例程关联起来,Linux 内核利用了一个系统调用表(dispatch table)。这个表存放在 sys_call_table 数组中,有 NR_syscalls 个表项(在 Linux 2.6.11 内核中这个值是 289)。系统调用表的第 n 个表项包含系统调用号为 n 的系统调用服务例程的入口地址信息。getpid( )对应的系统调用号是__NR_getpid,所以在系统调用表的__NR_getpid 号表项中存有 sys_getpid( )的入口地址信息。

5) 系统调用的类型

根据系统调用的功能把系统调用总结为以下几种类型:

(1) 进程控制类系统调用,如创建、撤销进程;获得、改变进程属性。

(2) 文件操纵类系统调用,如创建文件、删除文件、打开文件、关闭文件、读/写文件。

(3) 设备管理类系统调用,如请求、释放设备。

(4) 通信类系统调用,如打开、关闭连接、交换信息。

(5) 信息维护类系统调用,如返回系统当前日期、时间、版本号、用户数、空闲内存、磁盘空间大小等信息。

6) Linux 中的系统调用举例

(1) fork( )创建一个新进程。

(2) clone( )按指定条件创建子进程。

(3) execve( )运行可执行文件。

(4) exit( )中止进程。

(5) getpgid( )获取指定进程组标识号。

(6) open( )打开文件。

(7) creat( )创建新文件。

(8) close( )关闭文件描述字。

(9) read( )读文件。

(10) write( )写文件。

7) 操作系统提供系统调用的优点

(1) 使编程更加容易,把用户从学习硬件设备的低级编程特性中解放出来。

(2) 提高了系统的安全性。

2.4 线　程

在传统的操作系统中,进程是资源分配和独立执行的基本单位。为了进一步提高程序的并发性,减少系统开销,在操作系统中引入了线程的概念。

由于进程既是独立执行的基本单位,又是资源拥有者,在进程创建、撤销、切换时需要较大的系统开销,所以系统可支持的进程数及进程切换的效率都受到了限制,影响了 OS 并发程度的提高。引入线程作为独立调度和分派的单位,不独立拥有资源(仅有少量基本资源),而是与其他线程共享同一进程的资源,减小了系统的开销。

线程的实质是把进程的任务划分成更小的、具有独立功能的单位,以线程的形式来并发执行,以提高程序并发执行的程度,提高程序执行的效率,降低系统开销。在多 CPU 多核系统中,可提高应用程序的执行效率。

本节介绍线程的概念、线程与进程的关系、线程的描述与控制。

2.4.1 线程的描述

1) 线程的概念和分类

(1) 线程的概念。

线程是进程中的一个实体,是被系统独立调度和分派的基本单位。线程只拥有在运行中必需的资源,包括程序计数器、一组寄存器和栈,但它可与同属一个进程的其他线程共享进程所拥有的全部资源。一个线程可以创建和撤销另一个线程,同一进程中的多个线程可以并发执行。线程在运行中呈现间断性,也有就绪、阻塞和执行三种基本状态。

(2) 线程的分类。

线程的实现可以分为两类,即用户级线程和内核级线程。内核级线程依赖于内核。用户进程和系统进程中的线程,它们的创建、撤销和切换都由内核实现。在内核中为线程创建线程控制块,内核根据该控制块感知线程的存在并对线程进行控制。

用户级线程不依赖于内核。用户级线程的创建、撤销、切换都与内核无关,可由运行时库实现。

下面从不同方面对内核级线程和用户级线程进行比较。

① 线程的调度与切换速度。

内核级线程的调度由内核的线程调度程序完成,用户级线程的调度则由用户线程包中的过程来完成。内核级线程的调度程序运行在系统态,用户级线程的调度程序运行在用户态。

内核级线程的调度规则与进程调度相似,而用户级线程的调度规则相对简单。内核级线程切换慢,用户级线程切换快。

② 系统调用。

内核级线程进行系统调用只阻塞该线程,而用户级线程的系统调用要阻塞线程所属的进程。

③ 线程执行时间的分配。

内核级线程的 CPU 时间以线程为单位分配,每一个线程都可以独享一个 CPU 时间片;用户级线程的 CPU 时间以进程为单位,同一进程的多个线程共享一个 CPU 时间片。

2) 线程的三种基本状态

与进程一样,线程的主要状态有就绪、运行和阻塞三种。就绪态是线程一旦获得 CPU 就可以投入运行的状态。运行态是线程获得 CPU 正在运行的状态。阻塞态是线程由于等待某个事件的发生而暂停执行的状态。

线程的三种状态转换如图 2-21 所示。

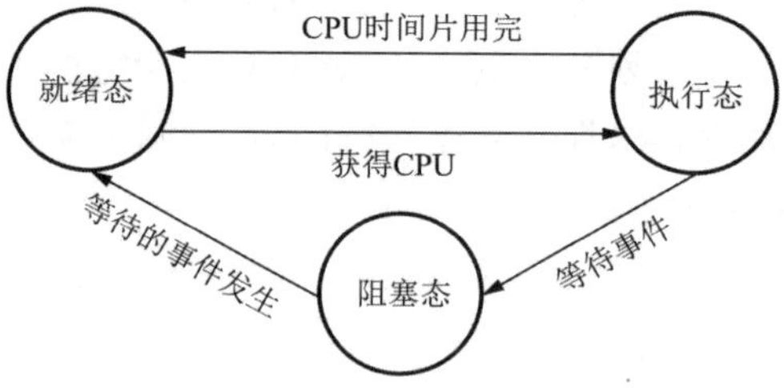

图 2-21 线程状态转换图

3) 线程控制块 TCB

(1) 线程控制块。

每个线程都由一个数据结构表示,包括线程的基本状态、标识以及记账信息。这个数据结构就是线程控制块 TCB(Thread Control Block,TCB)。TCB 记录了操作系统所需要的、用于描述线程情况及控制线程运行所需的全部信息。

(2) 线程控制块中的信息。

线程控制块中包含的信息有线程标识符信息、处理器状态信息、线程调度信息、线程控制信息。

(3) 线程控制块的组织方式。

线程控制块通常采用链接方式来组织，即把同一进程中具有相同状态的 TCB 用指针链接成队列，如图 2-22 所示。

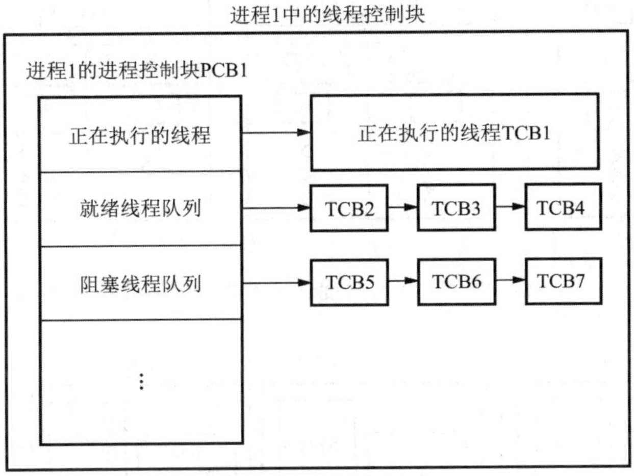

图 2-22　线程控制块链接方式图

4) 线程与进程的关系

线程与进程密切相关，可从以下几个角度来说明它们的关系。

(1) 资源和调度。线程是程序执行的基本单位，进程是拥有资源的基本单位。

(2) 地址空间资源。不同进程的逻辑地址空间是相互独立的，而同一进程中的各线程共享同一逻辑地址空间，如图 2-23 所示。

(3) 通信关系。进程之间的通信必须使用操作系统提供的进程间通信机制，而同一进程中的各线程间可以通过直接读或写全局变量来进行通信，甚至无须操作系统的参与。

(4) 并发性。多进程之间可以并发执行，多线程之间也可以并发执行，而且同一进程中的多个线程之间也可并发执行。

(5) 系统开销。由于创建进程或撤销进程时系统都要为之分配或回收资源，所以系统所付出的开销远大于创建或撤销线程时的开销。在进行进程上下文切换时，涉及整个当前进程 CPU 环境的保存及新调度到进程的 CPU 环境的设置。而在进行线程上下文切换时，只需保存和设置少量寄存器内容，因此开销很小。另外，由于同一进程内的多个线程共享进程的地址空间，因此同一进程中线程的上下文切换要更快。

图 2-23 和图 2-24 分别从执行的角度和进程管理的角度来描述线程和进程的关系。

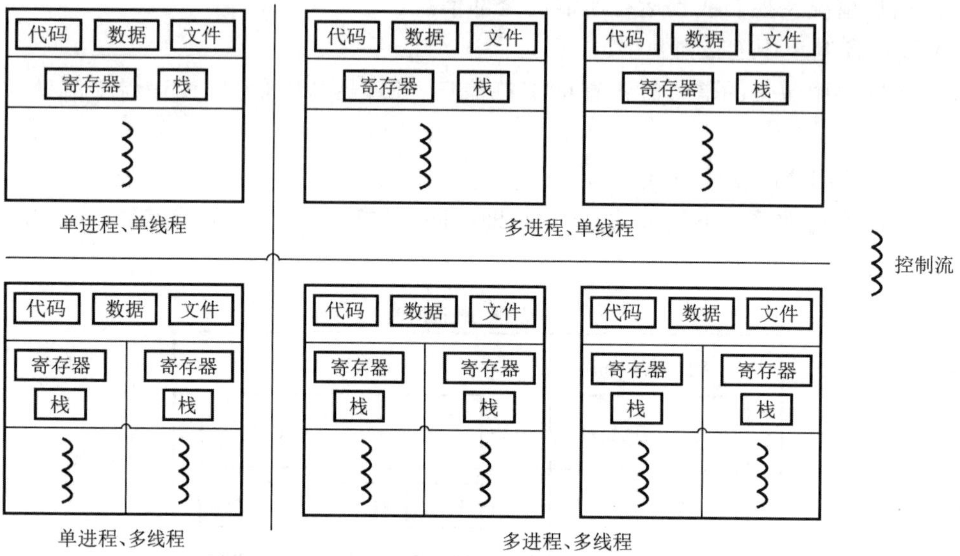

图 2-23 从执行角度看进程与线程的关系

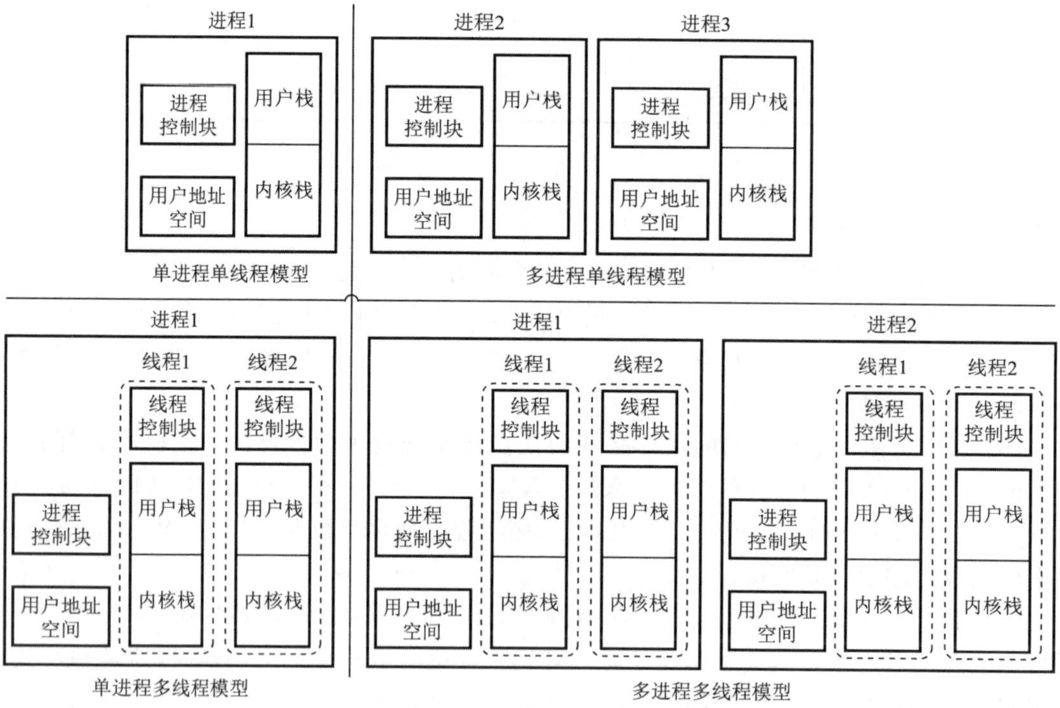

图 2-24 从进程管理角度看线程与进程的关系

2.4.2 线程的控制

线程控制是线程实现中最基本的功能。它包括创建新线程、终止线程、线程调度和线程切换、线程由于等待某个事件的发生而被阻塞以及该事件发生后线程被唤醒。

1）线程创建

（1）用户级线程的创建。

用户级线程的创建是通过调用线程库中的实用程序完成的。首先创建线程的实用程序为新线程申请空白线程控制块，并初始化线程控制块，然后将新线程插入其所属进程的就绪线程队列。

（2）内核级线程的创建。

内核级线程的创建是由内核完成的。首先内核为新线程申请空白线程控制块，并初始化线程控制块，然后将新线程插入其所属进程的就绪线程队列。

2）线程的终止

（1）引起线程终止的原因。

① 正常结束。

② 异常结束。

③ 外界干预。

（2）线程的终止过程。

如果系统发生了上述要求终止线程的事件，则用户级线程可由线程库的实用程序调用线程终止原语，而内核级线程由内核调用线程终止原语，按下述过程去终止指定的线程。

① 根据被终止线程的标识符，从 TCB 集合中检索出该线程的 TCB，从中读出该线程的状态。

② 若被终止线程正处于运行状态，则应立即终止该线程的执行，并设置调度标志，用于指示该线程被终止后应重新执行线程调度程序。

③ 将被终止线程的 TCB 从所在队列（或链表）中移出，等待其他程序来搜集信息。

3）线程的调度与切换

（1）用户级线程的调度与切换。

由于内核没有意识到用户线程的存在，所以内核继续以进程为单位进行调度，并且给该进程指定一个状态（就绪、运行、阻塞等）。用户级线程的调度在应用程序内部进行，通常采用非抢占式和更简单的规则（如时间片轮转规则）。也无须用户模式和内核模式之间的切换，因此速度较快。调度算法可以是应用程序专用的，可以适应应用程序而不会扰乱底层的操作系统调度程序。CPU 时间片分配给进程，当进程内有多个线程时，每个线程的执行时间相对较少。

一个多用户级线程的应用程序不能充分利用多 CPU 技术。内核一次只把一个 CPU 分配给一个进程，因此一个进程中只有一个用户级线程可以执行，无法享用多 CPU 带来的好处。

由于所有线程管理数据结构都在一个进程的用户地址空间中，线程切换不需要内核模式特权，所以也不需要用户模式和内核模式之间的切换，节省了两种模式间切换的开销。

（2）内核级线程的调度与切换。

内核级线程由内核来维护其上下文信息，调度是由内核以线程为单位进行的。内核级线程的调度和切换都需要用户模式和内核模式之间的切换。调度可以为一个进程中的多个内核级线程分配多个 CPU,使多个内核级线程达到并行。

4）线程的阻塞与唤醒

（1）引起线程阻塞的事件。

① 请求系统服务。当运行态线程请求操作系统提供服务,由于某种原因,操作系统并不立即满足该线程的要求时,该线程只能被阻塞。

② 启动某种操作。当线程启动某种操作后,如果该线程必须在该操作完成之后才能继续执行,则必须先将线程阻塞,以等待该操作完成。

③ 新数据尚未到达。对于相互合作的线程,如果其中一个线程先获得另一个线程提供的数据才能运行以对数据进行处理,则只要其所需数据尚未到达,该线程就只能被阻塞。

（2）用户级线程的阻塞与唤醒。

如果进程中的一个用户级线程被阻塞,即使还有其他用户级线程可以在应用程序内运行,则整个进程也必须阻塞。

正在执行的用户级线程,当需要等待某事件的发生时,该线程便调用线程阻塞原语把自己阻塞,该线程所属的进程也调用进程阻塞原语把自己阻塞。用户级线程的阻塞过程如下：

① 停止该线程的执行,将该线程的状态改为阻塞态。

② 将该线程控制块插入相应的线程阻塞队列。

③ 将该线程所属进程的状态改为阻塞态。

④ 将该线程所属进程的进程控制块插入相应的进程阻塞队列。

⑤ 将控制传递给进程调度程序,重新进行进程调度。

当被阻塞线程所等待的事件发生时,由有关进程唤醒原语,将该线程所属的进程唤醒,然后由有关线程唤醒原语将该线程唤醒。用户级线程的唤醒过程如下：

① 将该线程所属进程的状态由阻塞改为就绪。

② 将该线程所属进程的进程控制块从进程阻塞队列中移出。

③ 将该线程所属进程的进程控制块插入进程就绪队列。

④ 将该线程状态由阻塞改为就绪。

⑤ 将该线程的线程控制块从线程阻塞队列中移出。

⑥ 将该线程的线程控制块插入线程就绪队列。

（3）内核级线程的阻塞与唤醒。

如果进程中的一个内核级线程被阻塞,则内核可以调度同一个进程中的另一个内核级线程运行。

正在执行的内核级线程,当需要等待某事件的发生时,该线程便调用线程阻塞原语进行自我阻塞。内核级线程的阻塞过程如下：

① 停止该线程的执行,将该线程的状态改为阻塞态。

② 将该线程控制块插入相应的线程阻塞队列。

③ 将控制传递给线程调度程序,重新进行线程调度。

当被阻塞的线程所等待的事件发生时,则由有关线程唤醒原语,将该线程唤醒。内核级线程的唤醒过程如下：

① 将该线程状态由阻塞改为就绪。

② 将该线程的线程控制块从线程阻塞队列中移出。

③ 将该线程的线程控制块插入线程就绪队列。

阻塞和唤醒是一对作用相反的原语，因此，如果在某线程中调用了阻塞原语，则必须在与之相合作的另一线程或其他相关的线程中安排唤醒原语，用于唤醒阻塞线程。

2.4.3　线程的同步

一个进程中的所有线程共享同一个地址空间和诸如打开的文件之类的其他资源。一个线程对资源的任何修改都会影响同一个进程中其他线程的环境。因此，需要对各种线程的活动进行同步，保证诸线程以互斥的方式访问临界资源，以使它们互不干扰且不破坏数据结构。线程同步的机制有原语操作和信号量机制。

2.4.4　线程通信

线程通信是指线程之间的信息交换。由于同一进程中线程间共享内存和文件资源，各线程间可以通过直接读/写全局变量来进行通信，甚至无须操作系统内核的参与。对于不同进程的线程间通信，必须使用操作系统提供的线程间通信机制。

2.4.5　线程的实现

线程的实现方式：一种是用户级线程的实现，一种是内核级线程的实现。用户级线程的创建、调度等都通过用户态执行的线程库函数实现。内核级线程的实现通过操作系统内核的系统调用、内核函数完成，内核级线程的调度、切换均由内核实现。Windows、Linux都支持内核级线程的实现。本节用程序实例说明如何在应用程序中创建内核级实现的线程。

1）采用 Pthread API 实现多线程

Pthread 是 POSIX 标准定义的进程创建与同步的 API，Linux 支持这一线程实现规范。在这一规范中，调用一个函数创建线程，将该线程要执行的函数作为参数传递给线程创建函数。主要的函数如下：

(1) pthread_creat( )函数，用于创建线程。

(2) pthread_join( )函数，用于等待线程中的函数执行结束。

(3) pthread_exit( )函数，用于终止一个线程。

2）采用 Pthread API 实现多线程的程序实例

图 2-25 所示的程序创建了 20 个线程，每个线程都执行函数 func( )，对线程共享的全局变量 counter 进行循环累加操作。该程序执行的结果是不唯一的，因为没有进行同步控制。

图 2-26 所示的程序在图 2-25 所示程序中增加了多线程的同步控制，使程序运行的结果是唯一且正确的。

```
#include <stdio.h>
#include <pthread.h>
#define NUM_THREADS 20        // 线程数量
#define NUM_OPERATIONS 10000       // 计数器变量 counter 递增次数
int counter=0;
void *func(void *arg)
    {
      for (int i=0;i<NUM_OPERATIONS;++i)
        {
            counter=counter+1;
        }
    pthread_exit(NULL);      // 终止线程
    }
int main( )
    {
    pthread_t tids[NUM_THREADS];      // 线程号
    for (int i=0;i<NUM_THREADS;++i)
        {
            pthread_create(&tids[i],NULL,func,NULL);      // 创建线程 i,并调用 func 函数
        }
    void *status;
    for (int i=0;i<NUM_THREADS;++i)
        {
        pthread_join(tids[i],&status);      // 等待线程 i 结束
        }
    printf("counter=%d\n",counter);
    getchar( );     // 输入任意键结束程序
    return 0;
    }
```

图 2-25　多线程程序实例一

```
#include <stdio.h>
#include <pthread.h>
#define NUM_THREADS 20       // 线程数量
#define NUM_OPERATIONS 10000      // 计数器变量 counter 递增次数
int counter=0;
pthread_mutex_t mutex=PTHREAD_MUTEX_INITIALIZER;      //定义互斥锁
void *func(void *arg)
  {
    for (int i=0;i<NUM_OPERATIONS;++i)
      {
        pthread_mutex_lock(&mutex);      //加锁
        counter=counter+1;
        pthread_mutex_unlock(&mutex);      //解锁
      }
    pthread_exit(NULL);      // 终止线程
  }
```

图 2-26　多线程程序实例二

```
int main( )
    {
        pthread_t tids[NUM_THREADS];      // 线程号
        for (int i=0;i<NUM_THREADS;++i)
          {
              pthread_create(&tids[i],NULL,func,NULL);      // 创建线程 i,并调用 func( )函数
          }
        void *status;
        for (int i=0;i<NUM_THREADS;++i)
          {
              pthread_join(tids[i],&status);      // 等待线程 i 结束
          }
        printf("counter= %d\n",counter);
        getchar( );      // 输入任意键结束程序
        return 0;
    }
```

图 2-26(续)　多线程程序实例二

Windows 线程库创建线程的方式与 Pthread 技术类似，函数的名称及参数形式与 Pthread API 不同。而在 Java 中创建线程需要创建相关的类。Windows 与 Java 线程实现的相关内容可参看 Windows 编程和 Java 编程方面的资料。

多线程编程有很多的应用场景，例如一个 Web 浏览器可能用一个线程显示网页内容，另一个线程从网络接收数据；一个编辑程序可以用一个线程显示文档内容，另一个线程用于响应用户的键盘输入。在线播放器可以使用一个线程播放视频，用另一个线程接收远程的视频数据。

本章习题

1. 什么是进程？比较进程与程序。

2. 为什么要引入进程这一概念？进程存在的标志是什么？

3. 什么是进程控制块？举例说明操作系统是如何利用进程控制块中的信息来管理进程的？

4. 什么是操作系统内核？操作系统内核主要完成什么功能？

5. 操作系统在什么时候创建进程？操作系统如何创建一个进程？

6. 说明什么是中断？单重中断的处理过程是什么？简单说明中断处理过程中如何找到特定的中断服务程序？

7. 举例说明时钟对于计算机系统的重要性。

8. 时钟中断信号是如何产生的？时钟中断处理程序的功能是什么？

9. 什么是进程的就绪态、阻塞态、执行态？在什么情况下发生三种状态的转换？

10. 说明进程的阻塞和唤醒的过程。

11. 什么是用户空间？什么是系统空间？什么是系统态？什么是用户态？

12. 举例说明系统调用的执行过程。系统调用和普通函数有什么区别？

13. 什么是线程？为什么引入线程？

14. 什么是用户级线程？什么是内核级线程？试对两者进行比较。

15. 线程与进程有什么区别和联系？

16. 分别说明用户级线程与内核级线程的阻塞和唤醒过程。

17. 说明操作系统的引导过程。

18. 请用C语言实现一个多线程程序。

第 3 章 进程同步与进程通信

3.1 进程同步机制介绍

多任务操作系统支持多个进程并发执行，并发执行的进程共享系统的软件和硬件资源。进程访问资源是通过执行程序指令实现的，在这种情况下，操作系统可以也必须对进程访问共享资源的过程进行控制和管理，否则系统会出现程序运行结果的错误。操作系统同步机制的主要任务就是保证在多任务共享系统资源的情况下，程序执行能得到正确的结果。此外，有些进程之间具有相互合作关系，同步机制需要解决这些进程执行的协调问题。

3.1.1 进程同步的基本概念

在多道程序环境下，进程之间可能存在资源共享关系和相互合作关系。进程同步有两个任务，一是对具有资源共享关系的进程，保证诸进程以互斥的方式访问临界资源。临界资源是必须以互斥方式访问的共享资源。二是对具有相互合作关系的进程，保证相互合作的诸进程协调执行。相互合作的进程可能同时存在资源共享的关系。

为了说明什么是临界资源，先回忆第 2 章介绍的 P_1 和 P_2 两个进程并发执行，其中 counter 是全局变量，初始值为 0，P_1 和 P_2 两个进程分别对 counter 做加 1 操作，伪代码如下：

```
P1
{…
  counter=counter+ 1
…
}
P2
{…
  counter=counter+1
…
}
```

若当前 counter＝0，P_1 和 P_2 各执行一次后，counter 的正确值应该是 2，但是若 P_1 和 P_2 中的 counter＝counter＋1 语句分别被编译成下述机器指令的程序：

```
P1
{…
  register1=counter;
  register1=register1+1;
  counter=register1;
…
}
P2
{ …
  register2=counter;
  register2=register2+1;
  counter=register2;
…
}
```

则 P_1,P_2 并发执行时,指令的执行序列可能出现不同的组合。当按下列顺序执行时,会发生 counter 计数错误。

```
register1=counter            //执行结果:register1=0
register1=register1+ 1       //执行结果:register1=1
register2=counter            //执行结果:register2=0
register2=register2+1        //执行结果:register2=1
counter=register1            //执行结果:counter=1
counter=register2            //执行结果:counter=1
```

执行结果是 counter＝1,而正确结果应该是 counter＝2。

如果 P_1 和 P_2 以互斥的方式访问 counter,也就是说,如果 P_1 先开始对 counter 的访问,则 P_2 必须等待 P_1 对 counter 的访问完全结束再开始对 counter 的访问;反之,如果 P_2 先开始对 counter 的访问,则 P_1 就必须等待 P_2 对 counter 的访问完全结束再开始对 counter 的访问,那么 P_1 和 P_2 对 counter 访问指令交错执行的情况就不会出现,计算结果的错误也就不会出现。P_1 和 P_2 以互斥的方式去访问 counter 的含义是在 P_1 和 P_2 中的任意一进程执行 counter＋1 操作的一系列指令的过程中,不允许另一个进程执行访问 counter 的操作。如 counter 这样必须以互斥方式访问的共享资源称为临界资源。

在设计操作系统时,设计人员必须严格界定系统中的哪些资源是临界资源,通过同步机制保证系统运行过程中对临界资源的访问进行有效的控制。

临界区是进程中访问临界资源的那段代码。访问临界资源是通过执行临界区代码来实现的,如果能使程序以互斥的方式进入临界区,就能够实现对临界资源的互斥访问。这一点可以通过在临界区前面加进入区代码,在临界区后面加退出区代码来实现。进入区代码在临界区代码之前执行,检查进程是否可以进入临界区并对临界区"加锁";退出区代码在临界区代码之后执行,完成"解锁"即释放临界区访问权的功能。

在进程中,可以采用下面模式的代码来实现对临界资源的互斥访问。写程序时需要先界定临界区，然后在临界区前加进入区，在临界区之后加退出区。

```
{  …
    进入区(entry section);
      临界区(critical section);
    退出区(exit section);
  …
}
```

3.1.2　同步机制应遵循的准则

当存在多种可选的同步方案时（可以采用硬件实现同步，也可以采用不同的程序实现同步），根据什么来权衡同步方法的利弊，作出恰当的选择呢？对于一种同步技术，如何对它的正确性和性能作出评价呢？同步机制应遵循的准则可以为我们提供判断、选择和评价的参考依据。

1）空闲让进

当无进程处于临界区时，表明临界资源处于空闲状态，应允许一个请求进入临界区的进程立即进入自己的临界区，以有效地利用临界资源。

2）忙则等待

当已有进程进入临界区时，表明临界资源正在被访问，因而其他试图进入临界区的进程必须等待，以保证对临界资源的互斥访问。

3）有限等待

对要求访问临界资源的进程，应保证在有限时间内能进入自己的临界区，以免陷入无限等待的状态。

4）让权等待

当进程申请不到共享资源的访问权时，应立即释放处理器，以免进程陷入“忙等”状态，浪费 CPU 资源。

3.2　信号量机制

在信号量机制中，用某种类型的变量即信号量的取值来表示资源的使用状况或某种事件是否发生，以此为基础实现进程的同步。本节将介绍整型信号量机制、记录型信号量机制、AND 信号量机制。

交通信号灯的作用是通过灯的不同颜色告知车辆应如何行驶，而信号量机制就类似这种信号灯的作用。为不同的共享资源设置被称为信号量的变量，用信号量的取值来表示资源的使用状况或某种事件是否发生，通过信号量的取值来判断进程能否访问与信号量对应的共享资源。

3.2.1 整型信号量机制

整型信号量是表示共享资源状态且只能由特殊的原子操作改变的整型量。它完成同步功能的原理是定义一个整型变量,用整型变量值来标记资源的使用情况。如果整型量的值>0,则说明有可用资源;如果整型量的值≤0,则说明资源忙,进程必须等待。对于一次只允许一个进程访问的临界资源,可定义一个用于互斥的整型信号量,并将其值初始化为 1。整型信号量的值只能通过两个特定的原子操作 wait(s)和 signal(s)来改变。

1) 整型信号量的 wait(s)和 signal(s)操作

s 定义为整型信号量。

```
var s integer;
wait(s)                          //用于申请资源
  {
      while s≤0 do no-op;        //整型信号量值小于或等于 0 时循环执行空操作
      s=s-1;
  }
signal(s)                        //用于释放资源
  { s=s+1;
  }
```

2) 用整型信号量实现进程互斥

用整型信号量实现进程互斥的想法是:为必须互斥访问的临界资源 CS 定义一个互斥信号量 mutex,初始值置为 1,然后将 CS 放入 wait(mutex)和 signal(mutex)之间。当 CS 可访问时,wait(mutex)才能正常结束,使进程进入 CS,如图 3-1 所示。

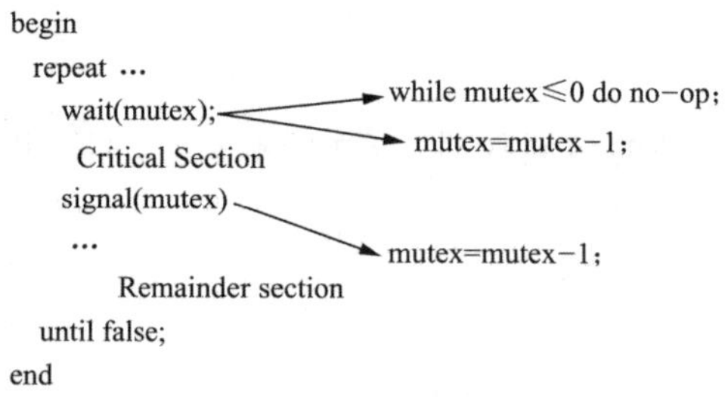

图 3-1 用整型信号量实现互斥

例 3-1 在前面进程 P_1 和进程 P_2 访问共享变量 counter 的程序中,使用整型信号量机制实现对 counter 的互斥访问。将互斥信号量 mutex 的值初始化为 1,说明初始状态是没有进程访问 counter 变量的。在进程 P_1 和 P_2 的临界区代码前后分别加 wait(mutex)和 signal(mutex)操作,就可以实现进程 P_1 和 P_2 对 counter 的互斥访问。进程 P_1 和 P_2 互斥的同步代码描述如下:

```
P1:
{…
```

```
  wait(mutex);
    counter=counter+1;
  signal(mutex);
 …
}
```

```
P2:
{…
  wait(mutex);
    counter=counter+1;
  signal(mutex);
 …
}
```

假定 P_1 进程先执行对 counter 的访问。因为在进入临界区 counter＝counter＋1 前 P_1 必须先执行 wait(mutex)操作，而 mutex 此时的值为 1，所以 while mutex≤0 do no－op 中的 while 条件不满足，while 循环结束，执行 mutex＝mutex－1 操作，使信号量 mutex 的值为 0。P_1 进程在结束 counter＝counter＋1 和 signal(mutex)操作之前，如果 P_2 进程也试图进入临界区执行 counter＝counter＋1，则由于 P_2 进程在进入临界区代码前必须先执行 wait (mutex)操作，而此时 mutex＝0，进程 P_2 中 wait(mutex)操作中的 while mutex≤0 do no－op 中的 while 条件满足，进程 P_2 只能执行 while 循环中的空操作，无法进入自己的临界区。只有当 P_1 执行完临界区代码，并通过执行 signal(mutex)操作，完成 mutex＝mutex＋1，使 mutex＝1 后，当 CPU 再次执行 P_2 时，才会由于 P_2 执行的 while mutex≤0 do no－op 中的 while 条件不满足而结束循环。P_2 执行完 wait(mutex)的最后一条语句 mutex＝mutex－1 后，得以进入自己的临界区执行 counter＝counter＋1。

对于任意进程 P，要访问临界资源 CS，如果与 CS 对应的整型信号量设置为 mutex，mutex 初值为 1，则以如下形式在进程中添加同步代码可以实现进程对 CS 的互斥访问。

```
P:
{…
wait(mutex);
  CS;
signal(mutex);
…
}
```

例 3-2　P_1 和 P_2 两个进程都访问同一个临界资源——打印机(用 CS 表示)，对应的整型信号量为 s，s 的初值为 1。

P_1 和 P_2 两个进程中应该包含如下两段同步代码：

```
P1:
{…
```

```
  wait(s);
  CS;
  signal(s);
 …
}
P2:
{…
  wait(s);
  CS;
  signal(s);
 …
}
```

假设初始条件为打印机空闲，s=1，若 P_1 先请求打印机，在 P_1 释放资源之前，P_2 也请求打印机：

> P_1：执行 wait(s)
> 因为 s=1
> 所以 while 循环结束
> 执行 s=s-1，结果 s=0
> 执行 CS 代码访问打印机

此时若 P_2 也试图访问打印机，则因为此时信号量 s=0，故 P_2 进入 while 循环，不能继续 while 语句后的代码，无法进入 P_2 的临界区访问打印机，因此 P_2 不能访问 P_1 正在访问的打印机。由此，实现了 P_1 和 P_2 进程对打印机的互斥访问。

3）用整型信号量实现进程的协调

例 3-3 P_1 和 P_2 两个进程，要求 P_2 必须在 P_1 结束后执行，其前趋图如图 3-2 所示。

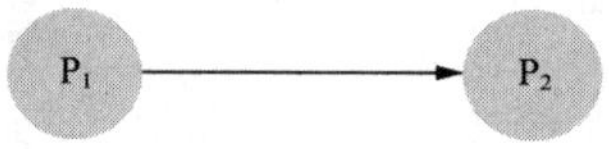

图 3-2 例 3-3 的前趋图

为此，设置一个信号量 s，初始值为 0。同步代码如下：

```
parbegin
    begin P1;signal(s);end
    begin wait(s);P2;end
parend
```

如果 P_1 不执行，或者还没有执行完的时候要执行 P_2，则由于执行 wait(s)时 s 等于 0，wait(s)中的 while 循环条件满足，因此一直循环，使得控制流不能执行到 P_2。只有当 P_1 执行完并通过执行 signal(s)操作使得 s=1，wait(s)中的 while 循环结束，wait(s)执行完毕后，才能执行 P_2。

4) Linux 中的整型信号量

Linux 2.4 使用的自旋锁可以看作整型信号量机制的一个应用实例。自旋锁是用来在多处理器环境中工作的一种特殊的锁。如果内核控制路径发现自旋锁“开着”，则表示相应的整型信号量的值大于 0，可获取锁继续执行；相反，如果内核控制路径发现自旋锁由运行在另一个 CPU 上的内核控制路径“锁着”，即整型信号量的值等于 0 或者小于 0，则就反复执行一条紧凑的循环指令，直到锁被释放。

5) 对整型信号量机制的总结

(1) 整型信号量的值只能由 wait(s)和 signal(s)操作改变。

(2) wait(s)和 signal(s) 操作都是原子操作，即在这两个操作中对信号量的访问是不能被中断的。

在单 CPU 系统中如果把“wait(s)和 signal(s) 操作都是原子操作”理解成 wait(s)和 signal(s)操作执行的过程是不可以被打断的，当信号量 s<=0 时，系统会在 while s<=0 do no-op 中死循环。因为要保证 wait 操作的原子性，只能关中断。程序的执行流如下：

```
{…
 关中断
  wait(s)
 开中断
 …
}
```

在这种情况下，如果当前 s=0，则一直执行 while 循环，在关中断的情况下 CPU 不可能执行其他进程，s 的值无法被改变，系统会在 while s<=0 do no-op 中死循环。

(3) 原子操作可以通过关中断来实现。

(4) 整型信号量机制的实例：Linux 中的自旋锁。

(5) 不同的资源对应不同的信号量，并不是系统中所有的资源都用同一个信号量表示。

3.2.2 记录型信号量机制

使用整型信号量机制，进程可能会在 CPU 上“忙等”，无法实现“让权等待”，而记录型信号量机制可克服此缺点。

1) 记录型信号量的数据类型

```
Type semaphore=record
                    value:integer;          //资源数量
                    L:list of process;      //阻塞队列
end
```

2) 记录型信号量的 wait(s)和 signal(s)操作

```
procedure wait(s)
```

```
  var s:semaphore;
  begin
      s.value=s.value-1;
      if s.value<0 then  block(s.L);
end

procedure signal(s)
  var s:semaphore
  begin
      s.value=s.value+1;
      if s.value<=0 then  wakeup(s.L);
end
```

3）对记录型信号量 wait(s)和 signal(s)的说明

（1）s. value>=0 时，s. value 的值表示资源数量；s. value<0 时，s. value 的绝对值等于某信号量的阻塞队列中阻塞进程的数量。

（2）每次的 wait(s)操作都意味着进程请求一个单位的资源，描述为 s. value=s. value－1。当 s. value<0 时，表示资源已分配完毕，因而进程调用 block(s. L)原语进行自我阻塞，放弃处理器，自我阻塞进程的进程控制块被插入阻塞队列 s. L 中。

（3）每次的 signal(s)操作都意味着进程释放一个资源，故 s. value=s. value＋1 操作表示系统可用的资源数加 1。若加 1 后 s. value<=0，则表示在该信号量的阻塞队列中仍有等待该资源的进程被阻塞，故还应该调用 wakeup(s. L)原语，唤醒 s. L 队列中的阻塞进程。

（5）记录型信号量机制的优点是不存在忙等，采取了“让权等待”的策略。

4）利用记录型信号量实现互斥

利用记录型信号量实现互斥的模型，从实现互斥的代码片段上看与整型信号量一致，都是在访问临界资源的进程中先界定临界区，然后在临界区前面加 wait(s)，在临界区后面加 signal(s)，不同的是信号量的类型与 wait(s)、signal(s)的实现代码不同。实现进程互斥的代码模型描述如下：

```
var s:semaphore;
s.value=1;
begin
    repeat
      wait(s);
        Critical Section;
      signal(s);
      remainder section;
    until false;
end
```

例 3-4　图 3-3 表示三个进程访问同一个临界资源时，利用记录型信号量实现互斥的情况。图 3-3 仅以一种可能的执行流为例说明互斥实现的具体情形。三个进程 P_1、P_2、P_3 访问同一个临界资源，互斥信号量为 s，s. value 初始值为 1。进程 P_1 先通过执行 wait(s)申请信号量，得以进入临界区 CS，访问临界资源。若此时进程 P_2 要访问临界资源，则因为执行进程 P_2 中的 wait(s)操作，使 s. value＝－1，因而 P_2 被阻塞在 s. L 队列中。在进程 P_1 退出临界区并执行 signal(s)操作之前，若进程 P_3 也试图进入自己的临界区，访问临界资源，则在 P_3 执行 wait(s)时，使 s. value＝－2，因而 P_3 也被阻塞在 s. L 中。此时，s. L 队列中有两个被阻塞的进程，即 P_2 和 P_3。

当进程 P_1 退出临界区，执行 signal(s)时，先唤醒进程 P_2，使 P_2 得以进入临界区。当 P_2 也退出临界区后，执行 signal(s)操作，唤醒进程 P_3。

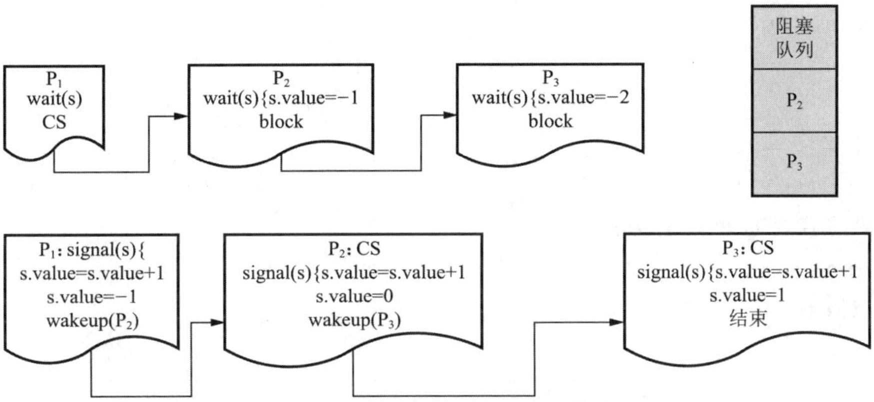

图 3-3　记录型信号量机制实现互斥的实例

5）利用记录型信号量实现"协调"的应用举例

下面以一个简单的相互合作的问题为例，说明如何利用记录型信号量机制实现"协调"功能。

例 3-5　若系统中有两个合作进程——输入进程和计算进程，两个进程共用内存缓冲区，缓冲区只能容纳 1 个数据。输入进程从外存读取数据并将数据写入内存缓冲区。计算进程从内存缓冲区读取数据并对数据进行处理。当缓冲区有数据时输入进程阻塞，当缓冲区空时计算进程阻塞。请在输入进程和计算进程中使用记录型信号量的 wait(s)和 signal(s)操作正确实现两个进程的同步。

此问题中，输入进程和计算进程是一对相互合作的进程。输入进程需要的资源是内存缓冲区的空间，计算进程需要的资源是存放在内存缓冲区中的数据。为了实现输入进程和计算进程的同步，设置两个资源信号量：

```
var empty,full:semaphore
```

其中，empty 信号量对应的资源是内存缓冲区的空间，full 信号量对应的资源是数据。因为在两个进程开始工作之前内存缓冲区为空，有可放一个数据的空间，数据的数量为 0。因此，初始化两个资源信号量，使得：

```
empty.value=1
```

```
full.value=0
```

协调输入、计算两个进程的目的是使输入进程仅当内存缓冲区空时才能把数据写入缓冲区，然后继续执行；否则，输入进程要被阻塞在缓冲区这个资源的阻塞队列中。计算进程仅当缓冲区中有数据时，才能执行从缓冲区读数据的操作，然后继续工作；否则，要被阻塞在数据这个资源的阻塞队列中。下面是实现输入进程和计算进程同步的伪代码。

```
输入进程：
  {
  从外存读数据；
  wait(empty);
  将数据放入内存缓冲区；
  signal(full);
}

计算进程：
  {wait(full);
  从内存缓冲区中读数据；
  signal(empty);
  处理数据；
}
```

6) Linux 内核记录型信号量实例

(1) 信号量结构的定义。

```
struct semaphore {atomic_t count;    //记录资源数量
                  int sleepers;      //记录阻塞队列中是否有因等待资源被
                                     //阻塞的进程
                  wait_queue_head_t wait;    //阻塞队列队首的地址
                  };
```

(2) 对信号量的操作。

① 用于申请资源的 down( )函数。

```
static inline void down(struct semaphore* sem)
```

等价于下面的汇编语言程序：

```
down:
  movl $sem,%ecx
  lock;decl (%ecx)
  jns1f              //如果大于或等于0,则转到1:处结束
  pushl %eax         //如果小于0,则保存寄存器的值
  pushl %edx
  pushl %ecx
```

```
    call__down          //阻塞进程
    popl %ecx           //恢复寄存器的值
    popl %edx
    popl %eax
1:
```

down( )函数先减少 * sem 信号量的 count 字段的值(信号量结构的 0 偏移处),然后检查该值是否为负。如果 count 大于或等于 0,则当前进程获得资源并继续正常执行;否则,count<0,当前进程必须阻塞。把一些寄存器的内容保存在栈中,然后调用__down( ),把当前进程插入信号量的阻塞队列中。所以,这里的 down( )函数相当于记录型信号量机制中的 wait(s)操作。

② 用于释放资源的 up( )函数。

```
static inline void up(struct semaphore* sem)
```

等价于下面的汇编语言程序:

```
up:
    movl $sem,%ecx
    lock;incl(%ecx)
    jg 1f               //若大于 0,则什么也不做,结束
    pushl %eax          //若小于或等于 0,则保存寄存器的值
    pushl %edx
    pushl %ecx
    call__up
    popl %ecx
    popl %edx
    popl %eax
1:
```

这里的__up 是下列 C 函数:

```
void__up(struct semaphore*sem)
{
wake_up(&sem->wait);     //唤醒进程
}
```

up( )函数增加 * sem 信号量 count 字段的值,然后检查它的值是否大于 0。如果 count 大于 0,则说明没有进程被阻塞在队列上,什么事也不做;否则,调用__up( ) 函数以唤醒一个阻塞的进程。可见,up( ) 函数相当于记录型信号量机制中的 signal( )操作。

3.2.3 AND 型信号量机制

1) AND 型信号量机制的引入

一个进程在运行过程中往往需要申请多个共享资源,如果使用整型或记录型信号量,则

可能会出现因为申请资源的顺序不当而导致进程死锁(死锁的相关内容见第 5 章)的情况。下面以一个实例说明这种情况是如何发生的。

假定 A、B 两个进程都要求访问临界资源 D 和 E。若设置两个用于互斥的信号量 Dmutex 和 Emutex,并令它们的初值为 1,则相应地两个进程要包含两个对 Dmutex 和 Emutex 的操作,即

```
A:                        B:
  wait(Dmutex);             wait(Emutex);
  wait(Emutex);             wait(Dmutex);
```

进程 A 与进程 B 以上述顺序执行 wait( )操作。若进程 A 和 B 按下述次序交替执行 wait( )操作,则会造成死锁。

```
A:wait(Dmutex);            //Dmutex=0
B:wait(Emutex);            //Emutex=0
A:wait(Emutex);            //Emutex=-1,进程A阻塞
B:wait(Dmutex);            //Dmutex=-1,进程B阻塞
```

进程 A 因等待进程 B 释放临界资源 E 的访问权而被阻塞,进程 B 因等待进程 A 释放临界资源 D 的访问权而被阻塞。为了解决这样的问题,引入了 AND 型信号量机制。

AND 信号量同步机制的基本思想是将进程在整个运行过程中所需要的所有资源一次性地全部分配给进程,待该进程使用完后再一起释放。只要还有一个资源不能分配给该进程,其他所有可能为之分配的资源均不分配。

2) AND 型信号量机制的实现

为不同的共享资源设定相应的信号量 $s_1, s_2, \cdots, s_n$,调用 Swait( )操作申请资源,调用 Ssignal( )操作释放资源。Swait( )和 Ssignal( )实现代码描述如下:

```
Swait(s₁,s₂,…,sₙ)
  if s₁≥1 and … sₙ≥1 then
    for i=1 to n do sᵢ=sᵢ-1
  end for
else
  //把进程插入sᵢ的阻塞队列,并把程序计数器的值赋为swait()的起始地址
end if

Ssignal(s₁,s₂,…,sₙ)
  for i=1 to n do
    sᵢ=sᵢ+1;
    //将阻塞在sᵢ队列中的进程唤醒,插入就绪队列
end for
```

3.3 经典的进程同步问题

这一节介绍如何用记录型信号量机制解决两个经典的进程同步问题。

3.3.1 生产者-消费者问题

生产者-消费者问题是相互合作进程关系的一种抽象。例如，输入进程和计算进程的关系中，输入进程是生产者进程，计算进程是消费者进程。计算进程和输出进程的关系中，计算进程是生产者进程，输出进程是消费者进程。

1）问题描述

生产者进程生产消息，并将消息提供给消费者进程消费。在生产者进程和消费者进程之间设置了一个具有 n 个缓冲区的缓冲池，生产者进程可以将它所生产的消息放入缓冲池的一个缓冲区中，消费者进程可以从一个缓冲区中取一个消息消费。任意两个进程必须以互斥的方式访问公共缓冲池。当缓冲池空，没有可供消费的消息时，消费者进程必须阻塞等待；当缓冲池装满消息，没有空闲缓冲区时，生产者进程必须阻塞等待。

如图 3-4 所示，out 指针指向装有消息的缓冲区，消费者进程从 out 指向的缓冲区中取消息。in 指针指向空缓冲区，生产者进程总是把新生产的消息放入 in 指向的空缓冲区。

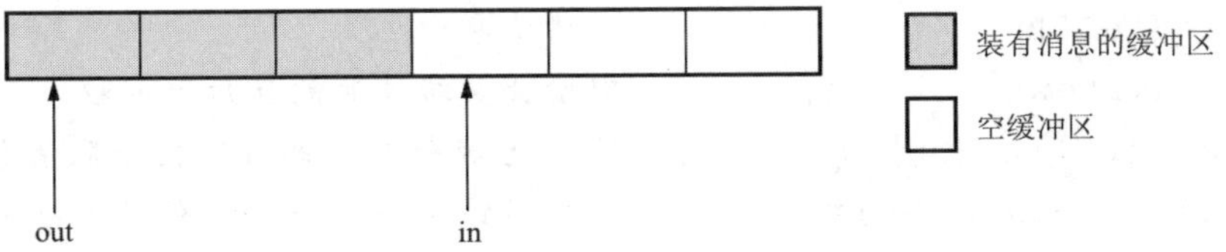

图 3-4　生产者-消费者进程共享的缓冲池

2）需要解决的问题

（1）实现任意两个进程对缓冲池的互斥访问。

（2）实现对生产者进程、消费者进程的“协调”，即缓冲池中有消息时消费者进程才能执行取消息的操作，无消息时阻塞消费者进程；缓冲池中有空闲缓冲区时生产者进程才能执行放消息的操作，无空闲缓冲区时阻塞生产者进程。

3）信号量的设置

（1）设置一个互斥信号量 mutex，用于实现对公共缓冲池的互斥访问，初值为 1。

（2）设置两个资源信号量，分别表示可用资源数。

empty：表示缓冲池中的空缓冲区数，初值为 n。

full：表示装有消息的缓冲区数，初值为 0（一个缓冲区中放一个消息）。

4）同步程序

利用记录型信号量机制实现生产者-消费者问题的同步代码描述如下。

（1）生产者进程同步代码的描述。

```
Producer:
  begin
    repeat
    …
    produce an item in nextp;
    wait(empty);              //申请空缓冲区
    wait(mutex);              //申请公共缓冲池的互斥访问权
    buffer(in)=nextp;         //将消息放入 in 指针指向的缓冲区
    in=(in+1)mod n;           //in 指针指向下一个空缓冲区
    signal(mutex);            //释放对公共缓冲池的互斥访问权
    signal(full);             //释放消息资源
    …
until false;
end
```

(2) 消费者进程同步代码的描述。

```
Consumer:
begin
  repeat
    …
    wait(full);               //申请消息
    wait(mutex);              //申请公共缓冲池的互斥访问权
    nextc=buffer(out);        //从 out 指针指向的缓冲区中取消息
    out= (out+1) mod n;       //out 指针指向下一个装有消息的缓冲区
    signal(mutex);            //释放对公共缓冲池的互斥访问权
    signal(empty);            //释放空缓冲区
    consume item in nextc;
until false;
end
```

5) 说明

(1) wait( ) 和 signal( )操作必须成对出现。

(2) wait( )操作的顺序不能颠倒,必须先执行对资源信号量(既 empty 和 full)的 wait( )操作,然后执行对互斥信号量的 wait( )操作。

(3) 用记录型信号量机制解决生产者-消费者问题为具有相互合作关系的进程提供了解决问题的模型。

3.3.2 读者-写者问题

1) 问题描述

D 是多个进程共享的数据区,允许多个进程同时读 D 区,但仅允许一个进程写 D 区,且有进程写D区时，不能有任何其他进程读或写D区。

数据库管理中存在这种同步问题的实例：系统允许多个用户同时读一个数据库表，但是任意时刻只允许一个用户修改它，当数据库表被用户（通常是有特殊权限的数据库管理员）修改时，任何其他用户不能读或者写这一数据库表。

2）信号量的设置

(1) 全局变量 readcount 用于对进入共享区的读进程计数。

(2) 互斥信号量 rmutex 用于对多个进程共享的全局变量 readcount 的互斥访问。

(3) 信号量 wmutex 用于实现读操作与写操作的互斥以及写操作与写操作的互斥。

3）同步程序

(1) 写进程同步代码的描述。

```
writer:
begin
  wait(wmutex);
  …
  writing operation;
  …
  signal(wmutex);
end
```

(2) 读进程同步代码的描述。

```
reader:
    begin
       wait(rmutex);
       if readcount=0 then wait(wmutex);
       readcount++;
       signal(rmutex);
       …
       reading file from D;
       …
       wait(rmutex);
       readcount--;
       if readcount=0 then signal(wmutex);
       signal(rmutex)
    end
```

3.4 管　程

信号量机制的缺陷是每个访问共享资源的进程都必须自备同步操作 wait( )和 signal( )，

这就使大量的同步操作分散在各个进程中，不仅给写程序带来麻烦，而且会因程序中同步操作的使用不当而导致程序执行出错，因此引入了管程的概念。

3.4.1 管程的基本概念

1）管程的定义

管程是描述共享资源的数据结构和在数据结构上的共享资源管理程序的集合。其中包括变量的定义、变量的初始化代码以及管理共享资源的过程。管程的语法描述如下。

```
type moniter-name=moniter
    variable declarations;
    procedure entry p1(…)
        begin…end;
        …
    procedure  entry pn(…)
        begin…end;
     begin initialization code;
end
```

2）对管程的说明

(1) 管程是可供程序员调用的软件包。管程是一个由过程、变量及数据结构组成的集合，它们组成一个特殊的模块或软件包。进程可以在任何需要的时候调用管程中的过程，但它们不能在管程外的过程中直接访问管程内的数据结构。

(2) 每次只有一个进程调用管程执行，任意时刻管程中只能有一个活跃进程。若多个进程同时调用一个管程中的过程，则只有一个进程得以进入管程继续运行，其他进程被阻塞。

(3) 管程是一种编程语言的构件，因此编译器知道它们很特殊，并且可以采用与其他过程调用不同的方法来处理它们。典型的情况是，当一个进程调用管程中的过程时，前几条指令将检查在管程中是否有其他的活跃进程。如果有，则调用进程将等待，直到另一个进程离开管程；如果没有，则调用进程进入管程。

3）条件变量

为了进行并发处理，管程必须包含同步工具。例如，假设一个进程调用了管程，并且当它在管程中时必须被阻塞，直到满足某些条件。这就需要一种机制，使得该进程不仅能被阻塞，而且以后当条件满足时能够唤醒这个进程，并允许它在阻塞点重新进入管程。管程通过使用条件变量提供同步支持，这些条件变量包含在管程中，并且只有在管程中才能被访问。条件变量的定义形式是 var x，y：condition。

对于一个管程过程，可以用在某条件变量上执行 wait( )操作将调用管程的进程阻塞并插入该条件的阻塞队列，也可以用在条件变量上执行 signal( )操作以唤醒在该条件上阻塞的进程。管程中的 signal( )操作不同于信号量机制中的 signal( )操作。如果某个条件变量的阻塞队列为空，则调用该条件变量的 signal( )操作将不产生任何结果。

3.4.2 管程的应用

1) 利用管程解决生产者-消费者问题

利用管程机制解决生产者-消费者问题要先建立一个管程，把对共享资源访问的程序都放在管程中。建立的管程名为PC(Producer-Consumer,PC)，其中包括了两个过程：一个是enter(item)过程，生产者进程调用该过程向缓冲池中放消息；另一个是remove(item)过程，消费者进程调用该过程从公共缓冲池中取消息。管程PC的定义如下：

```
type PC=monitor
condition full,empty;                  //定义两个条件变量
integer count;                         //缓冲池中的消息数
  procedure enter(item)
      begin
        if count=N then wait(full);    //如果缓冲池满,则将生产者进程阻塞
                                       //在条件变量 full 的阻塞队列中
        enter-item;                    //将消息放入缓冲区
        count=count+ 1;                //缓冲区中的消息数加 1
        signal(empty);                 //如果有因缓冲池空而被阻塞的
                                       //消费者进程,则唤醒该进程
      end
procedure remove(item)
      begin
        if count= 0 then wait(empty);  //如果缓冲池为空,将消费者进程阻塞
                                       //在条件变量 empty 的阻塞队列中
        remove-item;                   //从缓冲区中取消息
        count= count- 1;               //缓冲区中的消息数减 1
        signal(full);                  //如果有因缓冲池满而被阻塞的
                                       //生产者进程,则唤醒该进程
      end
      count=0;                         //count 的初值为 0
end monitor
```

调用管程的生产者进程和消费者进程可描述为：

```
Producer:
begin
    repeat
      produce an item in nextp;
      PC.enter(item);
    until false;
```

```
end

Consumer:
begin
    repeat
    PC.remove(item);
    consume the item in nextc;
  until false;
end
```

2）利用管程解决哲学家进餐问题

(1) 问题描述。

有五个哲学家围坐在一个圆桌旁，每两人之间放一只筷子。每个哲学家的行为是思考，感到饥饿，然后用餐。为了能进餐，每个哲学家必须拿到两只筷子，并且每个人只能取自己左手边或右手边的筷子。

哲学家进餐问题是一类多个进程竞争有限资源的问题的模型。

(2) 解决哲学家进餐问题的管程定义如下：

```
type dining-philosophers=monitor
  var state:array[0..4]of (thinking,hungry,eating);
  var self:array[0..4]of condition;
  procedure pickup(i:0..4)
    begin
      state[i]=hungry;
      test(i);
      if state[i]≠eating then self[i].wait;
  end
  procedure putdown(i:0..4)
    begin
      state[i]=thinking;
      test(i+4 mod 5);
      test(i+1 mod 5);
    end
  procedure test(k:0..4)
    begin
      if state[k+4 mod 5]≠eating and state[k]=hungry and state[k+1
      mod 5]≠eating
      then begin
          state[k]=eating;
          self[k].signal;
        end;
```

```
        end
      begin
        for i=0 to 4
          do state[i]=thinking;
      end
  end monitor
```

(3) 哲学家进程描述如下：

```
void philosopher(i)
{
  while(true)
   {think( );
    dining-philosophers.pickup(i);
    eat( );
    dining-philosophers.putdown(i);
   }
}
```

3.5 进程通信

操作系统提供进程通信功能，以支持进程之间的信息交换。进程之间的通信机制有共享内存系统、消息传递系统、管道通信系统等。通过网络进行的进程间通信还包括远程过程调用、套接字等方式。本节主要介绍共享内存系统、消息传递系统及管道通信系统

3.5.1 共享内存系统

在共享内存系统中，相互通信的进程通过读/写由进程建立的共享内存区域进行信息交换，如图 3-5 所示。典型的例子是生产者-消费者问题中的公共缓冲区：生产者和消费者进程互相协作，通过共享存放产品的公共缓冲区进行信息交换。

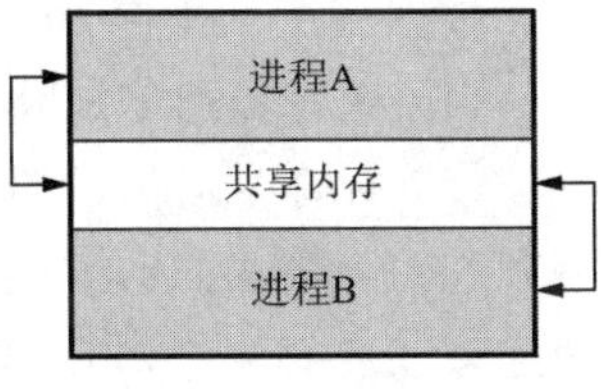

图 3-5 共享内存的通信机制

3.5.2 消息传递系统

在消息传递系统中，进程间通过操作系统提供的一组通信程序传递格式化的消息。这种方式对应用程序隐藏了通信实现的细节，使通信过程对用户是透明的。

在消息传递系统中，根据源进程向目标进程传递消息方式的不同可分为直接通信方式和间接通信方式。直接通信方式是操作系统利用发送程序直接把消息发送给目标进程。间接通信方式是进程之间的通信需要通过用于暂存消息的共享数据结构来实现，如信箱。该方式既可以实现实时通信，又可以实现非实时通信。消息传递系统的通信机制如图 3-6

所示。

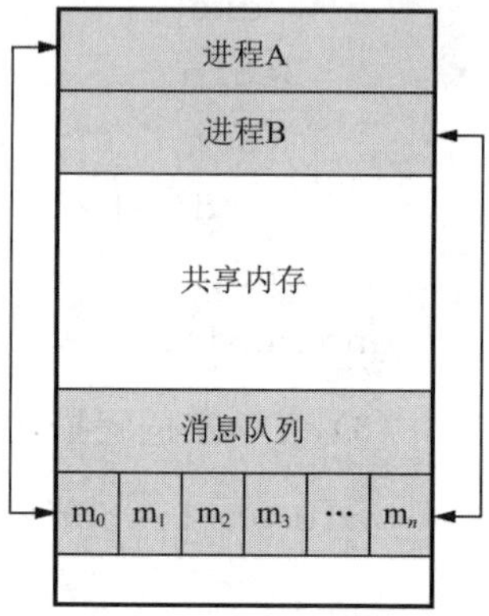

图 3-6　消息传递通信机制

在单机和计算机网络环境下，消息传递系统是实现进程间通信的常用方式。进行消息传递需要解决建立通信链路、定义消息格式、确定进程同步方式等问题。

1）通信链路

为了实现进程间的通信，必须在发送消息的进程与接受消息的进程之间建立通信链路。建立通信链路有两种不同的方式。第一种方式是由发送消息的进程使用显式的“建立连接”命令或函数请求系统建立通信链路，待通信链路使用完后，用显式命令撤销该链路。这种建立通信链路的方式主要应用于计算机网络中的进程通信。第二种方式是进程只需调用系统提供的发送消息的函数，系统会自动建立通信链路。这种方式主要用于单机系统中的进程间通信。

根据通信链路的连接方法，可将通信链路分为以下两类：

（1）点-点连接通信链路，即一条链路只能连接两个互相通信的进程。

（2）多点连接链路，即一条链路可连接多个进程。

根据通信方式的不同，可将通信链路分为以下两类：

（1）单向通信链路，即只允许发送进程向接收进程发送消息，而接收进程不能向发送进程发送消息，如图 3-7 所示。

（2）双向通信链路，即允许两个通信进程互相发送/接收消息，如图 3-8 所示

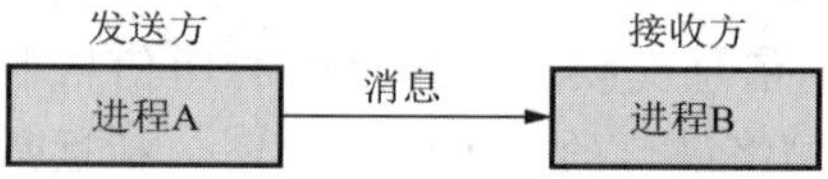

图 3-7　单向通信链路的通信

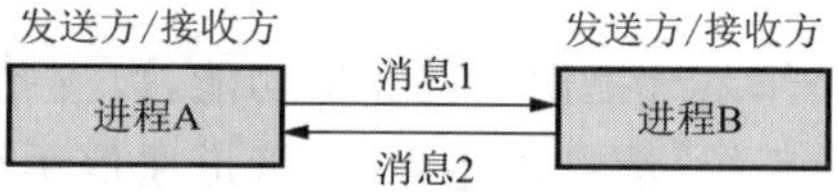

图 3-8　双向通信链路的通信

根据容量的不同，可将通信链路分为以下两种：

（1）无容量通信链路。在这种链路上没有缓冲区，不能暂存消息。

（2）有容量通信链路。在这种链路上设置了缓冲区，能够暂存消息，且缓冲区越大，能暂存的消息越多，通信链路的容量越大。缓冲区可使用有界缓冲区或无界缓冲区。有界缓冲区可以放有限个消息，当链路缓冲区满时，发送消息的进程应被阻塞。无界缓冲区可以采用长度不受限的消息队列，发送消息的进程不被阻塞。

2）消息格式

消息传递系统中的消息必须具有一定的格式。在单机系统环境中消息格式较简单。在计算机网络中，不同机器中的消息通过网络传递，消息的格式比较复杂。一条消息通常包含消息头部和消息正文。消息头部可能包括发送消息的进程名、消息长度、消息类型、消息编号、发送的日期和时间。

在某些系统中采用定长格式的消息，消息长度较短，有利于减少处理消息的时间开销和存储开销。在一些系统中支持变长的消息格式。系统处理变长格式的消息虽然方便了用户，但是系统处理变长格式消息的时间开销和存储开销都较大。

3）进程通信中的同步方式

进程间的通信可以通过调用发送和接收原语来进行。实现这些原语可以采用不同的方案。消息的发送和接收都可以是阻塞或者非阻塞的。

（1）阻塞发送（blocking send）：发送进程发送完消息后阻塞，直到接收进程接收到消息后被唤醒。

（2）非阻塞发送（nonblocking send）：发送消息的进程发送完消息后继续工作，不需要被阻塞。

（3）阻塞接收（blocking receive）：接收进程没有消息到来时处于阻塞态，有消息到来时被唤醒。

（4）非阻塞接收（nonblocking receive）：接收消息的进程一直执行，接收有效消息或空消息，不必被阻塞。

3.5.3 管道通信系统

管道（pipeline）是连接读写进程的一个特殊文件，也被称为管道文件。管道文件存在于外存，其中的消息没有固定长度，能用于进程间大量的信息通信。向管道提供输入的发送进程以字符流的形式将大量的数据送入管道（写）。接受管道中消息的接收进程从管道中接收数据（读）。管道通信机制始创于 UNIX 系统。

1）管道机制的实现

在利用管道实现进程间通信时，除了创建管道之外，还需要实现以下功能。

（1）互斥。

对同一个管道的读和写操作必须互斥进行。当发送者进程向管道发送消息时，接收者进程不能读管道中的消息。当接收者进程读管道中的消息时，发送者进程不能向管道中写消息。

（2）同步。

管道的大小是有限的，管道文件通常只使用索引节点的直接地址项，直接地址项的数量决定了一个管道能占用的磁盘块的数量。当管道空间已满时，发送消息的进程必须阻塞等待；当管道空，没有可读的消息时，接收消息的进程必须阻塞等待。

（3）确定通信双方是否存在。

消息的发送者和接收者双方必须知道对方是否存在，如果对方已经不存在，就没有必要再发送或者接收消息，此时系统会发出相应的信号通知进程。

2）匿名管道与命名管道

匿名管道主要用于具有共同祖先的进程之间的通信，如父子进程之间的通信。匿名管道允许两个进程按标准的生产者-消费者方式进行通信，生产者向管道写消息，消费者从管道中读消息。匿名管道是单向的，只允许单向通信。如果需要双向通信，则需要采用两个不同的管道，每个管道向不同的方向发送数据，如图 3-9 所示。

命名管道提供了更强大的通信功能，多个进程可以通过同一个命名管道允许以半双工的方式进行双向通信，通信进程之间不必具有父子关系。命名管道在网络中异地进程之间的通信中应用广泛。

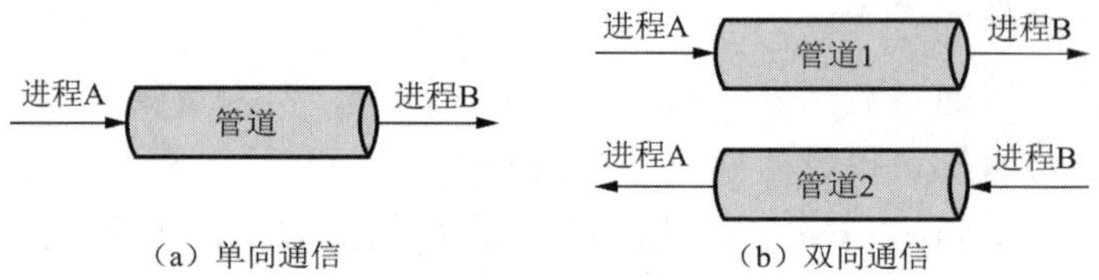

图 3-9　匿名管道的单向和双向通信

3.5.4　消息缓冲队列

消息缓冲队列机制广泛用于本地进程之间的通信。该机制包括数据结构、发送原语和接收原语，每个进程有自己的消息缓冲队列和消息缓冲区。发送进程发送消息时，先申请一个消息缓冲区，将要发送的消息从发送进程的发送区放入消息缓冲区。然后，调用发送原语将消息发送给接收进程，发送原语将发送消息缓冲区插入接收进程的消息缓冲队列。最后，接收消息的进程通过调用接收原语将该进程消息缓冲队列中的消息复制到自己的消息接收区。

消息缓冲区是一个结构型数据结构，通常包括发送进程标志符、消息长度、消息正文和指向下一个消息缓冲区的指针。在采用消息缓冲队列的系统中，进程控制块中要增加指向消息缓冲队列的指针、消息队列的互斥信号量和消息队列的资源信号量等字段。消息缓冲队列需要被当作临界资源，在发送原语和接收原语中对消息缓冲队列的访问需要进行互斥与同步。消息缓冲队列通信机制如图 3-10 所示。

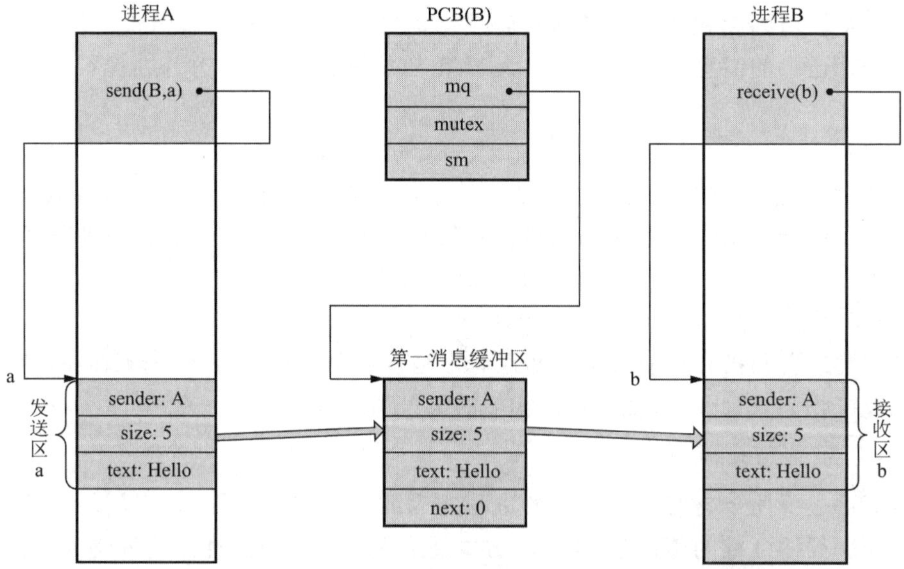

图 3-10　消息缓冲队列通信

图 3-10 中，进程 A 向进程 B 发送消息。进程 A 申请并填写消息缓冲区(发送区)a，然后调用 send(B,a)，将发送区 a 中的消息插入进程 B 的消息缓冲队列；进程 B 调用 receive(b)将进程 B 的消息缓冲队列中的消息复制到消息接收区 b 中。进程控制块中的字段 mq

是指向消息缓冲队列的指针;mutex 字段是消息缓冲队列的互斥信号量,用于实现进程 A 和进程 B 对消息缓冲队列的互斥访问;sm 字段是消息缓冲队列的资源信号量,用于进程的同步,当消息缓冲队列为空时,sm=0,需要阻塞进程 B。

本章习题

1. 为什么在操作系统中引入进程同步机制?

2. 有哪些方法可以实现进程的互斥与同步?

3. 比较各种进程同步方法的优缺点。

4. 实现进程互斥的基本原理是什么?

5. 说明记录型信号量的物理意义。

6. 为什么在生产者-消费者问题中 wait( )操作的顺序不能颠倒?

7. wait( )和 signal( )操作都必须是原子操作的确切含义是什么? 为什么 wait( )和 signal( )操作都必须是原子操作?

8. 熟练掌握信号量机制 wait( )操作和 signal( )操作的实现过程以及经典同步问题的同步算法。

9. 什么是管程? 举例说明引入管程有什么好处。

10. 写出利用管程解决哲学家进餐问题的管程及哲学家进程的代码描述。

11. 有三个进程 PA、PB、和 PC 合作解决文件打印问题:PA 将文件记录从磁盘读入主存的缓冲区 1,每执行一次读一个记录;PB 将缓冲区 1 的内容复制到缓冲区 2,每执行一次复制一个记录;PC 将缓冲区 2 的内容打印出来,每执行一次打印一个记录。缓冲区的大小等于一个记录大小。请用记录型信号量机制的 wait(s)和 signal(s)操作来保证文件的正确打印。

12. 某系统有同属一个进程的两个线程 P 和 Q,共享一个数据区 B,假设 B 区空间足够大。线程 P 负责周期性检测工作场所的温度,将所测结果送入数据区 B。线程 Q 则每次从数据区 B 取出一个最新的检测数据进行处理。如果 B 区中没有检测数据,则线程 Q 阻塞等待。请回答下列问题:

(1) 数据区 B 应采用什么样的数据结构?

(2) 阐述线程 P 和 Q 之间的同步关系。

(3) 用记录型信号量机制实现进程 P 与 Q 之间的同步关系。(说明信号量的作用及初值)

13. 进程之间的通信可以采用哪些方式? 什么是管道? 匿名管道和命名管道分别有什么特点?

14. 说明消息缓冲队列机制的实现原理。

第4章 进程调度

当多个进程在系统中并发执行时，所有进程共享 CPU。当某一 CPU 上运行的进程因阻塞或进程运行结束而使 CPU 可以分配给其他进程使用时，如何从众多就绪的可运行进程中选择一个进程，使该进程能切换到 CPU 上运行，是多任务操作系统必须解决的问题之一。本章主要介绍进程调度的时机、进程调度算法、选择进程调度算法的原则。

4.1 进程调度的功能与时机

4.1.1 进程调度的功能

进程调度功能由操作系统内核的进程调度程序完成。进程调度的功能是按照某种策略、算法从就绪态进程（在 Linux 中是可执行进程）中为当前空闲的 CPU 选择在其上运行的新进程。进程调度的策略和算法将在后续章节中阐述。

4.1.2 进程调度的时机

当一个进程运行结束（包括正常结束和异常结束）、进程阻塞、中断返回、支持抢占式调度的系统中有比当前运行进程优先级更高的进程到来、当前运行进程的时间片用完时，系统都会通过执行进程调度程序重新进行进程调度。

4.2 进程调度算法

进程调度算法是从就绪态进程中选择一个或几个进程为其分配 CPU，使其进入执行态的算法。也就是说，进程调度算法要“决定”把 CPU 分配给就绪队列中的哪个进程。进程调度由操作系统内核中的进程调度程序完成。

4.2.1 选择调度方式和算法的若干准则

不同的调度算法有不同的特点，为了根据特殊应用领域的要求选择合适的调度算法，可以下面的准则作为选择依据。

1）周转时间短

周转时间是指从作业被提交给系统开始到作业完成为止的这段时间间隔。它包括四部分时间：作业在外存后备队列上等待调度的时间、进程在就绪队列中等待进程调度的时间、进程在 CPU 上执行的时间以及进程等待 I/O 操作完成的时间。

对每个用户而言，都希望作业周转时间尽可能短。计算机系统的设计者使用平均周转时间和带权平均周转时间来衡量系统的时间性能。

如果系统中有 n 个作业，系统的平均周转时间 T 等于 n 个作业的周转时间之和除以 n，表达式如下：

$$T=\frac{1}{n}\sum_{i=1}^{n}T_i$$

作业的周转时间 T 与系统为它提供的服务时间 T_s 之比 $W\left(W=\frac{T}{T_s}\right)$ 被称为带权周转时间。n 个作业的平均带权周转时间表达式如下：

$$W=\frac{1}{n}\sum_{i=1}^{n}\frac{T_i}{T_s}$$

2）响应时间快

响应时间是从用户提交一个请求开始直至系统首次产生响应的时间为止的一段时间。它包括三部分时间：从输入设备（如键盘、鼠标等）输入的请求信息传送到处理器的时间、处理器对请求信息进行处理的时间以及将所形成的响应信息回送到终端显示器的时间。对于交互式系统，响应时间是衡量系统时间性能的重要指标。进程调度算法、输入/输出设备的速度都会影响系统的响应时间。

3）截止时间有保证

截止时间是指某个任务必须开始执行的最迟时间，或必须完成的最迟时间。截止时间是评价实时系统性能的重要指标。在实时系统中，若实时任务的开始截止时间或完成截止时间不能得到保障，实时系统的可靠性就无法保证。因为实时系统计算的正确性不仅取决于计算的逻辑结果的正确性，而且取决于得到计算结果的时间。实时系统必须采取特殊的调度策略和调度算法来满足对截止时间的要求。

4）系统吞吐量高

吞吐量是指单位时间完成的作业量。系统的吞吐量是评价系统性能的重要指标之一，调度算法影响系统的吞吐量。

5）处理器利用率好

CPU 是计算机系统中影响时间性能的最重要的硬件资源。在多任务系统中，进程调度算法对 CPU 的利用率有很大影响。因此，在选择、设计进程调度算法时应该考虑使 CPU 的利用率尽可能高。

4.2.2 调度算法

1）先来先服务调度算法(First-Come First-Served，FCFS)

(1) 调度算法。

在进程调度中，FCFS 就是从就绪队列的队首选择最先到达就绪队列的进程，为该进程分配 CPU。

(2) 性能分析。

FCFS 适合长进程，不利于短进程，短进程的等待时间相对运行时间而言太长。FCFS 使短进程的周转时间过长，系统的平均周转时间也比较长。FCFS 有利于 CPU 繁忙型进程(如科学计算)，不利于 I/O 繁忙型进程(如多数的事务处理)。

例 4-1 若三个进程 P_1、P_2、P_3，分别在 0 ms、1 ms、2 ms 时刻进入系统，需要的运行时间长度分别为 24 ms、3 ms、3 ms，如果按 FCFS 调度算法，系统从 0 ms 时刻开始进程调度，则三个进程的等待时间和周转时间见表 4-1。

表 4-1 FCFS 算法的性能

进程名	进入系统时间	开始运行时间	服务时间	等待时间	周转时间
P_1	0 ms	0 ms	24 ms	0 ms	24 ms
P_2	1 ms	24 ms	3 ms	23 ms	26 ms
P_3	2 ms	27 ms	3 ms	25 ms	28 ms

系统的平均周转时间 $T=(24+26+28)/3=26$ (ms)

平均带权周转时间 $W=(24/24+26/3+28/3)/3\approx 6.33$ (ms)

如果进程进入系统的顺序是 P_3、P_2、P_1，三个进程进入系统的时间分别是 0 ms、1 ms、2 ms，那么三个进程的等待时间和周转时间则见表 4-2。

表 4-2 短进程优先调度的性能

进程名	进入系统时间	开始运行时间	服务时间	等待时间	周转时间
P_1	2 ms	6 ms	24 ms	4 ms	28 ms
P_2	1 ms	3 ms	3 ms	2 ms	5 ms
P_3	0 ms	0 ms	3 ms	0 ms	3 ms

此种情况下系统的平均周转时间 $T=(28+5+3)/3=12$ (ms)

平均带权周转时间 $W=(28/24+5/3+3/3)/3\approx 1.28$ (ms)

对比可见，让短进程先运行能显著降低系统的平均周转时间和平均带权周转时间。

2）短进程优先调度算法(Shortest-Process-First，SPF)

(1) 调度算法。

短进程优先的调度算法是从就绪队列中选择估计运行时间最短的进程，将处理器分配给它，使它立即执行并一直执行到完成，或发生某事件而被阻塞放弃处理器时，再重新调度。

(2) 算法优点。

与 FCFS 算法相比，短进程优先的算法能有效降低进程的平均等待时间，提高系统的吞吐量。

(3) 算法缺陷。

① 对长进程不利。如果系统中不断有短进程到来，则长进程可能长时间得不到调度。

② 不能保证紧迫进程的及时处理，因为该算法不考虑进程的紧迫程度。

③ 进程的长短根据用户的估计而定，故不一定能真正做到短进程优先。

(4) 性能分析。

从表 4-1 和表 4-2 的比较中可以看出短进程优先的调度算法与先来先服务调度算法相比，能降低系统的平均周转时间和带权平均周转时间。

3) 优先权调度算法 (Priority-Scheduling Algorithm)

(1) 调度算法。

在使用优先权调度的系统中，每个进程都有一个与之关联的优先权。优先权值通常是固定区间的数字，如 0～127 中的一个数。系统可能设计为优先权值越大优先权越高，也可能设计为优先权值越小优先权越高。优先权可以通过内部或者外部方式来定义。内部定义优先权可使用一些可测量数据以计算进程的优先权。例如，时间极限、内存要求、打开文件的数量、平均 I/O 服务时间与平均 CPU 服务时间之比都可以用于计算优先权。外部优先权是通过操作系统之外的准则来设置的，如进程的重要性、用于支付使用计算机的费用和数量等。

当使用优先权调度算法进行进程调度时，系统将 CPU 分配给就绪队列中优先权最高的进程。

(2) 调度策略。

用于进程调度的优先权调度算法可以采用两种不同的调度策略。

① 非抢占式(nonpreemptive)调度策略。

在支持非抢占式调度的系统中，高优先权进程一旦得到处理器，则该进程便一直运行下去，直到完成或由于某事件使该进程主动放弃处理器。在进程运行期间，即使有高优先权进程到来，系统也不能剥夺当前进程(即正在运行的进程)的 CPU 使用权。高优先权进程到来时如果有别的进程在运行，则高优先权进程只能先进入就绪队列。在对截止时间要求严格的实时系统中，非抢占式调度难以保证高优先权进程得到及时调度。

② 抢占式(preemptive)调度策略。

在支持抢占式调度的系统中，如果新到达进程的优先权高于当前正在运行进程的优先权，那么系统会抢占 CPU，把它分配给高优先权进程，而正在执行的低优先权进程暂停执行。在抢占式调度算法中，每当系统中出现一个新的就绪进程，即将其优先权与正在执行的进程的优先权相比较，如果其优先权大于正在执行的进程的优先权，则可采用立即抢占策略，立刻进行进程切换，使其投入运行。也可以采用基于时钟中断的抢占策略，在最近一次时钟中断到来时进行进程切换。

(3) 优先权的类型。

如何确定进程的优先权是实现优先权调度算法的一个关键问题，优先权的设置和更新策略对优先权调度算法的性能有很大的影响。根据优先权的变化特点可以将优先权的类型分为静态优先权和动态优先权。

① 静态优先权。

静态优先权在创建时确定，在进程的整个运行期间保持不变。静态优先权值通常可以根据进程的类型、进程需要的资源数量、用户的要求来设定。

② 动态优先权。

进程创建时被赋予的优先权随进程的推进或随其等待时间的增加而改变。动态优先权调度算法可以使系统获得更好的调度性能。

(4) 优先权调度算法存在的问题和解决方案。

① 问题。

优先权调度算法的一个主要问题是无穷阻塞，或称饥饿(starving)问题。这里的阻塞是指就绪态进程因得不到 CPU 而等待的状态。优先权调度算法会使某个低优先权进程无穷等待 CPU，在一个重负载的计算机系统中，平稳的高优先权进程流可以阻止低优先权进程获得 CPU。据说，MIT 在 1973 年关闭 IBM 7094 时发现有一个低优先权进程是于 1967 年提交但是一直未运行的。

② 解决方案。

低优先权进程无穷等待问题的解决方案之一是老化(aging)技术。老化技术以逐渐增加在系统中等待时间很长的进程的优先权，使低优先权进程在等待时间很长的情况下优先权变高而获得 CPU 执行。

(5) 高响应比优先调度算法。

高响应比优先调度算法是一种基于动态优先权的调度算法。用响应比 R_p 作为进程的优先权值，优先调度响应比高的进程。

$$R_p = \text{优先权} = \frac{\text{等待时间} + \text{服务时间}}{\text{服务时间}}$$

例 4-2 若三个进程 P_1、P_2、P_3，分别在 0 ms、4 ms、6 ms 时刻进入系统，需要的运行时间分别为 6 ms、3 ms、3 ms，如果按高响应比优先调度算法，采用非抢占方式，系统从 0 ms 时刻开始进程调度，则进程调度情况如下。

0 ms 时刻系统中只有进程 P_1，因此调度 P_1 执行 6 ms；

6 ms 时刻 P_1 执行结束，系统中有 P_2、P_3 两个进程等待调度，计算两个进程的响应比：

$$P_2 \text{的响应比 } R_{P2} = (2+3)/3 = 1.67$$

$$P_3 \text{的响应比 } R_{P3} = (0+3)/3 = 1$$

由于 6 ms 时刻 P_2 的响应比大于 P_3 的响应比，因此调度进程 P_2 运行 3 ms，最后调度进程 P_3 运行。

采用高响应比优先的调度算法，在进程要求的处理时间相同的情况下，进程等待时间越长，响应比越高，等待时间长的进程优先调度，相当于先来先服务。在等待时间相同的情况下，要求的处理时间越短，响应比越高，进程优先调度，此时相当于短进程优先调度。长进程会因等待时间长，响应比变大而被调度，因此高响应比优先调度算法不会导致进程出现饥饿状态。采用该算法时，每次进程调度之前都要计算所有就绪进程的响应比，并进行响应比的比较，会增加进程调度的开销。

4) 时间片轮转调度算法 (Round-Robin, RR)

时间片轮转调度算法是在现代分时系统中广泛使用的进程调度算法。

(1) 时间片轮转调度算法。

在早期的时间片轮转调度算法中,系统将所有的就绪进程按先来先服务的原则排成一个队列,每次调度时把 CPU 分配给队首进程,并令其执行一个时间片。当时间片用完时,调度程序终止当前进程的执行,并将它送到就绪队列的队尾。时间片是一个较小的时间单元,如 10~100 ms。Linux 2.4 内核给用户进程分配的时间片大小一般为 50 ms。

在采用时间片轮转调度算法的系统中,进程需要在 CPU 上运行的时间总数(称为时间区间)可能小于一个时间片,也可能大于一个时间片。对于进程的时间区间小于一个时间片的情况,进程在 CPU 上运行结束后,进程本身会自动释放 CPU。然后,由操作系统执行进程调度程序为另一个就绪进程分配 CPU。对于进程的时间区间大于一个时间片的情况,进程可能需要执行若干个时间片。每当进程在 CPU 上连续运行的时间等于一个时间片长度,操作系统在时钟中断处理过程中就会抢占 CPU,进行进程切换,用新的就绪进程替代当前进程,被替换的当前进程重新回到就绪队列中。

(2) 时间片大小的确定。

在设计时间片轮转调度算法时,时间片大小的确定是一个重要的环节。时间片太长,可以使多数进程在一个时间片内处理完,能够降低进程的周转时间,但是可能造成交互用户的响应时间过长。时间片太短,一个进程要经过多次调度运行才能执行完毕,进程切换和进程调度的开销会增加,系统的平均周转时间也会比较长。例如,假定进程调度和切换需要 10 ms,如果时间片也是 10 ms,那么 CPU 至少把 50%的时间花费在进程切换上。因此,要根据用户和系统的需要选择大小合适的时间片。选择时间片时既要考虑交互用户的需求,也要平衡系统的效率。在为系统确定时间片的大小时,通常要考虑以下几个因素:

① 系统对响应时间的要求。

响应时间是分时系统性能的重要指标。设计时间片大小时首先要考虑其对响应时间的影响和系统对响应时间的要求。如果系统响应时间为 T,进程数为 N,时间片为 q,则有 $T=Nq$,也就是说响应时间与进程数、时间片成比例。因此,在系统允许的最大进程数一定的情况下,时间片的长短取决于系统对响应时间的要求。响应时间越短,时间片取值应该越小。

② 就绪队列中进程的数目。

在分时系统中,系统允许的最大进程数往往是给定的,系统中的进程数会影响系统的响应时间,即进程越多,响应时间越长。但是,操作系统的设计者希望系统的响应时间有一个上限值,不能出现因为进程多而使系统响应时间很长的情况。当设定了系统的最长响应时间值后,时间片的大小就与系统允许的最大进程数成反比。

③ 系统的处理能力。

系统的处理能力是必须保证系统支持的基本命令能在一个时间片内执行完,否则将无法保证得到满意的响应时间,而且会使平均周转时间及带权周转时间都较长。

(3) 时间片轮转调度算法的性能评价。

时间片轮转调度算法的性能在很大程度上依赖于时间片的大小。在极端情况下,如果时间片很大,那么时间片轮转调度算法就与先来先服务算法一样(如果就绪队列按先进先出对进程排序)且系统的响应时间难以保证。如果时间片很小,进程需要经过多次进程调度和上下文切换,则会大大增加 CPU 用于进程调度和进程切换的开销。

5）多级队列调度算法（Multilevel Queue-Scheduling Algorithm）

在现代操作系统中，进程可以根据不同的特点进行分类，每一类进程属于一个就绪队列。因此，系统中的就绪队列往往不止一个，而是多个，这种系统通常根据不同进程对响应时间要求的不同采用多级队列调度算法。

（1）多级队列调度算法。

将就绪队列分成多个独立队列，根据进程的某些属性，如需要占用的内存大小、进程优先权或进程类型，进程会被分配到一个队列。每个队列有自己的调度算法。不同的队列优先权不同，调度算法也可能不同。

（2）多级队列调度算法应用举例。

多级队列调度举例：Minix 操作系统的进程调度。

Minix 把进程按类型不同分为三类，分别对应三个优先权不同的就绪队列：优先权最高的任务进程队列、优先权次之的服务进程队列、优先权最低的用户进程队列。对任务进程和服务进程采用基于优先权的非抢占式调度，优先权高的进程一旦获得处理器将一直运行下去，直到阻塞。对优先权最低的用户进程采用时间片轮转的抢占式调度。

调度程序按图 4-1 所示的流程完成进程调度。

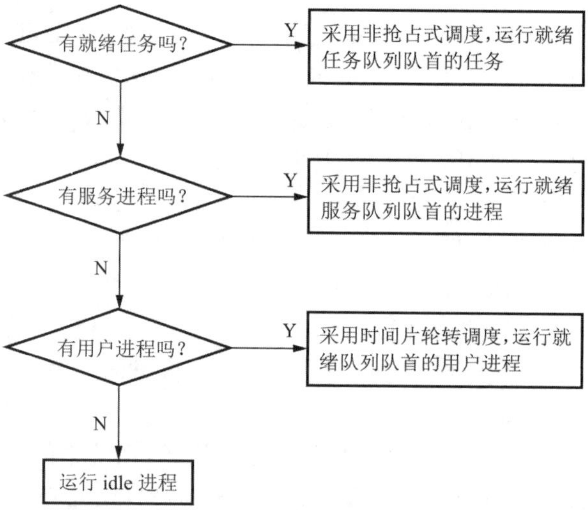

图 4-1 Minix 系统的多级队列调度

6）多级反馈队列调度算法（Multilevel Feedback-Queue Scheduling）

采用多级队列调度，一旦进程进入系统，就被固定地分配到一个就绪队列中，进程在被撤销前不会在不同队列之间移动。这种算法的优点是降低了进程调度的开销，但是不够灵活，对低优先权进程会存在无穷阻塞（饥饿）问题。而多级反馈队列调度算法可以弥补这些不足。

在采用多级反馈队列调度算法的系统中建立多个优先权不同的就绪队列，为每个队列赋予大小不同的时间片。反馈策略可以规定：队列优先权越高，时间片越短，时间片通常成倍增长。新进程被创建后，先插入优先权最高的队列。仅当高优先权队列空时，才调度优先权次之的队列。同一队列中，采用时间片轮转调度算法。使用 CPU 时间过多的进程会被转移到优先权较低的队列中，在较低优先权队列中等待时间过长的进程会被转移到较高的优先权队列中。这样就通过使用老化技术阻止了饥饿的发生。但是，不同操作系统设计多级反馈队列调度时采取的策略可能是不同的。多级反馈队列调度算法的设计要考虑以下几方面的问题：

(1) 就绪队列的数量。

(2) 根据进程优先权确定进程应该进入哪个就绪队列的算法。

(3) 用以确定进程何时转移到较高优先权队列的算法。

(4) 用以确定进程何时转移到较低优先权队列的算法。

(5) 用以确定进程在需要服务时应该进入哪个队列的算法。

多级反馈队列调度算法的一个典型实例是 Linux 2.6.11 内核的进程调度算法。

4.3 实时系统中的调度

第 1 章介绍了实时系统的特点，它对处理器操作或者数据流动有着严格的时间限制，其进程调度对保证时间要求具有重要作用。

4.3.1 实现实时调度的基本条件

为了满足实时系统对截止时间的要求，实现实时调度应具备下述几个条件。

1) 提供必要的调度信息

为了实现实时调度，系统可能需要为调度程序提供下述信息：

(1) 就绪时间。它是指一个实时任务成为就绪状态的起始时间。

(2) 开始截止时间和完成截止时间。

(3) 处理时间。它是指一个实时任务从开始执行直至完成所需要的时间。

(4) 资源要求。它是指关于任务执行所需要的资源信息。

(5) 优先级。根据实时任务紧迫程度的不同可以给实时任务赋予不同的优先权，使高优权任务能优先获得系统资源，尽快得到执行。系统中实时进程的优先权不能动态降低。

2) 系统处理能力强

在实时系统中，通常有多个实时进程(通常也称其为实时任务)，若处理器的处理能力不够强、处理速度不够快而使某些实时进程不能得到及时处理，则可能发生难以预料的后果。

(1) 单处理器情况下必须满足的限制条件。

若系统中有 m 个周期性的硬实时进程，它们的处理时间可表示为 C_i，周期时间表示为 P_i，则在单处理器情况下，必须满足下面的限制条件：

$$\sum_{i=1}^{m} \frac{C_i}{P_i} \leqslant 1 \quad (1 \leqslant i \leqslant m)$$

例如，有 6 个实时进程，它们的周期时间都是 50 ms，也就是说每个进程都必须每隔 50 ms 完成一次运行，而处理器处理一个进程的时间是 10 ms，因此该系统是无法保证所有的 6 个实时进程都能在截止时间内完成的，我们称这种情况为系统不可调度。要保证该系统是可调度的,可以提高处理器的处理能力以缩短每个实时进程的处理时间,也可以增加处理器数量。

(2) n 个处理器情况下必须满足的限制条件。

采用多处理器系统可以提高实时系统的处理能力。若系统的处理器个数为 n,则处理能力的限制条件改变为:

$$\sum_{i=1}^{m} \frac{C_i}{P_i} \leqslant n \quad (1 \leqslant i \leqslant m)$$

操作系统在提高处理能力方面是可以有所作为的,比如设计适合特定实时应用的进程调度算法、规定实时进程具有最高的优先权、使进程调度和切换的延迟时间尽可能短。

3) 采用抢占式调度机制

在实时系统中广泛采用抢占式调度。当一个优先权更高的进程到达时,允许将当前进程暂时挂起,而令高优先权进程立即投入运行,这样可以满足实时进程对截止时间的要求。

为了使调度过程更简单,调度开销更小,对于支持需要服务时间很短的小实时进程的系统,也可以采用非抢占式调度。

抢占式调度算法根据抢占 CPU 的时机不同,可以分为基于时钟中断的抢占和立即抢占。

(1) 基于时钟中断的抢占式优先权调度。

在高优先权的实时进程到达后,虽然该进程的优先权大于正在执行的进程,系统也并不立即抢占当前进程的处理器,而是等到最近一次时钟中断到来时,系统才剥夺当前进程的 CPU,将 CPU 分配给新到来的优先权更高的实时进程。

(2) 立即抢占的优先权调度。

在这种调度策略中,一旦接收到触发实时进程运行的信号(通常是一个外部中断信号),系统就立即剥夺当前进程的 CPU,把它分配给请求中断的新实时进程。这种算法能获得比基于时钟中断的抢占式调度更快的响应速度。

4) 具有快速切换机制

为保证对截止时间要求较高的实时进程能及时运行,在实时系统中还应具有快速切换机制,以保证进程的快速切换。该机制应具有如下两方面的能力:

(1) 对外部中断的快速响应能力。

为了使在紧迫的外部事件请求中断时系统能及时响应,要求系统具有快速的硬件中断机构,还应使禁止中断的时间间隔尽可能短。

(2) 快速的进程调度和切换能力。

从进程调度程序开始执行到被调度的进程切换到 CPU 上开始执行的时间称为调度延迟。调度延迟由进程调度程序执行的时间开销和进程切换的时间开销两部分组成。在实时系统中,操作系统内核应尽可能减少调度延迟。

4.3.2 常用的几种实时调度算法

1) 最早截止时间优先(Earliest Deadline First,EDF)

该算法是根据进程的开始截止时间确定进程的优先级。截止时间越早,进程的优先级越高，可优先获得处理器。该算法要求在系统中保持一个实时进程的就绪队列。该队列按各进程截止时间的早晚排序，将具有最早截止时间的进程排在队列的最前面。调度程序在选择进程时，总是选择就绪队列中的第一个进程，为之分配处理器，使之投入运行。最早截止时间优先的算法既可用于抢占式调度，也可用于非抢占式调度。

2）最低松弛度优先(Least Laxity First，LLF)

松弛度用来表示一个实时进程的紧迫程度。如果一个进程的完成截止时间为 T，当前时刻为 T_c，处理完该任务还需要的时间为 T_s，则松弛度 L 的计算式表示为：

$$L = T - T_c - T_s$$

在使用最低松弛度优先调度算法时，调度程序在调度时机到来时，每次都选择松弛度 L 最小的进程，把 CPU 分配给该进程。该算法在实现时，将进程按松弛度排序，让松弛度最小的进程处于就绪队列队首，这样调度程序执行时只要选择就绪队列队首的进程执行即可。

下面是一个采用最低松弛度优先调度的实例。

假如在一个实时系统中有两个周期性实时进程 A 和 B，要求进程 A 每 20 ms 执行一次，执行时间为 10 ms；要求进程 B 每 50 ms 执行一次，执行时间为 25 ms。由此可知，进程 A 和 B 每次必须完成的时间分别为 A_1、A_2、A_3…和 B_1、B_2、B_3…，如图 4-2 所示。

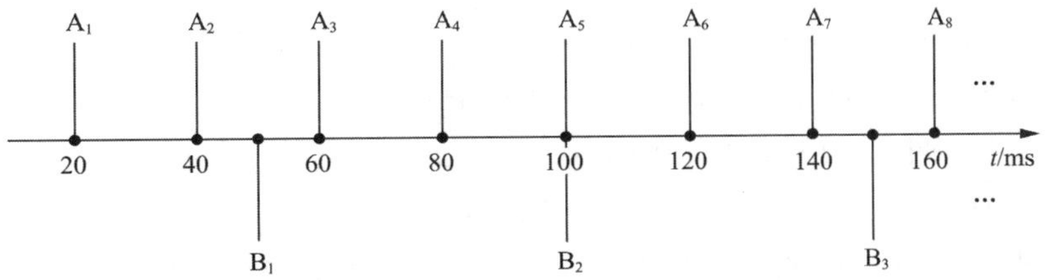

图 4-2　进程 A 和进程 B 每个周期必须完成的时间

对进程 A 和进程 B 采用最低松弛度优先算法，保证两个进程在每个周期都能执行一次。

采用最低松弛度优先算法的调度时机和调度过程示例如图 4-3 所示。图 4-3 中，A_1、A_2、A_3、A_4 分别表示进程 A 在第一、二、三、四周期内的一次连续执行时间，B_1、B_2 分别表示进程 B 在第一、二周期内的一次连续执行时间。

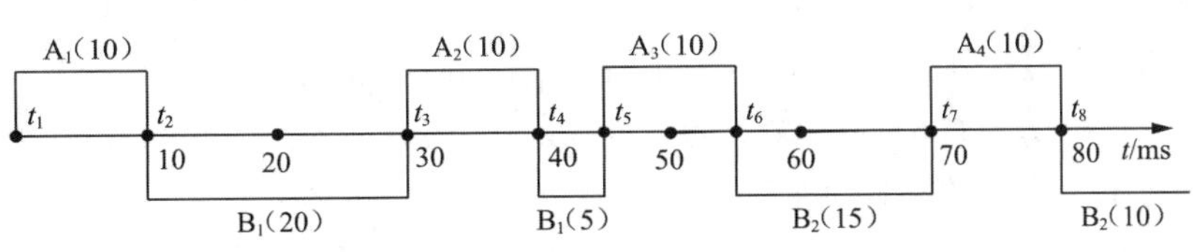

图 4-3　采用 LLF 调度进程 A 和进程 B 的情况

相应的调度过程说明如下：

在 $t_1=0$ 的时刻，A_1 必须在 20 ms 时完成，而它本身运行需要 10 ms，可计算出 t_1 时刻进程 A 的松弛度 $L(A)$ 为 10 ms。B_1 必须在 50 ms 时完成，而它本身运行需要 25 ms，可算出 B 在 t_1 时刻的松弛度 $L(B)$ 为 25 ms，因此在 t_1 时刻应该调度进程 A 先执行。

在 $t_2=10$ ms 的时刻，根据公式 $L=T-T_c-T_s$，进程 A 的松弛度＝任务的完成截止时间－当前时刻－处理完该进程还需要的时间。A 的松弛度 $L(A)=40\text{ ms}-10\text{ ms}-10\text{ ms}=$

20 ms。

同样，计算进程 B 的松弛度为 15 ms，因此在 t_2 时刻应该调度进程 B 运行。

在 t_3=30 ms 时，进程 A 在第二周期的松弛度降为 0，B 的松弛度为 15 ms。此时，调度进程 A 运行。

在 t_4=40 ms 时，进程 A 的松弛度为 10 ms，进程 B 的松弛度为 5 ms，因此重新调度进程 B 执行。

在 t_5=45 ms 时，进程 B 完成其在第一周期的执行，其在第二周期的松弛度为 30 ms，此时 A 的松弛度为 5，故调度 A 执行。

在 t_6=55 ms 时，进程 A 的松弛度为 15 ms，进程 B 的松弛度为 20 ms。虽然进程 A 的松弛度小于进程 B 的松弛度，但进程 A 还没有进入新的执行周期，而 B 已经进入自己的新一轮执行周期，因此此时调度进程 B 执行。

在 t_7=70 ms 时，进程 A 在其第四执行周期的松弛度已经为 0，进程 B 的松弛度为 20 ms，此时系统再次抢占 CPU，转而执行进程 A。

下面是在 $t_1,t_2,t_3,t_4,t_5,t_6,t_7,t_8$ 时刻两个进程的松弛度计算结果和调度过程。$L(A)$、$L(B)$ 分别表示进程 A 和进程 B 的松弛度。

$t_1=0$ 时：

$L(A)=20\text{ ms}-t_1-10\text{ ms}=10\text{ ms}$

$L(B)=50\text{ ms}-t_1-25\text{ ms}=50\text{ ms}-0-25\text{ ms}=25\text{ ms}$

$L(A)<L(B)$，调度进程 A 执行 10 ms。

$t_2=10$ ms 时：

$L(A)=40\text{ ms}-t_2-10\text{ ms}=20\text{ms}$

$L(B)=50\text{ ms}-t_2-25\text{ ms}=50\text{ ms}-10\text{ ms}-25\text{ ms}=15\text{ ms}$

$L(B)<L(A)$，调度进程 B 执行 20 ms。

$t_3=30$ ms 时：

$L(A)=40\text{ ms}-t_3-10\text{ ms}=40\text{ ms}-30\text{ ms}-10\text{ ms}=0\text{ ms}$

$L(B)=50\text{ ms}-t_3-(25\text{ ms}-20\text{ ms})=50\text{ ms}-30\text{ ms}-5\text{ ms}=15\text{ ms}$

$L(A)<L(B)$，调度进程 A 执行 10 ms。

$t_4=40$ ms 时：

$L(A)=60\text{ ms}-t_4-10\text{ ms}=60\text{ ms}-40\text{ ms}-10\text{ ms}=10\text{ ms}$

$L(B)=50\text{ ms}-t_4-(25\text{ ms}-20\text{ ms})=50\text{ ms}-40\text{ ms}-5\text{ ms}=5\text{ ms}$

$L(B)<L(A)$，调度进程 B 执行 5 ms。

$t_5=45$ ms 时：

$L(A)=60\text{ ms}-t_5-10\text{ ms}=60\text{ ms}-45\text{ ms}-10\text{ ms}=5\text{ ms}$

$L(B)=100\text{ ms}-t_5-25\text{ ms}=100\text{ ms}-45\text{ ms}-25\text{ ms}=30\text{ ms}$

$L(A)<L(B)$ 调度进程 A 执行 10 ms。

$t_6=55$ ms 时：

$L(A)=80\text{ ms}-t_6-10\text{ ms}=80\text{ ms}-55\text{ ms}-10\text{ ms}=15\text{ ms}$

$L(B)=100\text{ ms}-t_6-25\text{ ms}=100\text{ ms}-55\text{ ms}-25\text{ ms}=20\text{ ms}$

因为 A 进程还没有进入新的执行周期，所以虽然此时 $L(A)<L(B)$，但是调度进程 B 执

行 15 ms。

$t_7=70$ ms 时：

$L(A)=80\text{ ms}-t_7-10\text{ ms}=80\text{ ms}-70\text{ ms}-10\text{ ms}=0$

$L(B)=100\text{ ms}-t_7-(25\text{ ms}-15\text{ ms})=100\text{ ms}-70\text{ ms}-10\text{ ms}=20\text{ ms}$

（执行进程的松弛度不变）

$L(A)<L(B)$，调度进程 A 执行 10 ms。

$t_8=80$ ms 时：

$L(A)=100\text{ ms}-t_8-10\text{ ms}=100\text{ ms}-80\text{ ms}-10\text{ ms}=10\text{ ms}$

$L(B)=100\text{ ms}-t_8-(25\text{ ms}-15\text{ ms})=100\text{ ms}-80\text{ ms}-10\text{ ms}=10\text{ ms}$

当两个进程的松弛度相同时，应该调度哪个进程，还需要其他条件的支持，比如进程的优先权、截止时间等。

4.4 进程切换

当进程调度程序选择到一个新的进程后，要进行进程切换，用新选择的进程替换原来的执行进程，也就是把 CPU 的控制权交给由调度程序所选择的进程。

进程切换使当前正在执行的进程成为被替换进程，出让其所使用的 CPU，以运行被进程调度程序选中的新进程。进程切换通常包括如下步骤：

(1) 保存包括程序计数器和其他寄存器在内的 CPU 上下文环境。

(2) 更新被替换进程的进程控制块。

(3) 修改进程状态，把执行态改为就绪态或者阻塞态。

(4) 将被替换进程的进程控制块移到就绪队列或阻塞队列。

(5) 执行通过进程调度程序选择的新进程，并更新该进程的进程控制块。

(6) 更新内存管理的数据结构。

(7) 恢复被调度程序选中的进程的硬件上下文。

4.5 多处理器调度

随着对计算机性能，尤其是计算速度、处理能力的要求越来越高，多处理器系统(Multi-Processor Systems，MPS)得到更加广泛的应用，各类大、中、小型主机系统，网络服务器，高端的工作站都采用多处理器结构，甚至个人电脑都使用多 CPU 多核。操作系统与计算机体系结构有着天然的联系，面对多处理器系统，必须解决多处理器的进程调度问题。

4.5.1 多处理器系统的类型

多处理器系统有多种不同的分类方式：根据处理器的耦合程度可以把多处理器系统分为紧密耦合多处理器系统和松弛耦合多处理器系统；根据处理器结构是否相同可以把多处理器系统分为对称多处理器系统和非对称多处理器系统。

1）紧密耦合的多处理器系统和松弛耦合的多处理器系统

（1）紧密耦合的多处理器系统。

紧密耦合的多处理器系统通常通过高速总线或高速交叉开关实现多个处理器之间的互联，它们共享主存储器系统和I/O设备，并要求将主存储器划分为若干个独立访问的存储器模块，以便多个处理器能同时对主存进行访问。系统中的所有资源和进程都由操作系统实施统一的控制和管理。

（2）松弛耦合的多处理器系统。

松弛耦合的多处理器系统通常通过通道或通信线路来实现多台计算机之间的互联。每台计算机都有自己的存储器和I/O设备，并配置了操作系统来管理本地资源和在本地运行的进程。因此，每一台计算机都能独立工作，必要时可通过通信线路与其他计算机交换信息，以协调它们之间的工作。

2）对称多处理器系统和非对称多处理器系统

对称多处理器系统属于同构的多处理器系统，其中所包含的各处理单元在功能和结构上都是相同的。当前的绝大多数多处理器系统都是对称多处理器系统。

非对称多处理器系统中有多种类型的处理单元，它们的功能和结构各不相同，其中只有一个主处理器，但有多个从处理器。

4.5.2 多处理器系统中的进程分配方式

1）对称多处理器系统（Symmetric Multiprocessing，SMP）中的进程分配方式

在对称多处理器系统中，进程到处理器的分配可以采用以下两种方式：

（1）静态分配。

在采用这种分配方式时，操作系统为每个处理器建立一个专门的就绪队列，该就绪队列的每个进程都只能在与就绪队列对应的处理器上运行。一个进程无论经过多少次调度，操作系统都把同一个处理器分配给该进程。静态分配方式的优点是进程调度的开销小，缺点是不能动态地平衡各处理器的负载，使系统存在各处理器忙闲不均的情况。

（2）动态分配。

动态分配的基本特征就是每个进程若经过多次调度，每次获得的不一定是同一个处理器。为实现动态分配可以在系统中设置一个公共的就绪队列，系统中的所有就绪进程都被放在该队列中。可将进程分配到任何一个处理器上，这样对一个进程的整个运行过程而言，在每次被调度执行时，都是随机地被分配到当时处于空闲状态的某一处理器上去执行。例如，某进程一开始被分配到处理器A上执行，后来因为阻塞或时间片用完而暂停执行，当再次回到公共就绪队列中，重新被调度时，该进程可能被分配到B处理器或C处理器上运行。动态分配的优点是可以在每次调度时考虑处理器的负载平衡问题，总是把进程分配给当前空闲的处理器。此外，对于共享存储器的紧密耦合系统，所有的处理器都可以共享保存在内存中的进程信息。

2）非对称多处理器系统（Asymmetric Multiprocessing）中的进程分配方式

对于非对称多处理器系统，大多采用主—从式操作系统，即操作系统的核心部分驻留在

一台主机上，而从机上只运行用户程序，只有主机执行调度程序，所有从机的进程都是由主机分配的。每当从机空闲时，便向主机发送一个请求分配进程的信号，然后便等待主机为它分配进程。在主机中保持有一个就绪队列，只要就绪队列不空，主机便从其队首取一个进程，将其分配给请求分配进程的从机。从机接收到分配的进程后便运行该进程，该进程结束后从机又向主机发出请求。

在非对称多处理器系统中，主、从式的进程分配方式的主要优点是系统处理比较简单。这是因为所有的进程分配都由一台主机独自处理，使进程间的同步问题得以简化，且进程调度程序也易于从单处理器的进程调度程序演化而来。但由一台主机控制一切，也有潜在的不可靠性，主机一旦出现故障，会导致整个系统瘫痪，而且容易因主机太忙而形成系统瓶颈。克服这些缺点的有效方法是利用多台处理器来管理整个系统。这样，当其中一台出现故障时，可由其他处理器来接替其完成任务，不影响系统正常运行。而且用多台处理器还具有更强的执行管理任务的功能，也不容易形成系统瓶颈。

4.5.3　进程(线程)调度方式

多处理器的调度比单处理器的调度机制要复杂。下面简要介绍几种比较典型的多处理器调度方式。

1）自调度

自调度算法是当前多处理器系统中最常用的调度方式之一，也是最简单的一种调度方式。采用自调度的系统中设置有一个公共的就绪队列，任何一个空闲的处理器都可以自行从该就绪队列中选取一个进程或者一个线程运行。在自调度算法中，可采用在单处理器环境下所用的调度算法，如先来先服务调度算法、最高优先权调度算法。在多处理器环境下，FCFS 是一种较好的自调度算法，其算法简单，开销小。

(1) 自调度算法的优点。

① 易移植。

在采用自调度算法的系统中，公共就绪队列可按照单处理器系统中所采用的各种组织方式加以组织，其调度算法也可沿用单处理器系统所用的算法，因此很容易将单处理器环境下的调度机制移植到多处理器系统中。

② 有利于提高 CPU 的利用率。

只要系统中有任务，或者说只要公共就绪队列不空，就不会出现处理器空闲的情况，也不会发生处理器忙闲不均的现象，因而有利于提高处理器的利用率。

(2) 自调度算法的缺点。

① 瓶颈问题。

采用自调度算法，在整个系统中只有一个必须互斥访问的公共就绪队列。在系统中有多个处理器的情况下，对公共就绪队列的访问很容易形成瓶颈。当系统中处理器的数目在数十个，甚至数百个时，采用自调度算法的瓶颈问题会非常严重。

② 低效性。

采用自调度算法，CPU 上的高速缓存的命中率较低。当进程阻塞后再重新就绪时，它只能进入唯一的公共就绪队列，经过进程调度后，不一定能在阻塞前的处理器上运行。如果在每台处理器上都配有高速缓存，则这时在其中保留的该进程的数据已经失效，而在新获得该进程的处理器上又需要重新建立这些数据的拷贝。由于在一个进程的整个生命期中可能要多次更换处理器，因而高速缓存的命中率很低。

③ 线程切换频繁。

在多线程系统中，通常一个应用中的多个线程是相互合作的关系。而采用自调度算法时，相互合作的线程很难同时获得处理器运行，这将会使某些线程因其合作线程未获得处理器运行而阻塞，进而被切换下来。

2）成组调度

成组调度算法是由系统将一组相互合作的进程或线程同时分配到一组处理器上运行，进程或线程与处理器一一对应。

（1）成组调度算法的优点。

① 减少线程切换，改善系统性能。如果一组相互合作的线程或进程能并行执行，则能有效减少进程（线程）阻塞情况的发生，从而减少线程的切换，使系统性能得到改善。

② 减少调度开销。因为每次调度都可以解决一组线程的处理器分配问题，因而可以显著减少调度频率，从而减少调度开销。

（2）成组调度算法中的时间分配。

在成组调度算法中可以采用两种方式为应用程序分配处理器时间：一是面向所有的应用程序平均分配处理器时间，二是面向所有的线程平均分配处理器时间。

3）专用处理器分配

1989年，Tucker提出了专用处理器分配方式。该方式是在一个应用程序执行期间，专门为该应用程序分配一组处理器，每个线程一个，这组处理器供该应用程序专用，直至应用程序完成。这种方式会造成处理器资源的严重浪费。因为当一个处理器上的线程被阻塞时，处理器不能分配给别的线程使用，只能空等。例如，有一个线程为了与另一个线程同步而被阻塞起来，则该线程所分配到的处理器就会空闲。

之所以可以将这种专用处理器调度方式用于并发程度高的多处理器环境是因为在具有数十个乃至上百个处理器的并行系统中，每个处理器的投资费用在整个系统中仅占很小的比重。对整个系统的性能和效率而言，单个处理器的使用效率并不像在单处理器系统中那么重要。另外，在一个应用程序的整个运行过程中，由于每个进程或线程专用一台处理器，因此可以完全避免进程或线程的切换，从而大大加速程序的完成。

总的来说，专用处理器分配的优点一是加速了应用程序的运行速度，二是避免了进程切换。

本章习题

1. 什么是进程调度算法？

2. 引起进程调度的原因有哪些？

3. 说明选择调度方式和调度算法的原则。

4. 说明什么是时间片轮转调度算法？系统设计时如何确定时间片的大小？时间片大小的通常范围值是多少？实现时间片轮转调度需要哪些硬件和软件的支持？

5. 什么是多级队列调度算法？设计一种实现多级队列调度的算法，用 C 语言给出数据结构和算法描述。

6. 什么是多级反馈队列调度算法？设计一种实现多级反馈队列调度的算法，用 C 语言给出数据结构和算法描述。

7. 什么是基于优先权的进程调度算法？如何为进程确定优先权值？

8. 举例说明两种可用于实时系统的进程调度算法。

9. 什么是实时进程的松弛度？正在运行进程的松弛度会发生变化吗？在采用 LLF 调度算法的系统中如何解决松弛度相同的进程调度问题？

10. 什么是自调度方式？自调度有什么优缺点？

11. 什么是成组调度？成组调度有什么优缺点？

12. 什么是专用处理器分配？它与成组调度有什么区别？

13. 进程 P_1、P_2、P_3 到达系统的时间分别为 0 ms、9 ms、9 ms，它们需要的服务时间分别为 8 ms、16 ms、4 ms，优先权分别为 100、120、140。若系统从 0 ms 时刻开始进程调度，采用非抢占策略，请说明并计算当系统分别采用短进程优先的进程调度算法和基于优先权的进程调度算法时，进程的调度顺序及系统的平均周转时间。

第5章 死 锁

在多任务系统中,进程共享系统资源,当多个进程竞争有限的共享资源时会出现进程无限阻塞而不能继续运行的僵死状态,即本章所述的进程死锁问题。本章主要阐述死锁发生的原因及解决的方法。

5.1 死 锁

5.1.1 产生死锁的原因和必要条件

在多道程序系统中,多个进程可能竞争数量有限的资源。如果一个进程所申请的资源被其他处于阻塞状态的进程占有,则该进程就会因为不能获得所申请的资源而被阻塞。若此时该进程恰好又占有了前述其他进程所需要的资源,那么这一组进程就可能因为等待释放自己所需要但已被其他进程占有的资源而无法向前推进。这种由于多个进程竞争共享资源而引起的进程不能向前推进的僵死状态称为死锁。

1) 产生死锁的原因

进程访问资源是通过执行程序实现的。一般按照进程申请资源、访问资源和释放资源的顺序使用资源。同一个进程可能需要多种不同类型的共享资源,当多个进程竞争共享资源而获取资源的顺序不当时,几个竞争资源的进程就可能发生死锁。

2) 产生死锁的必要条件

下面是产生死锁的四个必要条件。

(1) 互斥条件。

互斥是指一个进程在访问资源的过程中,其他进程不能访问该资源。如果一个资源正在被访问时,有其他进程也提出对该资源的访问请求,则必须把请求该资源的进程阻塞起来,直到资源被进程释放。

(2) 请求和保持条件。

进程已经保持了至少一个资源,但又提出新的资源请求,而新请求的资源已经被其他进程占有,此时进程阻塞,但又对已经获得的资源保持不放,使得其他进程无法使用被保持的资源。例如,进程 P_1 获得了资源 A 的访问权,然后又请求资源 B,但是资源 B 因为被别的进程占用而无法分配给进程 P_1,这时操作系统通常会把 P_1 阻塞起来,插入资源 B 的等待队列中。P_1被阻塞却没有释放对资源A的访问权，这时就出现了P_1请求资源B而保持资源A的情况。

(3) 不剥夺条件。

进程已经获得的资源不能被剥夺，只能由进程自己释放。例如，进程P_1获得了资源A的访问权，进程P_2再申请访问资源A，即使进程P_1因为某种原因被阻塞，暂时不需要使用资源A，进程P_2也不能通过系统剥夺资源A的访问权，只能等待P_1进程释放对资源A的访问权。

(4) 环路等待条件。

在发生死锁时，必然存在一个进程申请资源的环形链，即进程集合$\{P_0, P_1, P_2, \cdots, P_n\}$中的$P_0$正在等待一个$P_1$占用的资源，$P_1$正在等待$P_2$占用的资源……$P_n$正在等待已经被$P_0$占用的资源。

注意：只有当上述四个条件同时满足时才可能发生死锁。

5.1.2 死锁产生的实例

以生产者和消费者问题为例说明产生死锁的必要条件。

```
生产者
{
  …
  wait(mutex)
  wait(empty)
  …
}
```

```
消费者
{
  …
  wait(mutex)
  wait(full)
  …
}
```

图5-1　可能导致生产者-消费者进程死锁的同步操作

如果生产者和消费者进程都先通过执行wait(mutex)申请公共缓冲池的互斥访问权，那么当缓冲池满且生产者和消费者进程几乎同时访问公共缓冲池时，可能出现四个必要条件同时满足的情况而发生死锁。

1) 互斥条件

若生产者进程先占用公共缓冲池的访问权，则消费者请求缓冲池访问权时会被阻塞，即缓冲池访问权只能被任意两个进程中的一个进程所占有。所有的生产者进程和消费者进程对公共缓冲池的访问是互斥的。

2) 请求和保持条件

若生产者进程获得缓冲池使用权后又提出申请空缓冲区的请求，则因为缓冲池装满了消息，没有空缓冲区，所以生产者进程无法获得空缓冲区资源而被阻塞，但生产者进程仍保持缓冲池的访问权。

3) 不剥夺条件

虽然缓冲池中有消费者进程需要的消息资源，只要消费者进程能够获得缓冲池的互斥访问权就可以执行取消息的操作，但消费者进程不能剥夺生产者已获得的缓冲池访问权。

4）环路等待条件

存在生产者进程等待消费者进程释放缓冲区、消费者进程等待生产者进程释放公共缓冲池互斥访问权的资源申请环路，如图 5-2 所示。

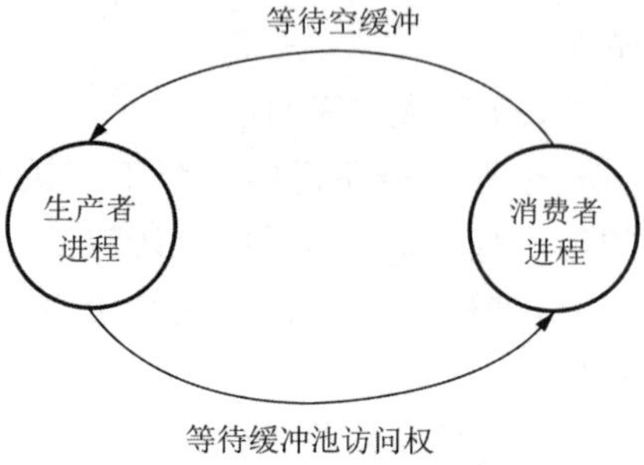

图 5-2　生产者-消费者问题中的环路等待

5.2　处理死锁的基本方法

处理死锁的基本方法有：预防死锁、避免死锁、检测并解除死锁、忽略死锁。忽略死锁是假定死锁不可能在系统内发生而将其忽略，不专门处理死锁问题。

为确保不发生死锁，操作系统可以采用死锁预防或死锁避免方案。

5.2.1　死锁的预防

死锁预防是根据前面讨论的死锁必要条件，通过保证至少其中一个条件不成立而达到预防发生死锁的目的。

由于有些共享资源必须被定义为临界资源，对于这些资源的访问必须是互斥的，因此对这类资源的访问不能通过摒弃互斥条件来预防死锁的发生，例如对打印机的访问。但是，有些共享资源是允许进程同时访问的，例如，允许进程同时读一个共享文件。如果进程访问的都是这些资源，则是不会出现死锁问题的。在操作系统中无法预知进程是否一定不访问临界资源，所以通常不能采用摒弃互斥条件来预防死锁的发生。

预防死锁可以通过摒弃下述三个必要条件之一来实现。

1）摒弃请求和保持条件

可以通过摒弃请求和保持条件预防死锁的发生。摒弃请求和保持条件的一种方法是：系统要求所有进程执行前一次性地申请在整个运行过程中所需要的全部资源，只要有一个资源申请不成功，其他所有资源也不分配给该进程，并阻塞该进程。例如，在生产者-消费者问题中，生产者进程执行前必须申请到公共缓冲池的互斥访问权和空缓冲区资源，只要有一种资源申请不到，就阻塞生产者进程。

还有一种方法是对某些进程在申请其他资源前要求该进程必须释放已经分配给它的所有其他资源。例如，一个进程要从磁盘读数据送打印机，可以规定必须在进程释放磁盘驱动器之后才能申请并获得打印机。

2）摒弃不剥夺条件

摒弃不剥夺条件的方法是：一个已保持了某些资源的进程，当它再提出新的资源要求而不能立即得到满足时，必须释放它已经保持的所有资源。具体实现时可以采取如下策略：当一个进程 P_1 申请某资源 R_1 时，如果 R_1 可用，则将 R_1 分配给 P_1；如果 R_1 不可用，则检查是否有其他进程占用了 R_1，且又申请其他资源不成功而被阻塞，如果有这样的阻塞进程，则系统抢占被该进程占用的 R_1 资源分配给 P_1 进程。这种方法的缺点是实现复杂且代价高。

3）摒弃环路等待条件

摒弃环路等待的方法是：规定进程必须按一定的顺序申请资源。对所有不同类型的资源排序，要求每个进程按递增的顺序申请资源。

打印机和磁盘驱动器是两种不同类型的资源，一个系统中可能存在多个打印机和多个磁盘驱动器。把某台打印机称作打印机这种类型资源的一个实例，把某个磁盘驱动器称作磁盘驱动器类型资源的一个实例。

设 $R=\{R_1,R_2,\cdots,R_n\}$ 为资源类型的集合。为每个资源类型分配一个唯一的整数，以比较资源的先后顺序。可定义一个函数 F：R-> N，其中 **N** 是自然数集合。例如，R 的集合包括打印机（printer）和磁盘驱动器（disk driver），那么函数 F 可以定义为：

```
F(disk driver)=1
F(printer)=2
```

用这样的方法摒弃环路等待的策略是：每个进程按资源排序的递增顺序申请资源，即一个进程开始时可申请任何数量的资源类型为 R_i 的实例，之后当且仅当 $F(R_j)>F(R_i)$ 时该进程可以申请资源类型为 R_j 的实例。例如，对于以上给定的函数，一个进程需要同时使用磁盘驱动器和打印机，那么就必须先申请磁盘驱动器，后申请打印机，因为 F(printer)＞F(disk drive)。换言之，当一个进程申请资源类型 R_j 的实例时，它必须先释放所有资源 R_i，其中 R_i 使 $F(R_i)<=F(R_j)$ 成立。如果需要同一资源类型的多个实例，那么同时申请这多个实例。这种方法的缺点如下：

（1）限制了新设备的增加。

（2）系统为资源分配的序号与进程实际使用资源的顺序不同而造成资源浪费。

（3）给用户编程带来了麻烦。

5.2.2 死锁的避免

避免死锁的方法是把系统的资源分配状态分为安全状态和不安全状态，只要资源分配使系统资源分配状态处于安全状态，死锁就不会发生。在避免死锁的方法中，允许进程动态地申请资源。系统在资源分配之前，先检测资源分配的安全性。若本次资源分配不会导致系统进入不安全状态，便将资源分配给进程，否则拒绝进程的资源请求，将进程阻塞起来。

1）系统的安全状态

当系统能找到一个进程执行序列，使系统只要按此序列为每个进程分配资源，就可以保证进程的资源分配和执行完成，不会发生死锁时，称系统处于安全状态。若系统不存在这样的安全序列，则称系统处于不安全状态。

不安全状态不一定是死锁状态，但当系统进入不安全状态之后，便可能进入死锁状态。反之，只要系统处于安全状态，系统就可避免进入死锁状态。因此，避免进程死锁的实质在于使系统处于安全状态。

2）安全状态举例

假定系统有 3 个进程 P_1、P_2、P_3，共有 12 个某类资源 R。进程 P_1 总共要求 10 个 R 类资源，P_2 和 P_3 分别要求 4 个和 9 个 R 类资源。设在 T_0 时刻，系统分配资源情况见表 5-1。经分析可以发现，T_0 时刻系统是安全的。因为 T_0 时刻存在一个安全序列＜P_2，P_1，P_3＞，即只要系统按此进程序列分配资源，每个进程都可以顺利完成。T_0 时刻系统资源 R 的可用数量为 3，如果先将其中的 2 个资源分配给进程 P_2，那么 P_2 就可以顺利执行完，然后释放 P_2 已经占用的全部 4 个资源。此时，系统可用资源数量变为 5。把 5 个 R 类资源全部分配给进程 P_1，P_1 也可以顺利执行完毕，并释放占用的全部资源，使系统可分配的资源数量达到 10 个。将其中的 7 个分配给进程 P_3，P_3 即可顺利执行完毕。

表 5-1　安全状态举例

进　程	最大需求资源量	已分配	可　用
P_1	10	5	3
P_2	4	2	
P_3	9	2	

3）不安全状态举例

设在 T_1 时刻，系统分配资源情况见表 5-2，则系统处于不安全状态，因为当系统处于表 5-2 所示的状态时，不存在安全序列，无论进程按什么顺序推进，都无法避免死锁。

表 5-2　不安全状态举例

进　程	最大需求资源量	已分配资源量	可用资源量
P_1	10	5	2
P_2	4	2	
P_3	9	3	

4）安全状态向不安全状态的转换

系统资源分配所处的状态可能由于一次资源分配而由安全状态进入不安全状态。

安全状态向不安全状态转换举例见表 5-3。

表 5-3　安全状态向不安全状态转化

进　程	最大需求资源量	已分配资源量	可用资源量
P_1	10	5	3
P_2	4	2	
P_3	9	2	

T_0 时刻的状态

⟹

进　程	最大需求资源量	已分配资源量	可用资源量
P_1	10	5	2
P_2	4	2	
P_3	9	3	

T_1 时刻的状态

T_0 时刻处于安全状态的系统，在进程 P_3 提出申请一个 R 类资源后，系统可用的 3 个资源中的 1 个分配给了 P_3，系统状态由 T_0 时刻的安全状态转化为 T_1 时刻的不安全状态。

5.3 银行家算法

1965 年，Dijkstra 提出了一种能够在系统进行资源分配时避免死锁的银行家算法。其基本思想是一个进程提出资源请求后，系统先进行资源的试分配，然后检测本次的试分配是否使系统处于安全状态，若安全则按试分配方案分配资源，否则不分配资源。

5.3.1 数据结构

为了实现银行家算法，需要数据结构的支持，其中用 m 表示系统中资源的种类数，n 表示系统中的进程数。需要的数据结构如下：

(1) available[]是一维数组，表示系统中某种资源的可用数量，也就是这种资源可分配的数量，如 available[j] ＝k 表示 j 类资源的可用数量为 k，即系统可以给进程分配的 j 类资源的数量为 k 个。

(2) max[]是 n 行 m 列的二维数组，表示各进程需要各类资源的最大数量，如 max[i,j]＝k 表示进程 P_i 需要 j 类资源的最大数量为 k。

(3) allocation[]是二维数组，表示已分配给某进程的某类资源数，如 allocation[i,j]＝k 表示进程 P_i 已经占有 k 个 j 类资源。

(4) need[]是二维数组，表示某个进程还需要某类资源的数量，如 need[i,j]＝k 表示进程 P_i 还需要 k 个 j 类资源。

5.3.2 银行家算法的说明

银行家算法分为两个过程：一是进行资源的试分配的过程，二是对试分配后系统的状态做安全检测的过程。经安全检测，若试分配后系统状态是安全的，则分配资源；若不安全，则阻塞申请资源的进程，暂不为它分配资源。

为了简化银行家算法的描述，采用一些记号。设 $\boldsymbol{X}$ 和 $\boldsymbol{Y}$ 是长度为 n 的向量，当且仅当对所有的 $i=1,2,\cdots,n$ 有 $\boldsymbol{X}[i]<\boldsymbol{Y}[i]$ 时，才有 $\boldsymbol{X}<\boldsymbol{Y}$。例如，如果 $\boldsymbol{X}=(0,3,2,1)$，$\boldsymbol{Y}=(1,7,3,2)$，那么 $\boldsymbol{X}<\boldsymbol{Y}$。当且仅当对所有的 $i=1,2,\cdots,n$ 有 $\boldsymbol{X}[i]=\boldsymbol{Y}[i]$ 时，才有 $\boldsymbol{X}=\boldsymbol{Y}$。

将矩阵 allocation 和 need 的每行作为向量，并分别用 allocation_i 和 need_i 来表示。向量 allocation_i 表示已经分配给进程 P_i 的各类资源数，向量 need_i 表示进程 P_i 为完成其任务可能仍然需要申请的各类资源数。

1) 资源试分配算法

设 request_i 为进程 P_i 的请求向量。如果 request_i[j]＝k，那么进程 P_i 向系统请求 k 个 j 类资源。当进程 P_i 提出资源请求后，系统从资源的试分配程序开始执行。资源的试分配算法如下：

(1) 如果 $\text{request}_i \leqslant \text{need}_i$，那么转到第(2)步，否则产生出错信息。

(2) 如果 $\text{request}_i \leqslant \text{available}$，那么说明系统可以满足进程提出的资源请求，转到第(3)步；否则，说明系统缺乏可用资源，不能满足进程的资源请求，则阻塞进程 P_i。

(3) 执行资源的试分配：

```
available=available-request_i
allocation_i=allocation_i+request_i
need_i=need_i-request_i
```

(4) 转安全检测过程。如果检测结果是安全的，则确认本次的试分配；否则，阻塞进程 P_i，系统取消资源的试分配，恢复到原来的资源分配状态。

资源分配流程如图 5-3 所示。

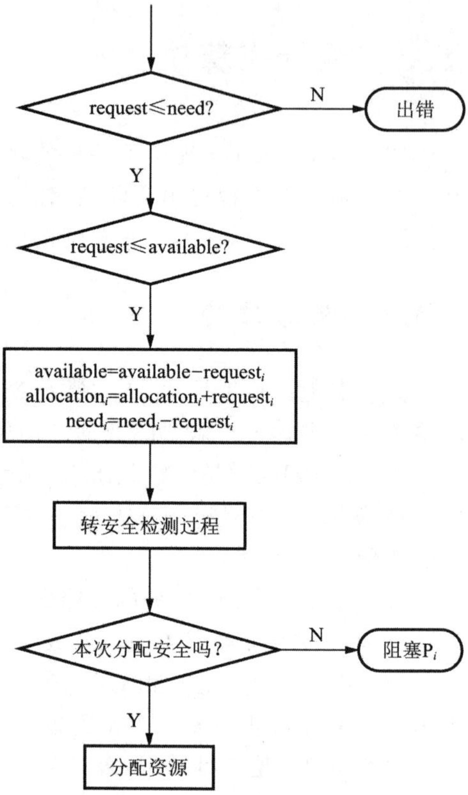

图 5-3　银行家算法流程图

2) 安全检测算法

安全检测算法用来判断系统的资源分配状态是否安全。算法需要的数据结构如下：

work[]是大小为 m 的一维数组，进入安全检测过程时被初始化为当前的 available。

finish[]是大小为 n 的一维数组，进入安全检测过程时，对于所有的 $i=1,2,\cdots,n$，finish[i]=false，用于标记进程 i 是否可以获取资源并顺序执行完毕。finish[i]=false 表示进程 i 没有执行，finish[i]=true 表示进程 i 可以执行，并假定其已获取资源，执行完对资源的访问。

安全检测算法对 T 时刻的分配方案进行检测，确定是否至少存在一个安全序列。检测方法是对进程集合中的每一个进程，只要还有一个进程未“执行”，就可在未“执行”进程集中找一个当前可以运行的进程，其所需资源数量 need 小于当前可用资源量 work。若能找到这样的进程，则置其可执行标志 finish[i]=true，并令该进程释放资源，增加系统可用资源量，进入下一次循环；若找不到符合条件的进程，则说明该次分配方案不安全，结束循环。当找到可执行进程时，检测算法每次都在“考虑”：这个进程如果可以投入运行，当它运行完并释放资源后，系统中可供分配的总资源数 work 在获得一次累加之后能否满足另一个进程的资源需求(是否存在一个进程 P_i，其 finish[i]=false 并且 $need_i \leqslant work$)

安全检测算法的过程如下：

(1) 查找 i，使其满足条件 finish[i]=false 且 $need_i \leqslant work$。如果没有满足条件的 i 存在，则跳转到第(3)步。

(2) 如果找到满足条件的 i，则执行下述操作：

```
work=work+allocation_i
finish[i]=true
```

(3) 如果对所有的 i，finish[i]==true，那么系统处于安全状态，否则系统处于不安全状态。

安全检测算法流程如图 5-4 所示。

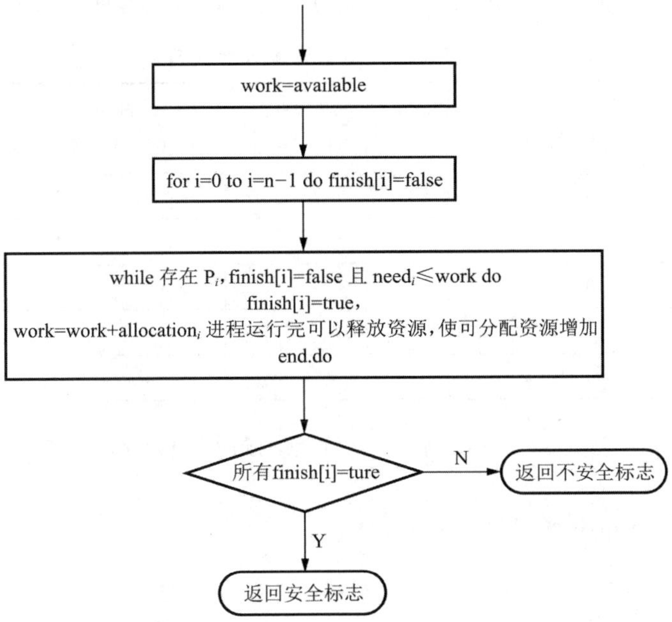

图 5-4 安全检测算法流程图

3）实例

假设一个系统有 5 个进程 P_0、P_1、P_2、P_3、P_4，有 3 种类型的资源 A、B、C。其中，A 类资源有 10 个，B 类资源有 5 个，C 类资源有 7 个。假定在 T_0 时刻系统的资源分配状态见表 5-4。

表 5-4 T_0 时刻的资源分配状态

进程名称	allocation (A B C)	max (A B C)	need (A B C)	available (A B C)
P_0	0 1 0	7 5 3	7 4 3	3 3 2
P_1	2 0 0	3 2 2	1 2 2	
P_2	3 0 2	9 0 2	6 0 0	
P_3	2 1 1	2 2 2	0 1 1	
P_4	0 0 2	4 3 3	4 3 1	

在 T_0 时刻，可以找到一个安全序列 $<P_1, P_3, P_4, P_2, P_0>$，系统在 T_0 时刻处于安全状态。

若此时进程 P_1 提出资源请求 $request_1=(1,0,2)$，则通过银行家算法，先进行资源试分配，然后检测试分配后系统在 T_1 时刻的状态是否安全。

（1）对 P_1 的请求进行试分配。

因为 T_0 时刻 $request_1=(1,0,2)$，$available=(3,3,2)$，$need_1=(1,2,2)$，可见满足 $request_1 \leqslant need_1$ 且 $request_1 \leqslant available$，所以执行资源试分配算法的第(3)步：

```
available=available-request1=(3,3,2)-(1,0,2)=(2,3,0)
allocation1=allocation1+request1=(2,0,0)+(1,0,2)=(3,0,2)
need1=need1-request1=(1,2,2)-(1,0,2)=(0,2,0)
```

试分配结束后，系统的资源分配状态转变为 T_1 时刻的状态，见表 5-5。

表 5-5　T_1 时刻的资源分配状态

进程名称	allocation (A　B　C)	max (A　B　C)	need (A　B　C)	available (A　B　C)
P_0	0　1　0	7　5　3	7　4　3	2　3　0
P_1	3　0　2	3　2　2	0　2　0	
P_2	3　0　2	9　0　2	6　0　0	
P_3	2　1　1	2　2　2	0　1　1	
P_4	0　0　2	4　3　3	4　3　1	

(2) 执行试分配算法的第(4)步，转安全性检测过程，检测系统在 T_1 时刻的状态是否安全。

首先对 work 和 finish 变量进行初始化：

```
work=available=(2,3,0)
finish[0]=finish[1]=finish[2]=finish[3]=finish[4]=false
```

然后执行安全检测算法的第(1)步和第(2)步，循环检测是否能找到一个进程 P_i，满足 finish[i]＝false，并且 $need_i \leqslant work$。

执行过程如下：

① 因为 $need_1 < work$ 且 finish[1]＝false
所以 finish[1]＝true，$work = work + allocation_1 = (2,3,0)+(3,0,2)=(5,3,2)$
按序执行的第 1 个进程为 P_1。

② 因为 $need_3 < work$ 且 finish[3]＝false
所以 finish[3]＝true，$work = work + allocation_3 = (5,3,2)+(2,1,1)=(7,4,3)$
按序执行的第 2 个进程为 P_3。

③ 因为 $need_4 < work$ 且 finish[4]＝false
所以 finish[4]＝true，$work = work + allocation_4 = (7,4,3)+(0,0,2)=(7,4,5)$
按序执行的第 3 个进程为 P_4。

④ 因为 $need_2 < work$ 且 finish[2]＝false
所以 finish[2]＝true，$work = work + allocation_2 = (7,4,5)+(3,0,2)=(10,4,7)$
按序执行的第 4 个进程为 P_2。

⑤ 因为 $need_0 < work$ 且 finish[0]＝false
所以 finish[0]＝true，$work = work + allocation_0 = (10,4,7)+(0,1,0)=(10,5,7)$
按序执行的第 5 个进程为 P_0。

至此，再也找不到满足 finish[i]＝false 且 $need_i \leqslant work$ 条件的进程 P_i，因此循环结束。执行安全检测算法的第(3)步。由于条件“对所有的 i，finish[i]＝true”是满足的，所以 T_1 时刻系统处于安全状态，通过安全检测算法找到的安全序列为 $<P_1, P_3, P_4, P_2, P_0>$。

由资源的试分配和安全检测程序的运行结果可以看出，在 T_0 时刻，进程 P_1 提出的资源请求 $request_1 = (1,0,2)$，系统是可以进行资源分配的。

4）银行家算法应用情况的说明

虽然 Dijkstra 在 1965 年就提出了银行家算法，Andrew S. Tanenbaum 在其所著《操作系统：设计与实现》（*Operating Systems：Design and Implementation*）一书中指出："几乎每本操作系统专著都详细地描述了银行家算法，许多论文的内容也围绕该算法，但很少有作者指出该算法缺乏实用价值。因为很少有进程能够在运行之前就知道其所需资源的最大值，而且进程数不是固定的，往往在不断地变化，况且原本可用的资源也可能突然间变成不可用的（如磁带机可能会坏掉）。"

5.4 死锁的检测和解除

操作系统可以不采取事先预防和避免的方法来解决死锁问题，而是检测是否有死锁发生，如果检测到系统中有死锁的进程，则解除死锁。

应用检测死锁程序需要解决的问题是：何时调用检测程序？如何检测死锁？下面先对第一个问题进行说明，然后介绍用于检测和解除死锁的资源分配图以及死锁定理。

1）何时调用检测程序

何时调用检测程序？其答案取决于两个因素：一是死锁可能发生的频率，二是当死锁发生时受影响的进程数量。

如果经常发生死锁，则应该经常调用检测程序。只有当某个进程提出资源请求且得不到满足时，才会出现死锁。在极端情况下，每当进程请求资源分配而不能立即被满足时就调用死锁检测程序。但是，对于每个请求都调用死锁检测程序会引起相当大的计算开销。另一种开销相对较小的方法是只在一个不频繁的时间间隔里调用检测程序，如每小时一次或当 CPU 利用率低于 40%时，因为死锁最终会使系统性能下降，并造成 CPU 利用率下降。

2）资源分配图

系统死锁可利用资源分配图来描述。该图由一组结点和一组边组成。如图 5-5 中用圆圈代表进程，用方框代表一类资源。一种类型的资源可能有多个，用方框中的一个小圆点代表某类资源中的一个资源。此时，请求边由进程指向方框中的 r_j，而分配边则应始于方框中的一个点。在图 5-5 的资源分配图中，P_1 进程已分得 2 个 r_1 资源，又请求 1 个 r_2 资源；P_2 进程分得一个 r_1 和一个 r_2 资源，请求一个 r_1 资源。

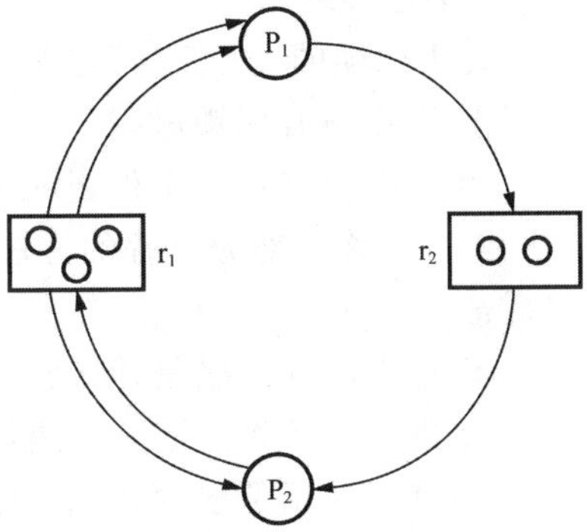

图 5-5 资源分配图示例

3）死锁定理

死锁定理用于检测系统所处的资源分配状态 S 是否为死锁状态。

死锁定理：S 为死锁状态的充分条件是当且仅当 S 状态的资源分配图是不可完全简化的。

下面用一个实例阐述资源分配图的简化问题，说明什么是不可完全简化的。

实例如图 5-6(a)所示，为了判断该图所表示的资源分配状态是否是死锁状态，对该图进行简化，简化方法如下：

在资源分配图中，找出一个既不阻塞又非独立的进程结点 P_i。在顺利的情况下，P_i 可获得所需资源而继续执行，直至运行完毕，再释放其所占有的全部资源。这相当于消去 P_i 所有的请求边和分配边，使之成为孤立的结点。在图 5-6(a)中，将 P_1 的两个分配边和一个请求边消去，便形成该图 5-6(b)所示的情况。

P_1 释放资源后，便可以使 P_2 获得资源而继续运行，直到 P_2 完成后又释放出它所占有的全部资源，形成图 5-6(c)所示的情况。

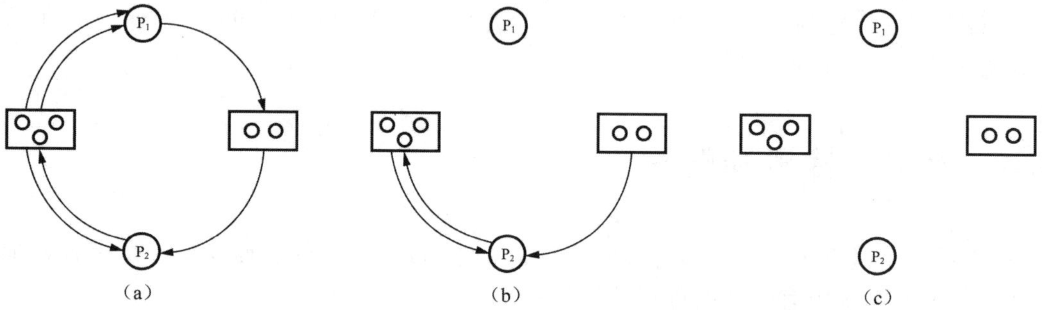

图 5-6　资源分配图的简化

在进行一系列的简化后，若能消去图中的所有边，使所有的进程都成为孤立结点，则称该图是可完全简化的。若不能通过任何过程使该图完全简化，则称该图是不可完全简化的。

对于较复杂的资源分配图，可能有多个既未阻塞又非孤立的进程结点，那么不同的简化顺序是否会得到不同的简化图呢？有关文献已经证明，所有的简化顺序都将得到相同的不可简化图。

4）死锁的解除

检测到系统出现死锁后，可以由系统管理员人工处理死锁，也可以让系统自动解除死锁。解除死锁的途径有两个：一是终止处于死锁状态的进程，二是抢占死锁进程占有的资源。

(1) 进程终止。

终止死锁的进程后，系统回收进程占有的资源。可以采用下面两种方式终止进程：

① 终止所有死锁进程。

② 一次只终止一个处于死锁的进程直到死锁解除。

当采用终止部分进程的方法时，原则上应该选择终止代价最小的进程，需要考虑的因素包括：

① 进程的优先级是什么？

② 进程已计算了多久？进程在完成其指定任务之前还需要多长时间？

③ 进程使用了多少资源？是什么类型的资源？这些资源是否容易抢占？

④ 进程需要多少资源才能完成？

⑤ 需要终止多少进程才能解除死锁？

⑥ 进程是交互的还是批处理的？

(2) 资源抢占。

逐步从进程中抢占资源给其他进程使用，直到死锁环被打破为止。如果要求使用抢占来处理死锁，那么有三个问题需要处理：

① 抢占哪个进程和哪些资源？

必须确定抢占的顺序以使代价最小。影响代价的因素有：死锁进程所拥有的资源数量、死锁进程到目前为止已经消耗的执行时间等。

② 回滚。

如果抢占一个进程的资源,那么该进程因缺少资源而不能从抢占点正常执行,必须将进程回滚到某个安全状态,以便从该状态重启进程。最简单的方法是完全回滚,就是终止进程并重启。

③ 饥饿。

饥饿是进程因长时间不能获得所需要的资源而无限等待的状态。例如,系统采取基于静态优先权的进程调度算法,当不断有高优先权进程到来时,优先权低的进程就可能长时间得不到 CPU,也就不能运行,这种状态被称为饥饿状态。

处于饥饿状态的进程不影响其他进程获得资源。死锁的进程与饥饿进程一样无法继续获得资源,但是死锁一旦发生,便涉及竞争资源的一组进程。系统中不会出现单个进程死锁的现象,但是可能会只有一个进程饥饿。

在抢占资源的过程中,如何保证不会总是从同一个进程抢占资源而使该进程处于饥饿状态?解决的方案之一是限制对同一进程进行资源抢占的次数。最常用的方法是在影响代价的因素中加上回滚次数。

本章习题

1. 什么是死锁?引起死锁的原因是什么?
2. 以生产者-消费者问题为例说明死锁是如何产生的。
3. 什么是饥饿?死锁与饥饿有什么区别?死锁是否可能只涉及一个进程?
4. 死锁的四个必要条件是什么?死锁预防的基本原理是什么?
5. 说明银行家算法的流程(包括资源试分配和安全检测流程)。
6. 如何确定死锁检测的频率?
7. 如何检测和解除死锁?
8. 什么是死锁定理?
9. 系统可以采用什么方法解决饥饿问题?
10. 考虑表 5-6 所示的系统在某一时刻的状态:

表 5-6 习题 10 表

进程名称	allocation (A B C D)	max (A B C D)	available (A B C D)
P_0	0 0 1 2	0 0 1 2	1 5 2 0
P_1	1 0 0 0	1 7 5 0	
P_2	1 3 5 4	2 3 5 6	
P_3	0 6 3 2	0 6 5 2	
P_4	0 0 1 4	0 6 5 6	

用银行家算法回答下面问题:

(1) need 矩阵的内容是什么?

(2) 系统是否处于安全状态?

(3) 如果进程 P_1 提出资源请求(0,4,2,0),那么这个请求能否立刻被满足?

第6章 内存管理

内存是计算机系统的重要组成部分，当操作系统接收到运行某程序的命令后，要为该程序的运行分配内存资源，创建进程，并把进程的全部或部分调入内存。当进程运行结束，系统要回收被撤销进程的内存空间。内存管理的目标：一方面是实现内存分配、内存回收等基本内存管理功能；另一方面要提高内存空间的利用率和内存的访问速度。每个程序员都希望自己的程序能运行在一个独占的、容量充分大的、访问速度足够快的存储器中。然而，事实上计算机的内存是有限的，而且是被许多应用程序共享的，处于同一内存中的不同进程之间必然会存在竞争与相互影响。操作系统的内存管理需要解决上述问题，其目标是充分利用现有的内存资源，为应用程序提供方便的内存使用方式和一个快速、安全且充分大的存储器。

关于内存管理，需要掌握的是：① 计算机硬件为程序的运行提供了什么样的内存使用方式；② 操作系统为应用程序的运行提供了什么样的存储服务；③ 操作系统怎样将多个不同的用户进程放在一个内存中而使它们不相互干扰地并发执行；④ 操作系统如何为进程提供远比物理内存大得多的虚拟内存空间。带着这些问题来学习内存管理就会理解计算机硬件、操作系统、应用程序与内存的关系，以及它们如何相互合作以完成访存，从而有一个内存管理的大局观。本章将详细介绍内存管理的基本原理和实现技术。

6.1 存储器的层次结构

内存是计算机存储系统的一部分。为了更好地理解后续章节的内容，有必要先了解存储器系统的层次结构。

存储器系统是一个具有不同容量、成本和访问时间的存储设备的层次结构，如图 6-1 所示。

在这个层次系统中，从高层到低层（L0～L5），存储设备的速度变慢、容量变大、价格变便宜。最高层（L0 层）是少量的快速 CPU 寄存器，CPU 可以在一个时钟周期内访问它们。接下来是一个或多个小型或中型的基于 SRAM 的高速缓存，可以在几个 CPU 时钟周期内访问它们。L3 层是一个大的基于 DRAM 的主存储器，可以在几十或几百个时钟周期内访问它们。L3 的下层 L4 层是慢速但容量很大的本地磁盘。L5 层表示有些系统可能还包括一层附加的远程服务器上的磁盘，需要通过网络来访问它们。例如，对于 NFS 网络文件系统这样的分布式文件系统，允许程序访问存储在远程网络服务器上的文件。

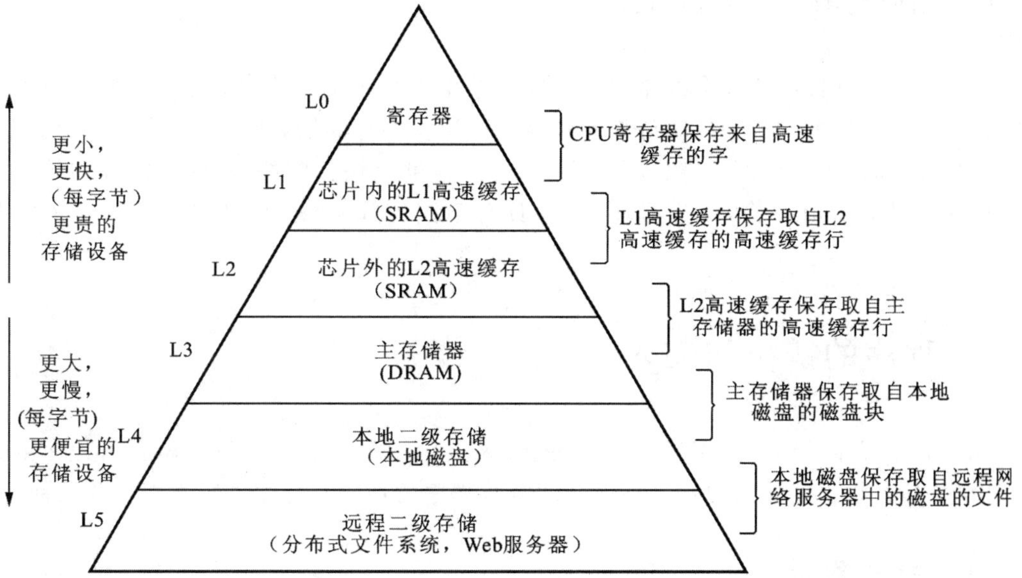

图 6-1 存储器的层次结构

CPU 寄存器保存最常用的数据。靠近 CPU 的容量小、速度快的高速缓存作为速度相对较慢、容量较大的主存储器中数据和指令子集的缓冲区。主存储器暂时存放存储容量更大、速度更慢的磁盘上的数据。而这些磁盘常常又作为存储在通过网络连接的其他机器的磁盘或磁带上的数据的缓冲区。

如果程序需要的数据存放在 CPU 寄存器中，则程序执行期间在零个周期内就可以访问到它们；如果存放在高速缓存中，则需要 1～10 个周期；如果存放在主存储器中，则访问它们需要 50～100 个周期；如果存放在磁盘中，则访问它们需要大约 2 000 万个周期。因此，在编写程序、设计算法时要尽可能地使程序具有好的局部性，以便 CPU 能在存储器层次高的地方有较高的命中率。

程序的执行遵循局部性原理。程序执行的局部性原理指出，程序在执行时呈现出局部性规律，即在一较短的时间内，程序的执行仅局限于某个部分，相应地，它所访问的存储空间也局限于某个区域。关于程序执行的局部性原理有以下几个论点：

（1）程序在执行时，除了少部分的转移和过程调用指令以外，在大多数情况下是顺序执行的。

（2）过程调用会使程序的执行轨迹由一部分内存区域转到另一部分内存区域。但研究表明，在大多数情况下，过程调用的深度都不超过 5。这就是说，程序会在一段时间内局限在这些过程的范围内运行。

（3）程序中存在很多循环结构，它们虽然由少数指令构成，但需要多次执行。

（4）程序中往往包括许多对数据结构的处理，如对数组进行操作，它们往往都局限在很小的范围内。

总的来说，局部性原理表现为时间和空间的局部性。

（1）时间局部性。程序中的某条指令一旦执行，则不久后该指令可能再次执行；如果某个数据结构被访问，则不久后该数据结构可能再次被访问。

(2) 空间局部性。一旦程序访问了某个单元，则不久以后其附近的存储单元也将被访问。

具有良好局部性的程序会经常访问相同的数据集合或相邻的数据集合。具有良好局部性的程序比局部性差的程序能更好地利用处于高层次的存储器，使高速缓存、内存访问的命中率较高，因而使程序访问内存的时间更短，运行速度更快。例如，不同的矩阵初始化程序执行相同数量的赋值操作，由于程序不同，具有不同的局部性，所以其运行速度可能相差很大。

6.2 程序的链接和装入

高级语言程序必须经过编译、链接才能成为可执行程序。操作系统需要为程序的执行分配内存空间，将程序装入内存。下面介绍链接程序的功能和程序被装入内存的几种方式。

6.2.1 程序的链接

链接程序不属于操作系统的构成部分，但是它为操作系统提供可装入的程序模块。链接程序要解决的问题是将编译后的目标模块装配成一个可执行的程序。根据链接进行的时间和实现方式的不同，可以把链接分为静态链接和动态链接。

1) 静态链接 (Static Linking)

静态链接是在程序运行前，用链接程序将目标模块链接成一个完整的装入模块。静态链接程序的任务：一是对逻辑地址进行修改，二是变换外部调用符号。

(1) 对逻辑地址进行修改。

如图 6-2 所示，链接前模块 A、B、C 的相对地址范围分别是 $0 \sim L-1$、$0 \sim M-1$、$0 \sim N-1$，通过链接程序把三个目标模块链接成一个可执行程序后，模块 B 和 C 的逻辑地址范围分别变成 $L \sim L+M-1$ 和 $L+M \sim L+M+N-1$。三个独立目标模块的逻辑地址空间链接成一个连续的地址空间。

(2) 变换外部调用符号。

将每个模块中所用的外部调用符号都变换为跳转到某个逻辑地址的指令。图 6-2 中，经过链接后，将模块 A 中的外部调用 CALL B 变成一条跳转到模块 B 在逻辑地址空间中的起始地址 L 处的指令 jump “L”；将模块 B 中的外部调用 CALL C 变成一条跳转到模块 C 在逻辑地址空间中的起始地址 $L+M$ 处的指令 jump“L＋M”。

相对于动态链接，静态链接程序运行的速度较快，但是无论本次运行会不会执行的程序全部被链接到一个可执行文件中，导致可执行文件比较大，占用的内、外存空间较大，使存储开销较大。另外，使用静态链接的方式会使程序开发不够灵活、方便，修改某一个模块会导致整个程序的重新链接。

2) 动态链接 (Run-time Dynamic Linking)

采用动态链接可将某些目标模块的链接推迟到这些模块中的函数被调用执行时才进行，即在程序执行时，只有当发现一个被调用模块尚未链接时，才把它链接到调用者模块上。

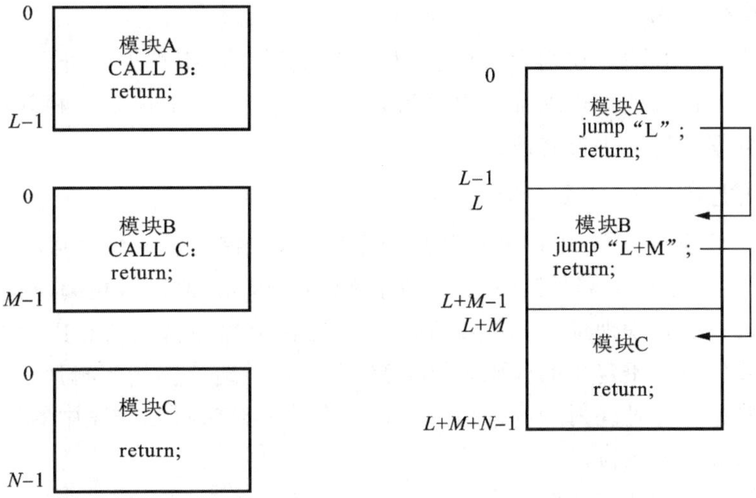

(a) 目标模块　　(b) 装入模块

图 6-2 静态链接

采用动态链接的优点是节省内存和外存空间，方便程序开发。例如，开发一个图形控件，若让图形控件以动态链接程序的形式存在，则这个控件就可以独立开发，独立编译、链接。内存中只需要保留一个动态链接程序的副本，供多个需要调用该动态链接程序中的函数的进程共享。动态链接程序在外存中也只需保留一个副本，节省了内、外存开销。但动态链接是在程序运行过程中从外存将被调用的模块调入内存并链接到调用者模块上的，这就会增大运行时的时间开销，导致程序运行时的速度变慢。

6.2.2 程序的装入

在多道程序环境下，程序要运行必须为之创建进程，而创建进程后不可避免地要为进程分配内存，并将进程的程序和数据装入内存。

通常，可执行程序以二进制可执行文件的形式存储在磁盘上，为了执行程序，操作系统需要把程序加载到内存中。

多数系统允许操作系统将用户进程放在物理内存的任意位置。因此，虽然计算机的地址空间从 0 开始，但用户进程的起始地址不一定是 0。在绝大多数情况下，源程序需要经过编译、链接、装入几个阶段才能执行。在不同的阶段，程序地址有不同的表示形式。源程序中的地址通常是符号形式，例如一个整型变量 counter。编译器将这些符号地址变成可重定位地址，通常是相对于本模块开始位置的地址。例如，被编译模块的起始地址为 0，则所有符号地址都转变成相对于 0 开始的一个逻辑地址。链接程序把几个目标模块的逻辑地址转变为相对于整个可执行程序起始地址的逻辑地址。CPU 访问内存需要使用由逻辑地址转换而来的物理地址，每一次的地址变化都是从一个地址空间到另一个地址空间的映射。根据形成访问内存需要的物理地址的时机不同，程序的装入方式可分为绝对装入方式、静态重定位装入方式、动态运行时装入方式。

1）绝对装入方式

编译程序事先已知程序在内存中的驻留位置，编译时产生物理地址的目标代码。绝对装入程序按照装入模块的物理地址将程序和数据装入内存。因此，装入模块被装入内存后，不需对指令和数据的地址进行修改。

2）静态重定位装入方式

在多道程序系统中，众多用户进程共享内存空间，内存的哪一块区域在什么时候空闲，可以让操作系统在此装入一个新进程是无法预知的。因此，编译器在编译程序时无法形成程序中指令和数据的物理地址。如果编译时不知道目标程序将驻留在内存的什么位置，那么编译时就必须生成可重定位的代码，其中指令和数据的地址都是逻辑地址，在程序被装入内存时再把这些逻辑地址映射为物理地址。在程序装入时对目标程序中的指令和数据地址的修改过程称为静态重定位。

总结静态重定位方式的两个特点：

（1）编译程序使目标模块的起始地址从 0 开始。

（2）操作系统装入可执行程序时，根据内存的使用情况将可执行程序加载到内存的某个位置，并对其进行静态重定位。

物理地址＝有效逻辑地址＋程序在内存中的起始地址

在采用静态重定位装入方式将程序装入内存后，程序在内存中的实际物理地址与逻辑地址通常是不相同的。如图 6-3 所示，在逻辑地址为 1000 的单元中有一条指令 LOAD 1，2500。该指令的语义是将逻辑地址为 2500 处的内容取出后装入 1 号寄存器；逻辑地址为 2500 的单元中装有数据 365。若采用静态重定位装入方式将该用户程序装入内存实际物理地址从 10000 开始的内存单元中，就必须根据逻辑地址和用户程序在内存中的起始地址计算并修改程序中的指令或数据在物理内存中的实际地址。指令 LOAD 1，2500 的实际物理地址改为 1000＋10000，即 11000。数据 365 所在的实际物理内存单元地址改为 2500＋10000，即 12500。用户程序装入内存后，指令中的逻辑地址也需要修改为实际物理地址，指令 LOAD 1，2500 要修改为 LOAD 1，12500。

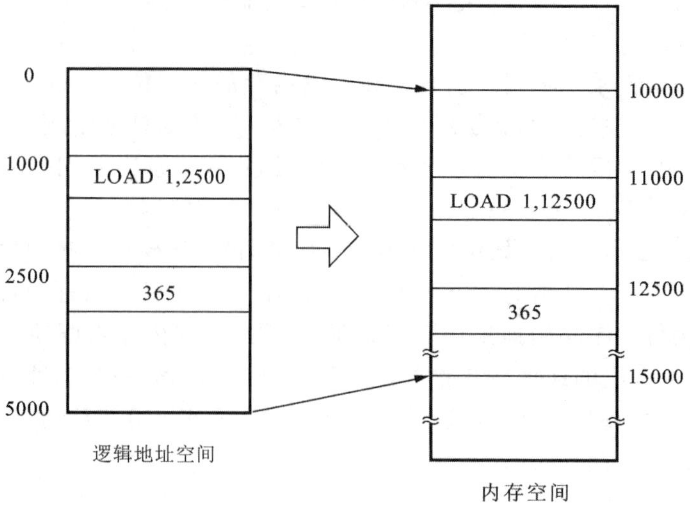

图 6-3　采用静态重定位装入方式的地址映射

3）动态运行时装入(动态重定位)

进程装入内存后还可能从内存的一个区域移动到另一个区域，这种情况可能发生在支持虚拟存储的系统中。一个进程在被换出前所在的内存位置与后来被从外存重新调入内存时所在的内存位置不同。在这种情况下，地址映射必须延迟到进程执行访存的时候再进行。这种装入方式称为动态运行时装入。

在采用动态运行时装入方式的系统中，系统将进程装入内存后，由于进程在内存中的位置可能发生移动，所以此时并不计算物理地址，而是在进程运行访存的过程中才进行地址转换。这种方式需要重定位寄存器的支持。当进程获得 CPU 运行时，系统把该进程在内存中的起始地址存入重定位寄存器，当进程在运行过程中访问内存时，通过重定位寄存器与被访问单元的逻辑地址计算出被访问内存单元的物理地址，如图 6-4 所示。

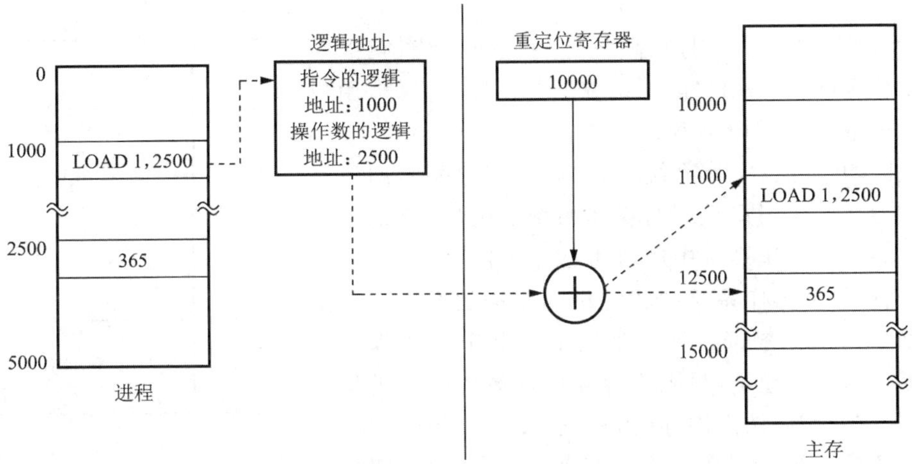

图 6-4　动态运行时装入的地址映射

进程获得 CPU 运行时，操作系统将进程在内存中的起始地址 10000 存入重定位寄存器。在进程运行的过程中，当要执行逻辑地址为 1000 的单元中的指令时，将逻辑地址 1000 与重定位寄存器中的地址 10000 相加，得到实际物理内存地址 11000。CPU 从 11000 物理单元取到指令 LOAD 1,2500。当执行该指令访问逻辑地址为 2500 的单元取 365 时，先将 2500 与重定位寄存器的值 10000 相加，得到 365 所在的物理单元地址 12500，然后从 12500 物理单元读取数据 365。

重定位寄存器是每个 CPU 一个，当发生进程切换时，要用新切换到 CPU 上的进程在内存中的起始地址更新重定位寄存器。

6.3　连续分配的内存管理方式

连续分配是指操作系统分配内存时，为每个进程分配一块物理地址连续的内存空间。连续分配方式有三种类型。

1）单一连续区分配方式

内存中只有一个用户区，任意时刻内存中只能装入一道程序。这种分配方式仅适用于单用户单任务的系统。

2）固定分区分配方式

将内存用户区划分成若干个固定大小的区域，每个区域中驻留一道作业。

3）动态分区分配

系统动态地对内存进行划分，根据进程需要的空间大小分配内存。内存中分区的大小和数量是变化的。动态分区方式比固定分区方式的内存利用率高。

6.3.1 单一连续区分配

这种方式适用于单用户、单任务的操作系统，它把内存分为系统区（OS）和用户区。系统区存放操作系统，用户区存放用户进程，如图 6-5 所示。

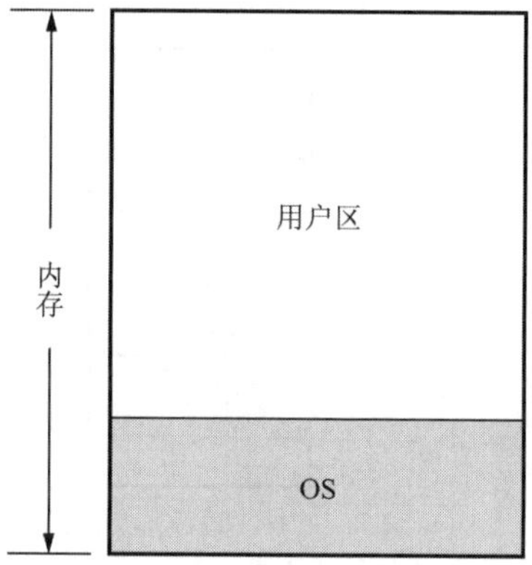

图 6-5　单一连续区分配

系统区用于驻留操作系统，用户区用于分配给用户进程使用。为了避免用户程序对操作系统的破坏，保证系统的安全、可靠，在操作系统中应该考虑设置内存保护机制。在单用户、单任务操作系统中较常用的方法是设置一个基址寄存器和一个界限寄存器。基址寄存器中存放程序在物理内存中的最小地址，界限寄存器中存放用户区进程的地址范围。在 CPU 访问内存时，检查 CPU 要访问的内存单元的地址是否超出界限寄存器的地址范围，如果超出，则是非法地址，表示用户进程访存越界，进程执行会被中断。

在有些单用户单任务的操作系统如 CP/M 和 MS-DOS 中没有设置内存保护机制。其理由一是节省硬件，二是单任务单用户系统中用户独占机器，对系统的破坏只可能是用户自己造成的，后果也不严重，不会影响其他用户进程的执行，而且操作系统很容易重装和再次启动。

6.3.2 固定分区分配

固定分区分配是将用户内存空间划分为若干个固定大小的区域，在每个用户分区中可以装入一道用户作业，如图 6-6 所示。

内存的用户区被划分成几个分区，便允许几个进程并发运行。当有一个空闲分区时，可从外存的后备队列中选择一个适当大小的作业装入该分区。当该作业结束时，释放所占用的分区，系统又可从后备作业队列中找出另一个作业调入该分区。

1）划分分区的方法

固定分区分配的用户分区数量是固定的，每个分区的大小也是固定的，但是每个分区的大小可以相同也可以不同。

(1) 分区大小相同。

在这种设计中,把用户区划分成大小相同的若干个分区。这种设计的缺点是内存利用率比较低。当进程太小时,该进程所占用的分区有很大一部分空间是空闲的。而当进程较大时,可能找不到一个分区足以装下该进程。这种设计主要用于利用一台计算机去控制多个相同对象的场合,因为在这种情况下,各用户进程需要的空间大小相同,例如用一台计算机控制多台相同的冶炼炉。

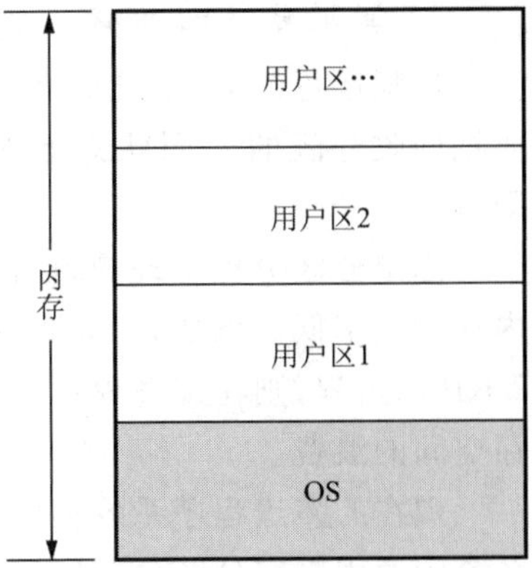

图 6-6　固定分区分配

(2) 分区大小不同。

为了更好地利用内存,可以将用户区划分成大小不同、数量固定的若干个分区。为用户进程分配空间时,把大小最接近进程大小的空闲分区分配给申请内存空间的进程,使小进程占用小分区,大进程占用大分区,减少内存浪费。

2) 支持固定分区分配的数据结构

操作系统为了完成对固定分区的管理,必须定义一个记录用户分区大小和使用情况的数据结构。可以用一个如表 6-1 所示的记录内存状况的内存分区使用表来管理内存分配。

表 6-1　固定分区使用表

分区编号	分区大小/KB	分区起始地址/KB	分区状态
1	15	30	已分配
2	30	45	空　闲
3	50	75	已分配
4	100	125	已分配

用 C 语言来描述这个分区表,可以定义一个有四个元素的结构数组。每个元素对应一个分区。结构体包括四个字段:分区编号、分区大小、分区起始地址、分区状态。数据结构定义示例如下:

```
struct {
        int num;      //分区编号
        int size;     //分区大小
        int addr;     //分区起始地址
        int state;    //分区状态,该值为 0 表示分区空闲,该值为 1 表示分区被占用
        } mem_block[4];
```

写程序时,数据结构的定义根据具体系统和算法的需要来调整。

3) 固定分区分配的过程

需要为进程分配内存时,操作系统执行内存分配程序,搜索内存分区使用表。当找到一个大小大于或等于进程需要的内存空间而且处于空闲状态的用户分区时,将该分区分配给进程,并将该分区状态改为“已占用”,在上面的数据结构中,就是将相应分区的 state 字段置 1。

4）固定分区的回收

进程运行结束，系统要回收进程占用的分区。通过执行内存回收程序完成回收操作，只要把回收分区的使用状态改为“空闲”，即把上面数据结构中相应分区的 state 字段置 0 即可。

固定分区分配实现简单，但是由于每个分区的大小固定，必然造成存储空间的浪费，使内存利用率低。例如，表 6-1 中的 1 号分区，其大小为 15 KB，若该分区被分配给一个大小为 2 KB 的进程，则在该进程释放分区前，剩余的 13 KB 空间也不能再分配给其他进程，造成内存空间的浪费。

现在的多道程序系统很少使用固定分区分配的内存管理方式。但是，在一些实时控制系统中使用固定分区分配还是较为简单有效的。

6.3.3 动态分区分配

由于固定分区分配将内存空间划分成大小固定的分区，当运行需要的内存空间比分区大的进程时，固定分区无法满足要求。而当运行只需要很小空间的进程时，内存空间浪费大。使用固定分区分配内存利用率低，难以提高系统的多道程序度。动态分区分配是根据进程的实际需要，为进程分配大小合适的内存区域。系统中用户分区的数量和大小都是动态变化的。

本节主要介绍动态分区分配使用的数据结构、动态分区分配算法、动态分区的分配和回收操作。

1）动态分区分配原理

动态分区分配的原理：系统初始只有一个大空闲区，当进程请求空间时，由系统根据进程需要的空间大小划分出一片空闲区分配给进程。系统运行一段时间后，内存的空闲区可能散布在不连续的区域。系统维护一个记录当前空闲分区情况的数据结构，当进程请求内存时，系统从所有空闲区中找大小合适的空闲分区进行分配。系统中分区的大小和数量都是变化的，空闲分区的大小和数量也是变化的，如图 6-7 所示。

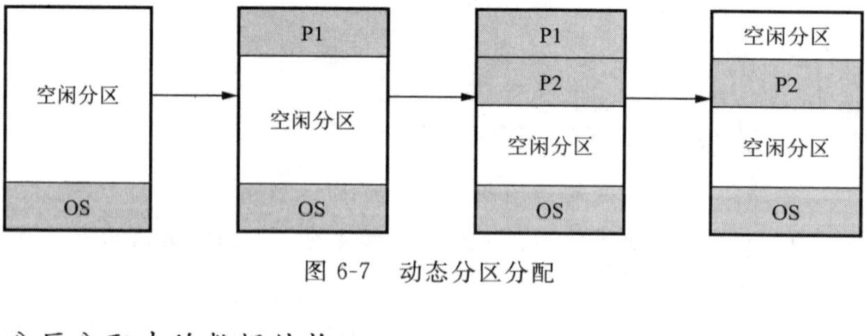

图 6-7　动态分区分配

2）动态分区分配中的数据结构

为实现动态分区分配，系统需要建立并维护记录空闲分区情况的数据结构。常用的数据结构有空闲分区表和空闲分区链。

(1) 空闲分区表。

如表 6-2 所示，系统在空闲分区表中为每一个空闲分区建立一个表项，每个表项中包括分区编号、分区大小和分区起始地址。在具体程序实现时，可以用结构数组来实现空闲分区表。数组的每一个元素对应一个表项，记录一个空闲分区的情况。每个表项包含三个字段，即分区编号、分区大小和分区起始地址。使用空闲分区表的缺点是：设置太多表项会浪费内存空间；设置太少的表项，当空闲分区较多时，无法记录所有空闲分区的情况；在实现时，结构数组的大小不容易确定。

表 6-2　空闲分区表

分区编号	分区大小/KB	分区起始址/KB
1	12	30
2	30	100

在程序中可以用下述结构数组表示空闲分区表：

```
struct {
        int num;      //分区编号
        int size;     //分区大小
        int addr;     //分区起始地址
        } FreeMem_block[N]
```

数组大小根据系统管理的最大分区数确定。

(2) 空闲分区链。

使用空闲分区链可以动态地为每一个空闲分区建立一个结点，每个结点包括分区大小、分区起始地址、指向前一个空闲分区结点的指针、指向后一个空闲分区结点的指针。空闲分区链中的每个结点占用的内存可以动态分配、动态回收。使用空闲分区链可以克服空闲分区表存在的缺点。

空闲分区链数据结构如图 6-8 所示。图中有五个分区，其中有三个分区是已占用分区，另外两个大小分别为 10 KB 和 20 KB 的分区是空闲分区，其起始地址分别为 100 KB 和 130 KB。系统建立的空闲链表如图 6-8 所示，包括两个与空闲分区对应的结点。每个结点中包含了空闲分区的大小、空闲分区的起始地址和指向下一个空闲分区结点的指针。在实际系统中，也可以采用更复杂的双向链表或双向循环链表。

3) 动态分区分配的算法

当进程需要内存空间时，操作系统通过执行动态分区分配算法从多个空闲分区中选定一个合适的分区分配给进程。不同的分区分配算法有不同的性能特点，需要不同数据结构的支持。

下面介绍 3 种动态分区分配算法，即首次适应算法、循环首次适应算法、最佳适应算法。

(1) 首次适应算法(First Fit，FF)。

在采用空闲分区链作为数据结构时，首次适应算法要求空闲分区链以地址递增的次序链接。在进行内存分配时，从链首开始顺序查找，直到找到一个能满足进程大小要求的空闲分区为止。然后，按照进程请求内存的大小从该分区中划出一块内存空间分配给请求者，余下的空闲分区仍留在空闲链中。

该算法总是先分配低地址部分的内存空间，容易使低地址部分留下小分区，而高地址部

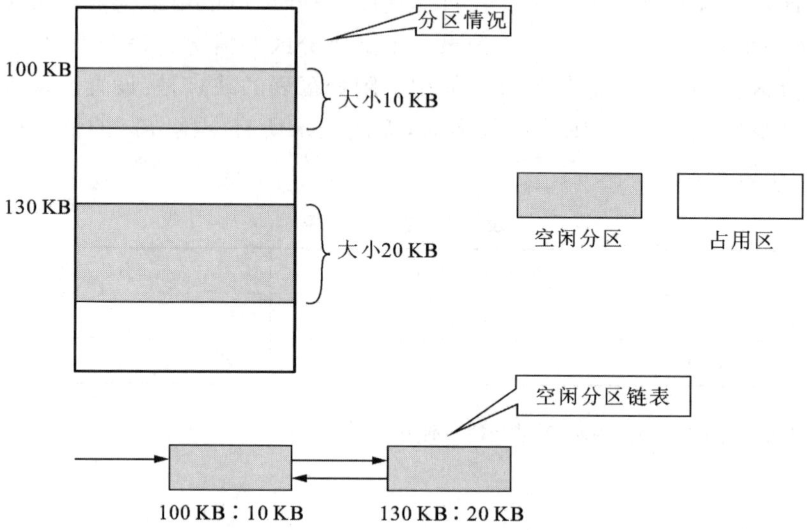

图 6-8　动态分区与空闲分区链表

分大空闲区较多。当进程请求大内存空间时，要找到合适的空闲分区，搜索空闲分区链需要的时间开销比较大。

此外，由于低地址部分的空闲分区反复被划分，可能留下许多难以利用的很小的空闲分区，这种难以被利用的小空闲区也称为外部碎片或外碎片。分配给进程的分区若大于进程请求的分区，则分区内会存在一部分不被利用的空间，这部分被浪费的空间称为内部碎片或内碎片。

(2) 循环首次适应算法(Next Fit，NF)。

使用该算法为进程分配内存空间时，不再每次从链首开始查找合适的空闲分区，而是从上次找到的空闲分区的下一个空闲分区开始查找，直至找到第一个能满足要求的空闲分区，并从中划出一块满足进程请求的内存空间分配给进程。为实现该算法，应设置一起始查找指针，以指示下一次起始查找的空闲分区，并采用循环查找方式，如图 6-9 所示。

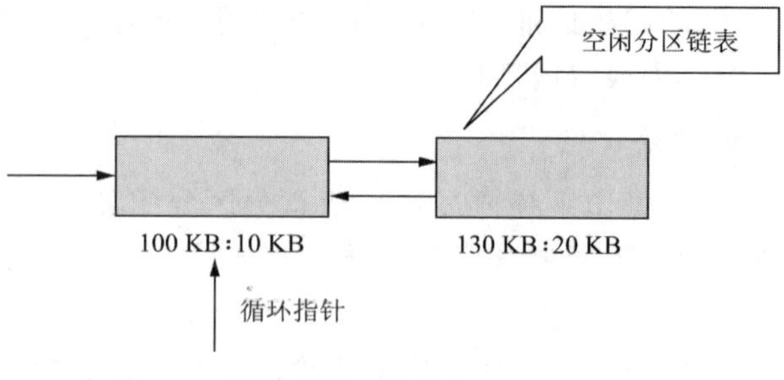

图 6-9　增加了循环指针的空闲分区链表

循环首次适应算法的优点是空闲分区分布均匀、查找开销较小；缺点是容易使系统缺乏大空闲分区。

(3) 最佳适应算法(Best Fit，BF)。

该算法每次为作业分配内存时，总是把大小与进程所请求的内存空间大小最接近的空闲分区分配给进程，避免了"大材小用"。为了加速寻找，该算法要求将所有的空闲分区链表中的结点按分区大小递增的顺序排序，这样第一次找到的满足要求的空闲分区必然是大小最接近进程需要的内存空间大小的。

最佳适应算法的优点是避免了“大材小用”，能够提高内存利用率，但缺点是容易留下难以利用的小空闲区。

下面举例说明首次适应算法、循环首次适应算法、最佳适应算法。

例 6-1 当前空闲分区链表如图 6-10 所示。

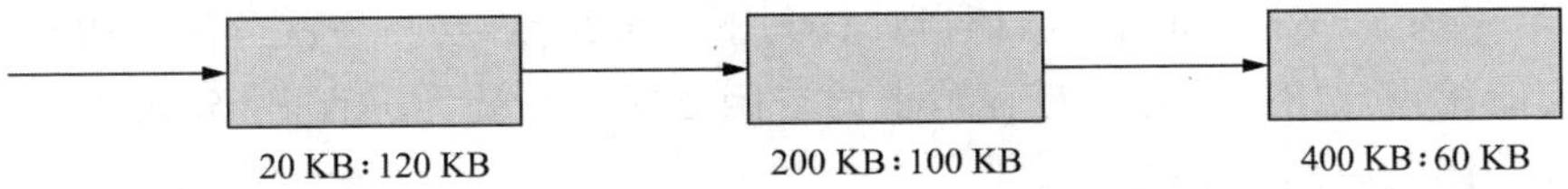

图 6-10 动态分区与空闲分区链表

空闲分区链表图示含义如下：

假设系统中有三个空闲分区，第一个空闲分区起始地址为 20 KB，大小为 120 KB；第二个空闲分区起始地址为 200 KB，大小为 100 KB；第三个空闲分区起始地址为 400 KB，大小为 60 KB。若进程 P_1 先请求大小为 30 KB 的内存空间，随后进程 P_2 请求大小为 20 KB 的内存空间，分别画出采用首次适应算法、循环首次适应算法、最佳适应算法时，为进程 P_1 分配完空间之后系统的空闲分区链表和在此之后为进程 P_2 分配完空间后的空闲分区链。用 m. size 表示空闲分区大小，用 u. size 表示进程请求空间的大小，当 m. size－u. size＞1 KB 时从空闲分区中为进程分配 u. size 大小的空间，将 m. size－u. size 大小的空闲空间作为新的空闲分区使用。

答 (1) 系统采用首次适应算法，空闲分区应该按地址递增顺序排列，空闲分区链表如图 6-10 所示。按照首次适应算法，从第一个大小合适的空闲分区中划分一块空间给进程 P_1，即从起始地址为 20 KB，大小为 120 KB 的空闲分区中划分 30 KB 空间分配给进程 P_1。为进程 P_1 分配完空间之后，空闲分区链表如图 6-11 所示。

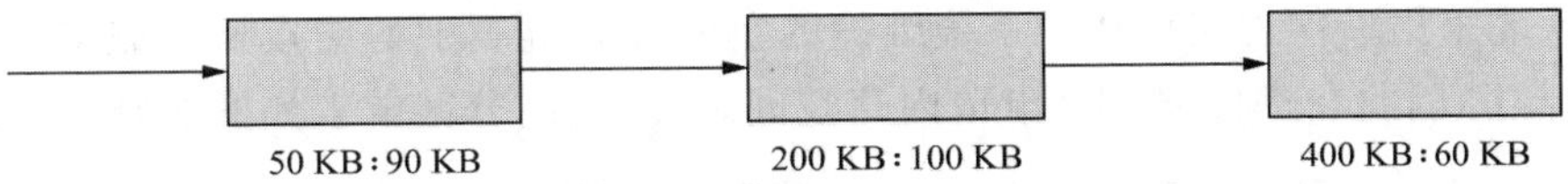

图 6-11 采用 FF 算法为 P_1 分配 30 KB 空间后的空闲分区链表

从图 6-11 所示链表中可以看到，为进程 P_1 分配 30 KB 空间后，第一个起始地址为 20 KB，大小为 120 KB 的分区因给进程 P_1 划分了 30 KB 空间，变为起始地址为 50 KB，大小为 90 KB 的空闲分区。若在此后进程 P_2 申请 20 KB 空间，则空闲分区链中的第一个分区大小也满足 P_2 的需要，从起始地址为 50 KB，大小为 90 KB 的空闲分区中再划分 20 KB 空间分配给 P_2 后，系统空闲分区链表如图 6-12 所示。

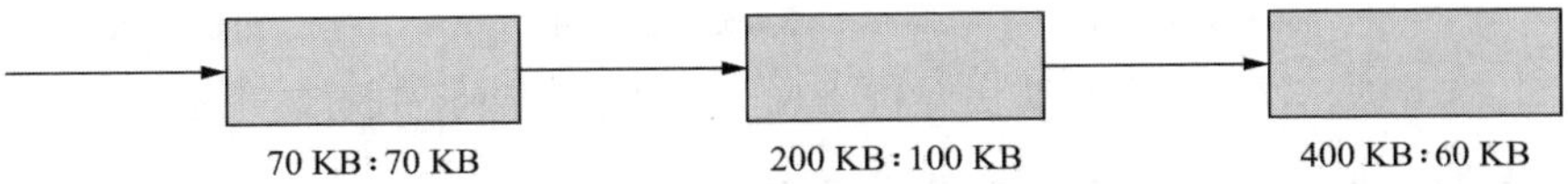

图 6-12 采用 FF 算法为 P_2 分配 20 KB 空间后的空闲分区链表

(2) 系统采用循环首次适应算法。系统维护的空闲分区链表中要增加一个循环指针，每次为进程分配内存都从循环指针指向的结点对应的空闲分区开始。

初始空闲分区链表如图 6-13 所示。

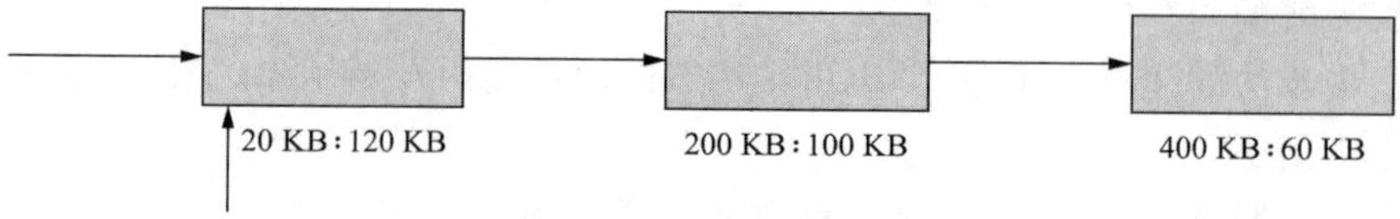

图 6-13　采用 NF 算法分配空间的初始空闲分区链表

进程 P_1 申请 30 KB 空间后，循环指针移到下一个结点，当下一次分配空闲分区时，从循环指针指向的结点开始搜索适合进程请求的空闲分区。系统为进程 P_1 分配 30 KB 空间后，系统空闲分区链表如图 6-14 所示。

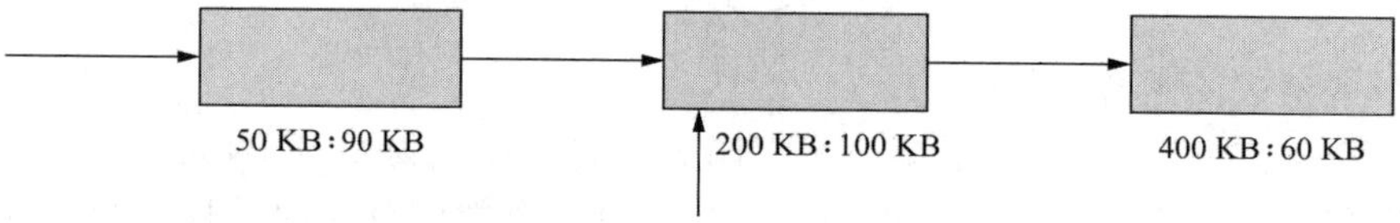

图 6-14　采用 NF 算法为 P_1 分配 30 KB 空间后的空闲分区链表

此后，P_2 再申请 20 KB 空间，由于循环指针指向起始地址为 200 KB，大小为 100 KB 的分区对应的结点，因此系统从该结点开始搜索大小大于或等于 20 KB 的空闲分区，从中划分出 20 KB 空间给进程 P_2。为进程 P_2 分配 20 KB 空间后，循环指针后移，系统空闲分区链表如图 6-15 所示。

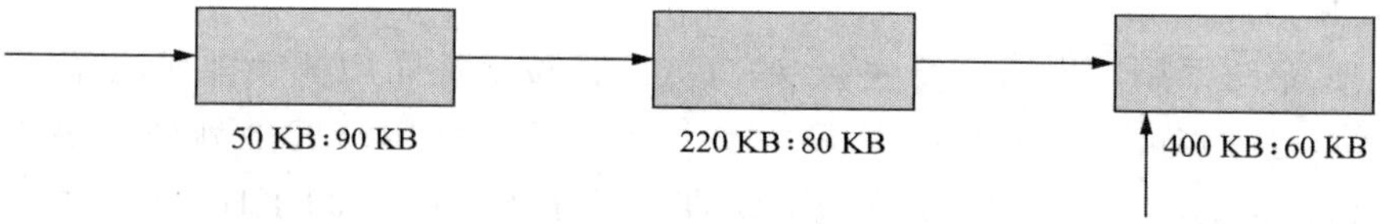

图 6-15　采用 NF 算法为 P_2 分配 20 KB 空间后的空闲分区链表

（3）系统采用最佳适应算法。系统维护的空闲分区链表中的结点要按照空闲区的大小由小到大排序，因此在进程 P_1、P_2 申请内存空间之前，空闲分区链表如图 6-16 所示。

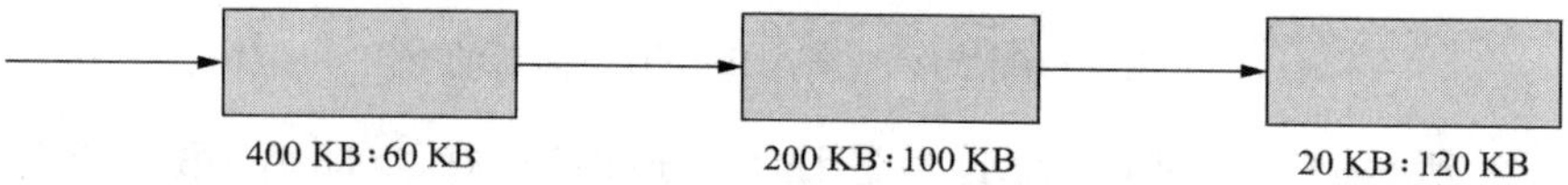

图 6-16　采用 BF 算法分配空间的初始空闲分区链表

进程 P_1 申请 30 KB 空间后，空闲分区链表如图 6-17 所示。

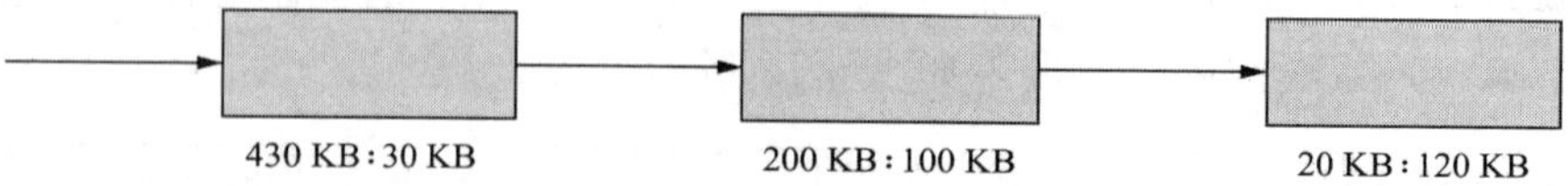

图 6-17　采用 BF 算法为 P_1 分配 30 KB 空间后的空闲分区链表

该链表在每一次分配空间后都要重新排序，以保证空闲分区链表是按分区大小递增的顺序排序的。

此后，系统再为 P_2 分配 20 KB 空间后，系统空闲分区链表如图 6-18 所示。

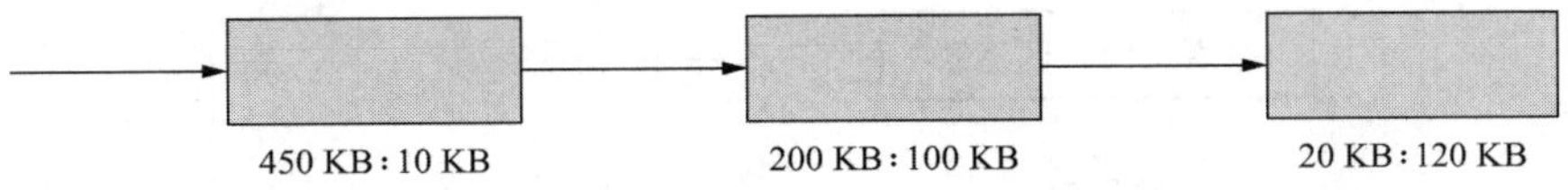

图 6-18 采用 BF 算法为 P_2 分配 20 KB 空间后的空闲分区链表

为了更清楚地说明问题,假设进程 P1 申请 30 KB 空间后,P_2 申请大小为 110 KB 的空间。在图 6-17 所示的链表中查找大小合适的空闲分区,只有起始地址为 20 KB,大小为 120 KB 的分区能满足进程 P_2 的请求。系统从该分区中划分 110 KB 的空间给进程 P_2。该分区剩余 10 KB 的小分区作为新的空闲分区,空闲分区链表如图 6-19 所示。

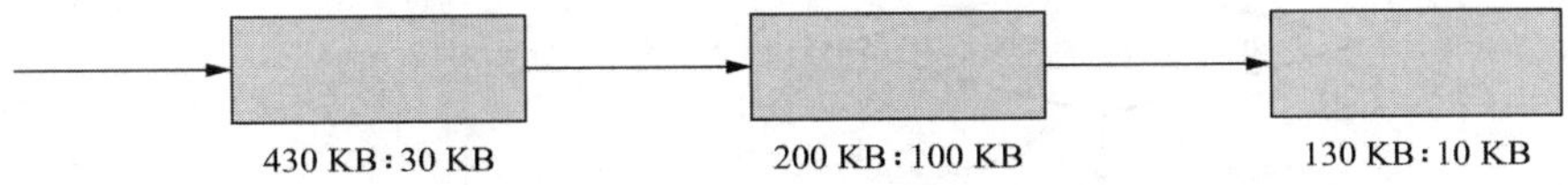

图 6-19 采用 BF 算法为 P_2 分配 110 KB 空间后的空闲分区链表

对空闲分区链表重新排序,得到的空闲分区链表如图 6-20 所示。

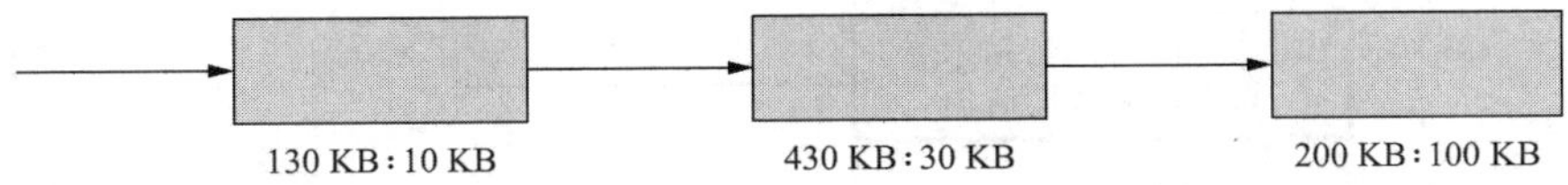

图 6-20 采用 BF 算法为 P_2 分配 110 KB 空间后按分区大小排序后的空闲分区链表

4) 动态分区分配的流程

采取动态分区分配的内存管理方式,内存分配功能由内存分配程序完成,内存分配程序采用某种内存分配算法为进程分配内存。当进程不再需要内存时,由系统执行内存回收程序回收原来被占用的内存分区。下面说明采用动态分区分配时内存分配的流程和内存回收的流程。

(1) 内存分配流程。

如果进程申请的内存空间大小为 u. size,当前结点对应的空闲分区大小为 m. size,其中 size 是系统规定的一个阈值,则当系统接收到申请内存的请求后,按如图 6-21 所示的流程分配空闲分区。

① 检索空闲分区链表。找到满足条件 m. size≥u. size 的空闲区(可以采用首次适应算法、循环首次适应算法、最佳适应算法)。

② 如果 m. size−u. size≤size,则直接把该空闲分区分配给进程;否则,从大小为 m. size 的分区中划出大小为 u. size 的空间分配给进程,把剩余的大小为 m. size−u. size 的空闲空间作为新的空闲分区。

③ 将分配给进程的分区起始地址返回给内存分配程序的调用者。

④ 修改空闲分区链表。

(2) 内存回收流程。

内存回收的任务是释放被占用的内存区域。如果被释放的内存空间与其他空闲分区在地址上相邻接,则还需要进行分区合并。

以采用动态分区链表管理空闲分区的情况为例说明内存回收的流程。

① 释放一块连续的内存区域。

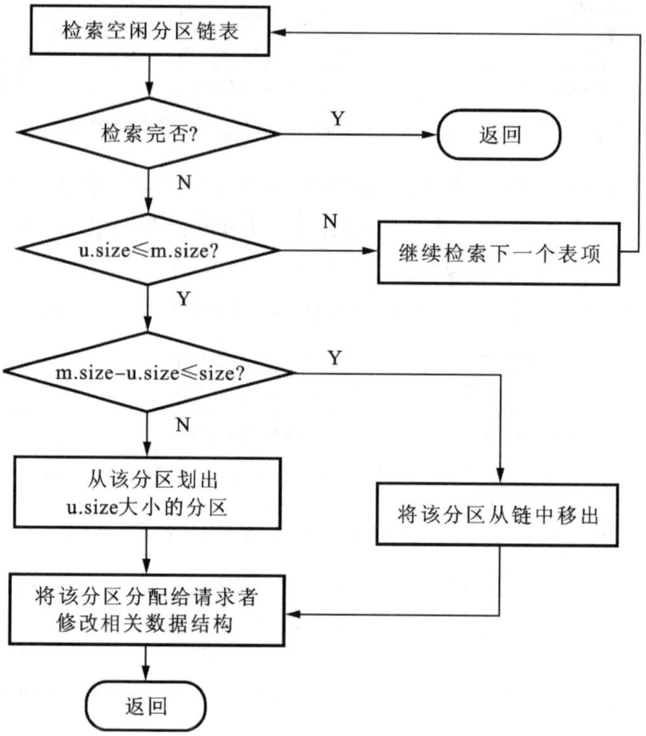

图 6-21　采用动态分区分配时内存分配的流程

② 如果被释放区域与其他空闲分区相邻，则合并空闲区。

③ 修改空闲分区链表。

如果被释放的内存区域(回收区)与任何其他的空闲分区都不相邻，则为该回收区建立一个空闲分区链表的结点。使新建结点的起始地址字段等于回收区起始地址，空闲分区大小字段等于回收区大小。根据内存分配程序使用的算法要求(按地址递增顺序或按空闲分区大小由小到大排序)，把新建结点插入空闲分区链表的适当位置。

如果被释放区域与其他空闲分区相邻，则需要进行分区合并。在进行空间合并时，需要考虑以下三种不同的情况。

① 仅回收区的前面有相邻的空闲分区，如图 6-22(a)所示。在这种情况下，将回收区与空闲分区 R1 合并成一个空闲分区，将空闲链表中与 R1 对应的结点的分区起始地址作为新空闲分区的起始地址，将该结点的分区大小字段修改为空闲分区 R1 与回收区大小之和。

② 仅回收区的后面有相邻的空闲分区，如图 6-22(b)所示。在这种情况下，将回收区与空闲分区 R2 合并成一个空闲分区，将空闲链表中与 R2 对应的结点的分区起始地址改为回收区起始地址，将该结点的分区大小字段修改为空闲分区 R2 与回收区大小之和。

③ 回收区的前、后都有相邻的空闲分区，如图 6-22(c)所示。在这种情况下，将回收区与空闲分区 R1、R2 合并成一个空闲分区，将空闲链表中与 R1 对应的结点的分区起始地址作为合并后新空闲分区的起始地址，将该结点的分区大小字段修改为空闲分区 R1、R2 与回收区三者大小之和，删去与 R2 分区对应的空闲分区结点。当然，也可以修改分区 R2 对应的结点而删去 R1 对应的结点，还可以为新合并的空闲分区建立一个新的结点，插入空闲分

区链表,删除 R1 和 R2 对应的分区结点。

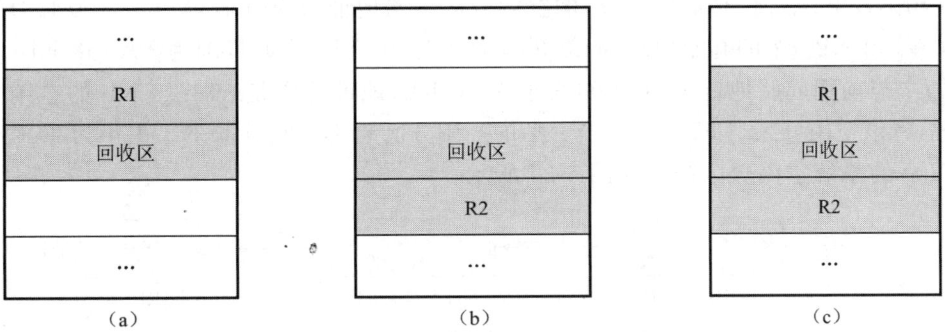

图 6-22 内存回收区与其他空闲分区相邻的情况

下面举例说明回收流程。

例 6-2 当前空闲分区链表如图 6-23 所示。

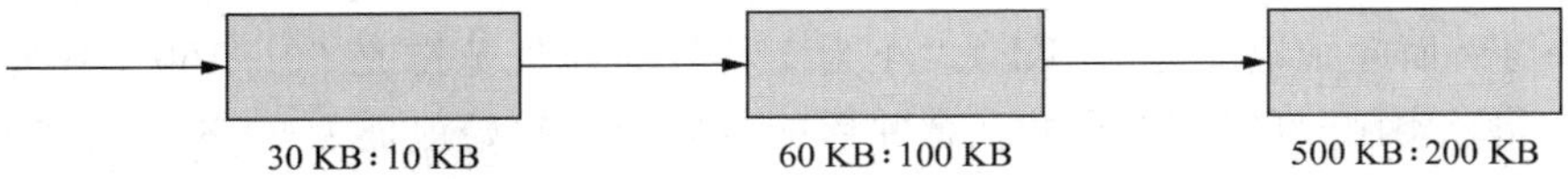

图 6-23 例 6-2 中的当前空闲分区链表

空闲分区链表结点分别对应起始地址为 30 KB、大小为 10 KB,起始地址为 60 KB、大小为 100 KB,起始地址为 500 KB、大小为 200 KB 的空闲分区。

假如系统采用首次适应算法分配内存,请画出分别回收表 6-3 中所示的空闲分区之后的空闲链表。

表 6-3 例 6-2 回收分区

回收区	起始地址	分区大小
F1	50 KB	5 KB
F2	40 KB	10 KB
F3	50 KB	10 KB
F4	40 KB	20 KB

答 ① 当回收区为 F1 时,F1 前面的空闲分区起始地址为 30 KB,大小为 10 KB,地址范围是 30～40 KB;F1 后面(高地址部分)的空闲分区起始地址为 60 KB,大小为 100 KB,地址范围是 60～160 KB;F1 的起始地址为 50 KB,大小为 5 KB,地址范围为 50～55 KB。可见,回收区 F1 前后都没有相邻的空闲分区,因此要为回收 F1 创建新的空闲分区链表结点,结点的起始地址字段为 F1 的起始地址 50 KB,结点的空闲分区大小字段为 F1 的大小(5 KB)。按首次适应算法的要求,将该结点按空闲分区起始地址递增的顺序插入,得到回收 F1 后的系统空闲分区链表如图 6-24 所示。

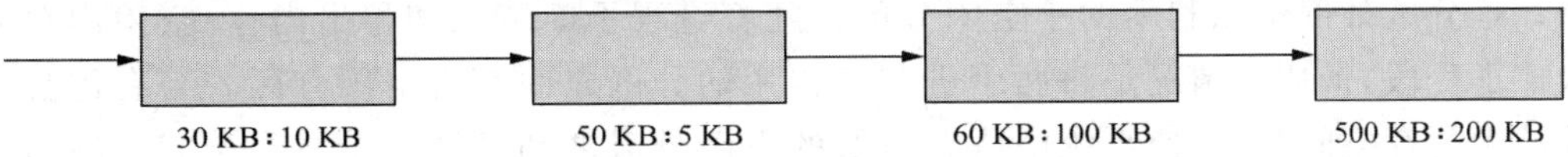

图 6-24 内存回收区与其他空闲分区不相邻

② 当回收区为 F2 时，F2 前面的空闲分区起始地址为 30 KB，大小为 10 KB，地址范围是 30～40 KB；F2 后面（高地址部分）的空闲分区起始地址为 60 KB，大小为 100 KB，地址范围是 60～160 KB；F2 的起始地址为 40 KB，大小为 10 KB，地址范围为 40～50 KB。可见，回收区 F2 与前面起始地址为 30 KB，大小为 10 KB，地址范围是 30～40 KB 的空闲分区相邻，因此，将该空闲分区与 F2 合并。合并后的空闲分区起始地址为 30 KB，大小为 20 KB，得到回收 F2 后的系统空闲分区链表如图 6-25 所示。

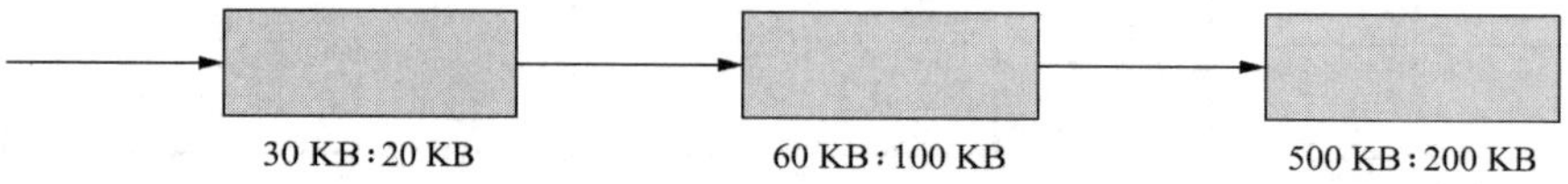

图 6-25　内存回收区与低地址空闲分区相邻

③ 当回收区为 F3 时，F3 前面的空闲分区起始地址为 30 KB，大小为 10 KB，地址范围是 30～40 KB；F3 后面（高地址部分）的空闲分区起始地址为 60 KB，大小为 100 KB，地址范围是 60～160 KB；F3 的起始地址为 50 KB，大小为 10 KB，地址范围为 50～60 KB。可见，回收区 F3 与后面起始地址为 60 KB，大小为 100 KB，地址范围是 60～160 KB 的空闲分区相邻，因此，将该空闲分区与 F3 合并。合并后的空闲分区起始地址为 50 KB，大小为 110 KB，得到回收 F3 后的系统空闲分区链表如图 6-26 所示。

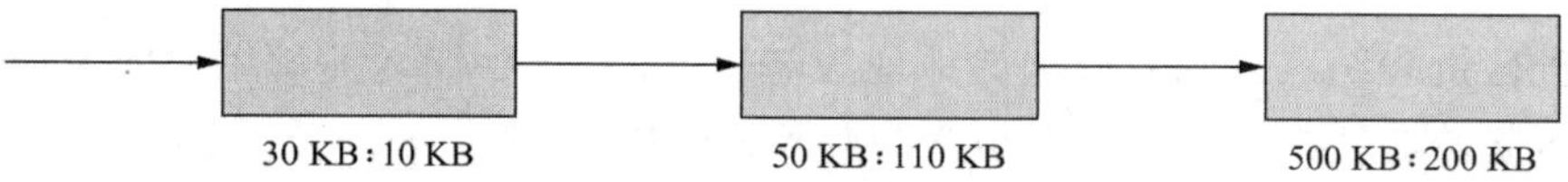

图 6-26　内存回收区与高地址空闲分区相邻

④ 当回收区为 F4 时，F4 前面的空闲分区起始地址为 30 KB，大小为 10 KB，地址范围是 30～40 KB；F4 后面（高地址部分）的空闲分区起始地址为 60 KB，大小为 100 KB，地址范围是 60～160 KB；F4 的起始地址为 40 KB，大小为 20 KB，地址范围是 40～60 KB。可见，回收区 F4 与前面起始地址为 30 KB，大小为 10 KB，地址范围是 30～40 KB 的空闲分区相邻；与后面起始地址为 60 KB，大小为 100 KB，地址范围是 60～160 KB 的空闲分区也相邻，因此，将 F4 前后两个空闲分区与 F4 合并。合并后的空闲分区起始地址为 30 KB，大小为 130 KB，得到回收 F4 后的系统空闲分区链表如图 6-27 所示。

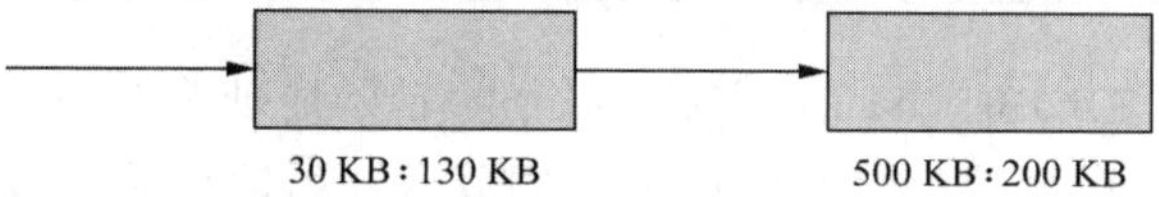

图 6-27　内存回收区与低地址和高地址空闲分区相邻

6.3.4　紧　凑

前面介绍了动态分区分配的各种算法，不难看出，每种分配算法都会产生外部碎片。外部碎片是分区外部难以利用的小空闲分区。随着进程不断装入和移出内存，空闲内存被分成很多小片段，最坏的情况是每两个进程所占用的分区之间都有空闲分区。当有进程需要连续的大内存空间时，即使系统中所有分散的空闲分区之和可能大于进程所需要的内存空间,也可能无法找到一个足够大的空闲分区分配给进程。在这种情况下,如果系统支持动态重定位,地址映射发生在进程运行的时候,那么可以采用紧凑的方法来解决外部碎片的问题。紧凑就是通过移动内存中的存储内容,把所有分散的空闲空间合并成一块大的空闲空间。最简单的紧凑算法就是将所有进程移到内存的一端,将所有的空闲分区移到另一端。如图 6-28(a)所示,内存中有三个大小分别为 10 KB、30 KB、14 KB 的空闲分区。

当需要为用户分配 40 KB 空间时,由于系统中只剩下三个小于 40 KB 的分区,因此无法满足用户请求。要想满足用户对内存的请求,可以采用紧凑的方法,把当前内存中分散的用户进程分区移到地址相邻的位置,如图 6-28(b)所示。把分散的三个小空闲分区拼接成一块大的空闲分区,然后分配给请求 40 KB 内存空间的用户。

进行紧凑之后,内存中进程的位置发生变化,必须采用动态重定位技术,在进程运行时,将所要访问的内存单元的逻辑地址转变为物理地址。操作系统总是会将进程当前在内存中的起始地址保存在进程的地址空间中,以便在进程运行时能将该地址从内存传递给重定位寄存器。

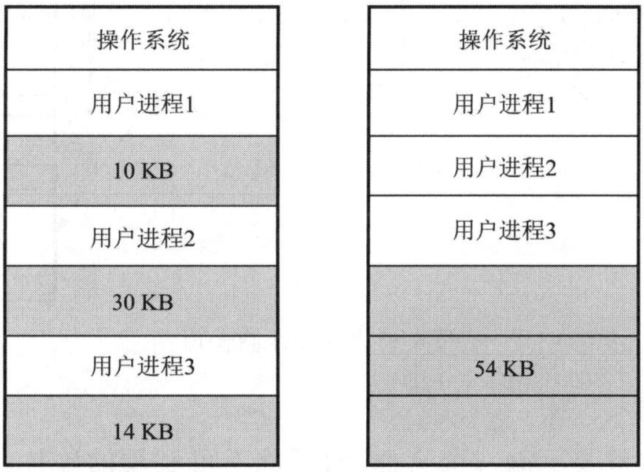

(a) 紧凑前　　(b) 紧凑后

图 6-28　紧凑示例

6.4 分页存储管理方式

把进程离散地存储在内存中物理地址不连续的区域中,这种内存管理方式称为离散内存管理方式。为了支持虚拟内存管理,需要引入离散内存管理方式。根据离散内存管理分配内存空间的基本单位的不同,将其分为三种不同的管理方式:分页存储管理、分段存储管理、段页式存储管理。本节详细说明分页存储管理的基本原理。

6.4.1 分页存储管理的基本原理

1) 基本概念

(1) 页(page)。

将一个进程的逻辑地址空间分成若干个逻辑空间大小相等的区域,称为页。

(2) 页框(page frame)。

将物理内存空间分成与页大小相同的若干个存储块,称为页框或页帧。

(3) 分页存储。

在为进程分配内存时,以页框为单位将进程中的若干页分别装入多个可以不相邻接的页框中。如图 6-29 所示,某个进程的逻辑地址空间包括两个页:0 号页和 1 号页。0 号页存放在 0 号页框中,1 号页存放在 2 号页框中。

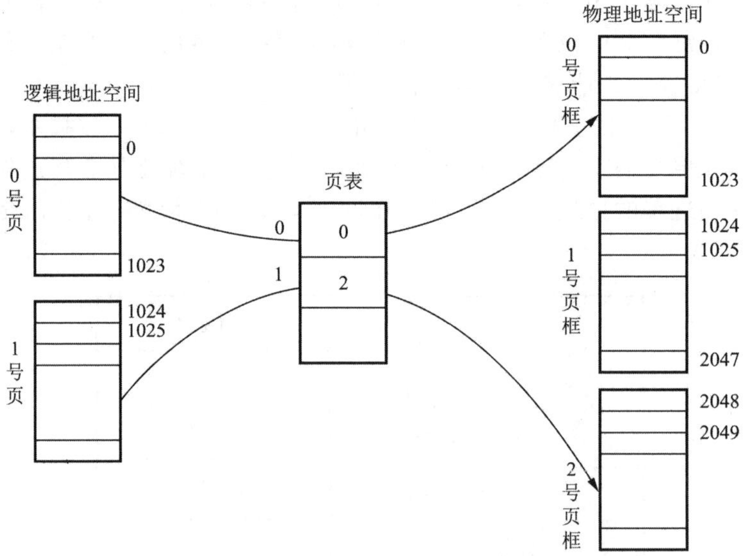

图 6-29 分页存储管理

(4) 页内碎片。

进程的最后一页一般装不满一个页框,而形成不可利用的碎片,称为“页内碎片”,它是一种内部碎片。

(5) 页表(page table)。

页表是系统为进程建立的数据结构。页表的作用是实现从页号到页框号的映射。在进程地址空间内的所有页($0\sim n$),依次在页表中有一个对应的页表项,其中记录了页在内存中对应的页框号。如图 6-29 所示,一个进程的逻辑地址空间划分成了两个页,即 0 号页和 1 号页。0 号页存放在 0 号页框中,1 号页存放在 2 号页框中。该进程的页表中有两个表项,其中 0 号表项中存放页框号 0,指示 0 号页存放在 0 号页框中;1 号表项中存放页框号 2,指示 1 号页存放在 2 号页框中。

在基本的分页机制中,每个进程有一个页表,进程的每一个页在页表中有一个对应的页表项。页表在内存中连续存放,是操作系统为实现逻辑地址到物理地址的映射建立的内核数据结构。

2) 一级分页存储管理方式中的地址结构

基本分页的逻辑地址结构包含两部分:页号 P 和页内偏移 W。若用 m 位表示逻辑地址,页大小为 2^n 字节(如 512 字节、1 024 字节),则用低 n 位表示页内偏移 W,用高 $m-n$ 位表示页号 P。

以 32 位地址为例，可用 0～11 位表示页内偏移，$n=12$，页大小＝页框大小＝4 KB；12～31 位(高 20 位)表示页号，共可有 2^{20} 个页即 1 M 个页。这种地址结构可以表示 4 GB 的逻辑地址空间，地址结构如图 6-30 所示。

图 6-30 分页的地址结构

若 A 为逻辑地址，L 为页大小，P 为页号，W 为页内偏移，则有以下计算关系：

$$P=\mathrm{INT}(A/L)$$
$$W=\mathrm{MOD}(A/L)$$

其中，INT 表示取整运算，MOD 表示取模运算。

例 6-3 若逻辑地址为十进制的 5 236，系统页大小为 4 KB，则该逻辑地址所在页的页号 P 和页内偏移 W 的计算如下：

$$P=\mathrm{INT}(5236/4096)=1$$
$$W=\mathrm{MOD}(5236/4096)=1140$$

在实际系统中，根据系统设计好的页大小和地址结构，由硬件从逻辑地址 A 中分离出页号和页内偏移。若系统的地址结构为 32 位，页大小为 4 KB，则硬件将逻辑地址 A 的高 20 位解释为页号，低 12 位解释为页内偏移，如图 6-31 所示。

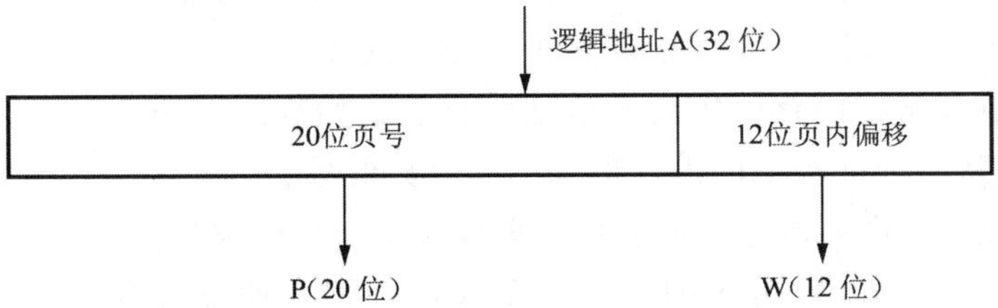

图 6-31 硬件由逻辑地址分离出页号和页内偏移

例 6-4 已知逻辑地址 A 为 0x 5032 00A0，若地址结构如图 6-32 所示，请问该地址对应的页号和页内偏移分别是什么？

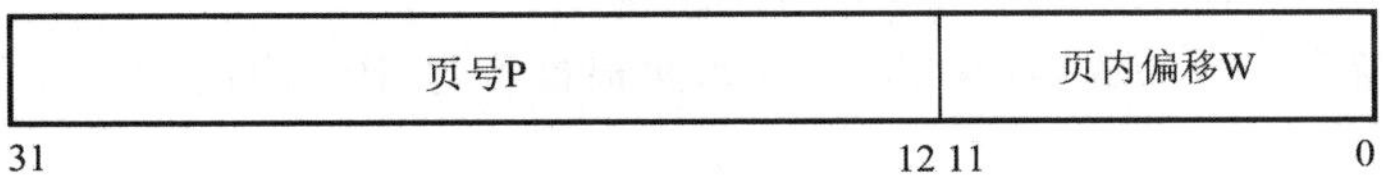

图 6-32 例 6-4 地址结构示意图

逻辑地址 0x 5032 00A0 是十六进制表示的地址，其二进制的高 20 位为页号，低 12 位为页内偏移。转换为十六进制的页号为 0x 50320，页内偏移为 0x 0A0。

3) 分页地址变换

为了能将用户地址空间中的逻辑地址变换为内存的物理地址，在系统中需要专门的硬件和操作系统共同完成地址变换。分页地址变换原理如图 6-33 所示。

图 6-33 所示的地址变换过程如下：

① 进程执行，PCB 中页表起始地址和页表长度送 CPU 的页表寄存器。

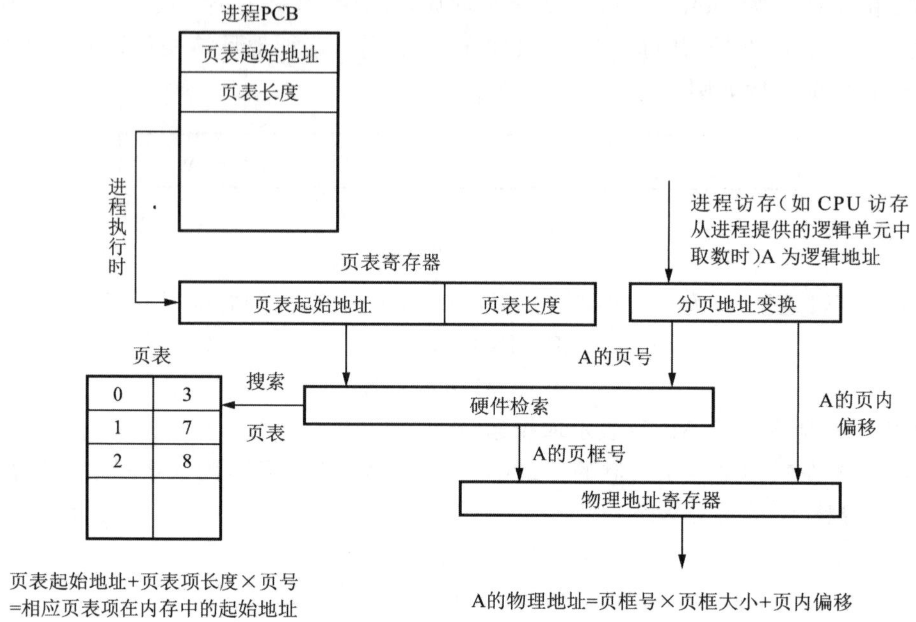

图 6-33　分页存储系统的地址变换

② CPU 访问逻辑单元 A。

③ 由分页地址变换硬件自动将 A 分为页号和页内偏移两部分。

④ 由硬件检索页表,得到 A 所在的页对应的页框号。

页号对应的页表项在内存中的起始地址＝页表起始地址＋页表项长度×页号(页表项中存有页框号)。从此地址指示的内存单元中读取页框号。

⑤ 计算物理地址,物理地址＝页框号×页框大小＋页内偏移。

例 6-5　若按照逻辑地址分页的计算关系式进行物理地址计算,假定某系统页大小为 1 KB,进程的逻辑地址空间有 1 026 个单元,逻辑地址从 0 到 1025。将逻辑地址空间划分为两个页,即 0 号页和 1 号页。逻辑单元 1025 落在 1 号页中。0 号页存放在 0 号页框中,1 号页存放在 2 号页框中,页表存储了这一对应关系,如图 6-34 所示。可以看出,逻辑单元 1025 中的内容存放在物理地址为 2049 的物理单元内。

当执行汇编指令 move eax,(1025) 时,如何根据程序中给出的逻辑单元 1025 计算出对应的物理地址呢?

答　① 计算页号 P。

由题意可知,页大小为 1 KB,即 1 024 个字节。

$$P=INT(A/L)=INT(1025/1024)=1$$

② 搜索页表可知,1 号页存放在 2 号页框中。

③ 页内偏移 $W=MOD(A/L)=MOD(1025/1024)=1$。

④ 逻辑单元 1025 所对应的物理单元地址＝页框号×页框大小＋页内偏移＝$2\times1024+1=2049$。

由图 6-34 可见,逻辑单元 1025 内存放整数 200,逻辑单元 1025 相应的物理地址为 2049。

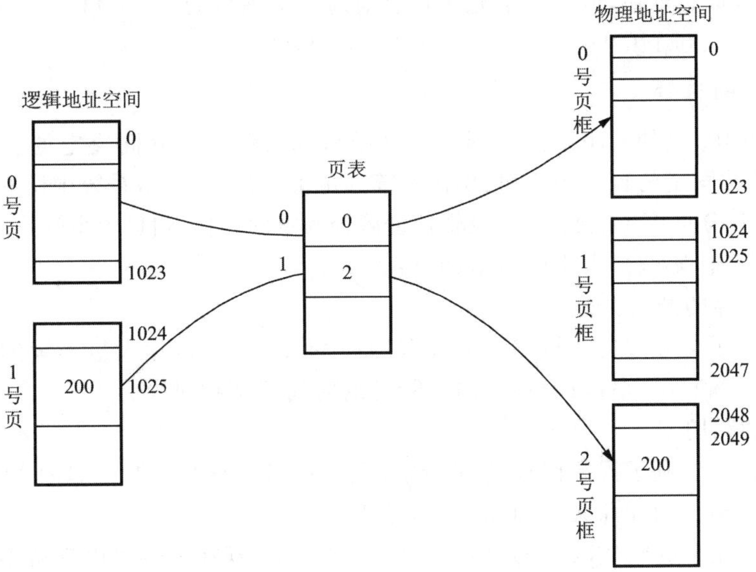

图 6-34　分页中的逻辑地址和物理地址的对应关系实例

例 6-6　某计算机系统按字节编址，采用一级分页存储管理方式，分页逻辑地址结构如图 6-35 所示，页表如图 6-36 所示。

页号 P(20 位)	页内偏移 W(12 位)

图 6-35　例 6-6 中的分页的逻辑地址结构

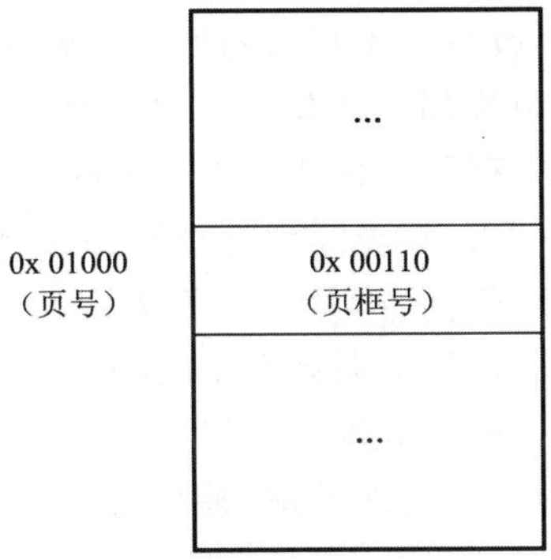

图 6-36　例 6-6 的页表

请问逻辑地址 0x 0100 0001 经过地址转换后的物理地址是什么？

答　由题中给出的地址结构可知，硬件将逻辑地址的高 20 位解释为页号，低 12 位解释为页内偏移。逻辑地址 0x 0100 0001 的二进制表示为：

0000 0001 0000 0000 0000 0000 0000 0001

该逻辑地址的高 20 位为 0000 0001 0000 0000 0000，此为页号，其十六进制表示为 0x 01000。

该逻辑地址的低 12 位为 0000 0000 0001，此为页内偏移，其十六进制表示为 0x 001。

由页号检索页表可知，该逻辑单元所在页对应的页框号为 0x 00110。

物理地址＝0x 00110×0x 1000＋0x 001＝0x 0011 0001。

4）页大小的选择

在分页系统中，页的大小是由机器的体系结构和操作系统共同决定的。对于某一种机器，只能支持几种固定的页大小，一旦操作系统选定了一种页大小，系统中所有进程的页大小就固定不变了（如分页单元把低 12 位逻辑地址解释为页内偏移，则页大小就是 4 KB）。

在设计系统时，影响页大小的因素如下：

（1）管理内存的开销。

选择较小的页会导致进程被划分为较多的页，页表过长，占用大量连续的内存空间。同时，进程的缺页率和置换率都比较高，内存管理的时间开销相对大。

（2）内存的利用率。

选择较小的页有利于提高内存的利用率，但存在（1）所述的缺点；选择较大的页可克服（1）所述的缺点，但页内碎片大，空间利用率降低。

页大小一般是 2 的整数次幂，大小为 512 B～4 KB。现在硬件可以支持多种不同的页大小，如 4 KB、16 KB、2 MB、4 MB、8 MB、16 MB 等。如果系统支持的通常是大作业，则可以选择较大的页。而对于支持较小的交互式应用的系统，可以选择较小的页。现在的交互式系统大多选择 4 KB 的页。

6.4.2 快　表

页表的硬件实现有多种方法，最为简单的一种就是将页表存放在一组专用寄存器中，当进程调度程序选中新的进程执行时，更新这组寄存器的值，把当前进程的页表装入寄存器。操作系统使用特权指令装入或修改页表寄存器的值。早期的 DEC PDP-11 采用的就是这种结构。但是，目前使用的计算机系统都允许非常大的进程页表，一个页表中的表项可能多到上百万个，把这么大的页表存在寄存器中显然是不合适的，所以现在的计算机系统都把页表存放在内存中。在这种情况下，CPU 要访问内存读写数据或读取指令，对采用一级分页的系统必须访问两次内存：第一次访问内存，从内存页表中获取访存单元所在的页框号，以形成访存单元的物理地址；第二次访存是根据计算出的物理地址实现对内存单元的访问，读写数据或读取指令。每一次的有效访存都必须访问页表，因此访问页表的效率是很重要的。另外，为了减少 CPU 在有效访存上的时间开销，提高访存速度，在硬件上引入了快表机制。

1）什么是快表

快表也叫转换后援缓冲（Translation Look-aside Buffer，TLB），是为了提高 CPU 访存速度而采用的专用缓存，用来存放最近被访问过的页表项。TLB 是关联的快速闪存。TLB 的条目由两部分组成：键和值。键部分对应页号，值部分对应页所在的页框号。当关联内存查找 TLB 中的页表项时，会同时与所有键进行比较，如果找到条目，就得到相应的值域，从而得到页的页框号。这种查找方式比较快，但是硬件比较昂贵。通常，TLB 的条目数很有限，在 64～1 024 个之间。

2）引入 TLB 之后的地址变换过程

引入 TLB 之后的地址变换过程可以概括为以下三个步骤：

(1) CPU 产生分页的逻辑地址页号和页内偏移。

(2) 查找 TLB，如果找到进程页所在的页框号，则形成物理地址；否则(TLB 失效)，查找内存页表，从内存页表中找到相应的页表项，读取页所在的页框号，以形成物理地址。

(3) 如果所查找的页表项不在 TLB 中，则访问完内存页表后，要把找到的页表项写到 TLB 中。如果 TLB 中的条目已满，则系统会根据某种策略(如最近最少使用替换)选择一个 TLB 中的条目，用刚访问的页表项信息替换选中的 TLB 条目。

在有些系统中允许 TLB 中的某些条目是固定不变的，也就是说这些条目是永远不会被更新和替换的。这些被固定的 TLB 条目通常是与操作系统内核代码相关的条目。

带 TLB 的分页硬件如图 6-37 所示。

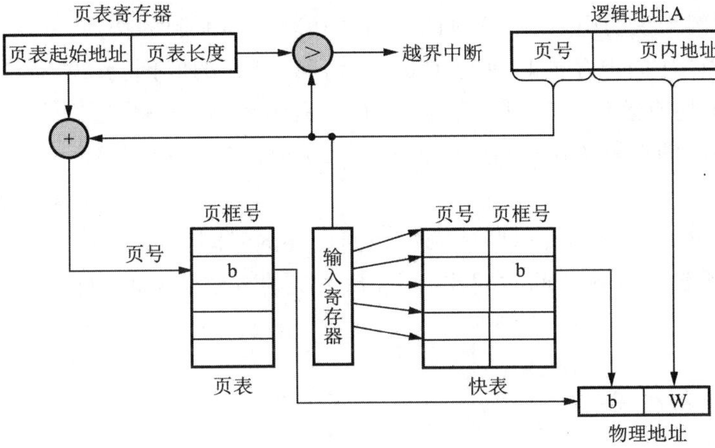

图 6-37 带 TLB 的分页硬件

使用 TLB 还有一个很重要的问题：TLB 是系统中所有进程公用的一套硬件缓存，如何保证在发生进程切换后新的当前进程不会错用了 TLB 中保存的旧进程的页表项。下面用一个实例来说明这个问题。系统中有两个进程 P_1 和 P_2，进程 P_1 的 1 号页存放在第 100 号页框中，在进程 P_1 的页表中有一个相应的页表项，如图 6-38 所示。

1	100

图 6-38 进程 P_1 的页表项

进程 P_2 的 1 号页存放在 200 号页框中，在进程 P_2 的页表中有一个相应的页表项，如图 6-39 所示。

1	200

图 6-39 进程 P_2 的页表项

当进程 P_1 在 CPU 上运行时，页表项【1,100】在进程访问过 1 号页后会存入 TLB。当 TLB 中还存有进程 P_1 的页表项【1,100】时，如果发生进程切换，则 P_2 开始在 CPU 上运行。当 CPU 访问进程 P_2 的 1 号页时，如何保证不会错误地找到【1,100】这个条目，而能正确地找到【1,200】这个条目呢？解决的途径如下：

(1) 每当进程切换时就刷新一次 TLB,保证 TLB 中只有当前进程的页表项。

(2) 在每个 TLB 页表项中保存地址空间标识符 ASID(Address-Space Identifier)。ASID 用来唯一标识进程。当 TLB 试图命中一个页表项时,为了确保这个页表项属于当前进程,TLB 会确保当前进程的 ASID 与被查找的 TLB 页表项的 ASID 相同。

3) 引入 TLB 的性能分析

在 TLB 中找到某一个页号对应的页表项的百分比称为 TLB 命中率。当能在 TLB 中找到所需要的页表项时,有效访存时间等于一次访问 TLB 的时间加上一次访问内存的时间。当没有在 TLB 中找到所需要的页表项时,访存时间等于一次访问 TLB 的时间加上两次访问内存(一次访问内存页表,一次访问内存读写数据或指令)的时间。

下面以一个实例来说明引入 TLB 对改善有效访存时间所起的作用。

例 6-7 若 CPU 访问内存的时间为 120 ns,访问 TLB 的时间为 20 ns,试比较有 TLB 和无 TLB 系统的平均有效访存时间。假定 TLB 的命中率为 90%。

(1) 有 TLB 系统的有效访存时间=(120 ns+120 ns+20 ns)×10%+(120 ns+20 ns)×90%=152 ns。

(2) 无 TLB 系统的有效访存时间=两次访问内存的时间=120 ns+120 ns=240 ns。

可见,无 TLB 系统的有效访问时间比有 TLB 系统的有效访问时间慢(240 ns−152 ns)/152 ns=57.9%。

6.4.3 二级和多级分页

现代计算机都支持很大的逻辑地址空间,如 32 位系统的 4 GB,64 位系统的 2^{24} TB,即 16 EB。使用前面所讲的基本分页存储,回忆三个知识点:

(1) 每个进程有一个页表。

(2) 每个页表至少包含与进程页数相同的页表项数。

(3) 页表必须连续存放。

当系统支持的逻辑空间很大时,意味着系统允许每个进程的逻辑地址空间很大。大进程包含的页数多,其页表中的页表项数相应地就多。因为一个系统的页表项长度是固定的,所以页表项数越多,页表的长度就越大,存放页表所需要的连续地址空间也越大。大多数系统都支持 32 位逻辑地址空间,即 4 GB 的逻辑地址空间。随着计算机硬件的更新换代,逻辑地址空间和物理内存空间都会更大。如果系统支持的页大小为 4 KB,那么在 32 位系统中每个进程可以拥有 4 GB/4 KB=1 M 个页。相应地,每个进程的页表至少有 1 M 个页表项。如果每个页表项的长度为 4 个字节(存放一个页表项需要 4 个字节的物理内存空间),那么一个进程的页表需要 1 M×4 B=4 MB 的连续物理空间来存放。从系统性能考虑,不希望用这么大的连续地址空间存放页表,解决的办法就是把页表再分页,形成两级或多级页表。由此,可以将页表离散地存放在物理内存中。页表的离散存放,使得在支持虚拟存储管理时可将一部分页表放在外存中。

1) 二级分页

二级分页是将页表再进行分页,使每个页表的大小与内存页框的大小相同,并为它们编号。将这些页表分别放入不同的、不一定相邻的页框中，为离散分配的页表再建立一张外层页表，本书称之为页目录。页目录中的每个表项中记录了页表所在的页框号。页目录在内存中连续存放。

以前面系统支持大小为 4 GB 的逻辑地址空间，页大小为 4 KB 的情况为例，一个逻辑地址空间为 4 GB 的进程拥有 1 M 个页，页表中有 1 M 个页表项，如果每个页表项的长度为 4 个字节，那么一个进程的页表需要 1 M×4＝4 MB 的连续物理空间来存放。使用二级分页时，把 4 MB 大小的连续页表分成 1 024 个大小为 4 KB 的页表，这 1 024 个页表中存放进程页所在的页框号。不同的页表可以离散地存放在页框号不连续的物理空间内，如图 6-40 所示。

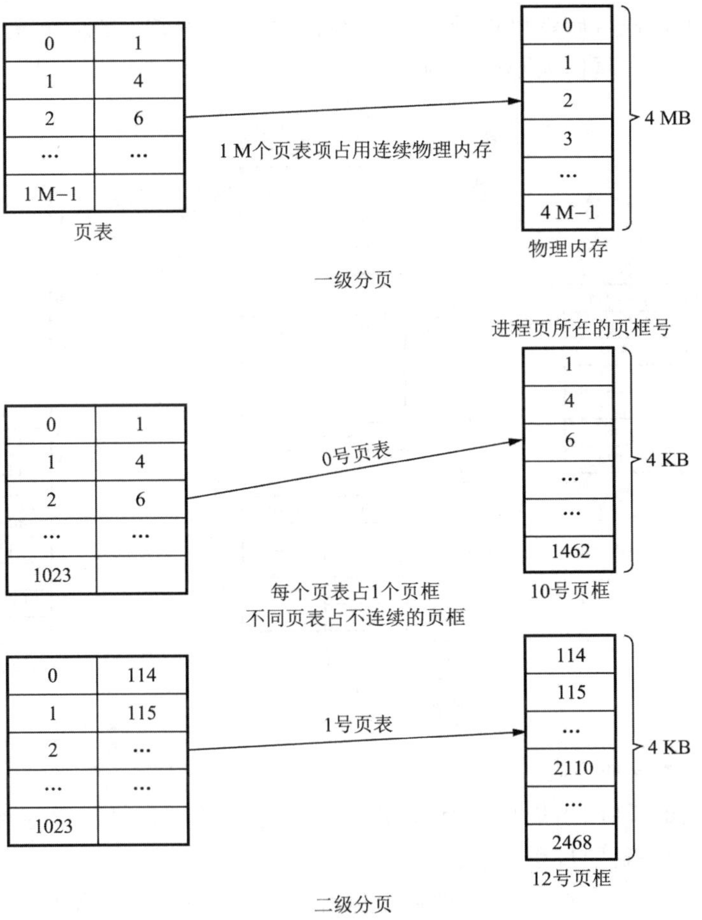

图 6-40 二级分页原理

(1) 二级分页的逻辑地址结构。

在二级分页系统中，为了能在地址映射时得到离散存放的页表在物理内存中的地址，需要为页表再建立一个连续存放的外层页表，即页目录。为了能实现逻辑地址到物理地址的映射，必须把要访问的逻辑地址解析成如图 6-41 所示的结构。

页目录号 P_1 实际上是一个索引值，根据 P_1 从页目录中找到页表所在的页框号。页号 P_2 是页表中的偏移量，根据 P_2 可以从页表的 P_2 号表项中找到进程页所在的页框号。

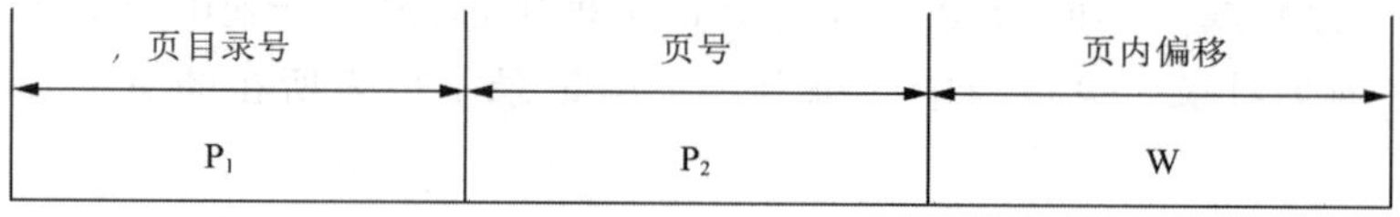

图 6-41　二级分页的逻辑地址结构

根据图 6-42 所示的实例做简单说明：如果由逻辑地址 A 得到 $P_1=0$，$P_2=2$，那么 A 所在的进程页存放在哪个页框中？

$P_1=0$ 时，根据 P_1 值在页目录中找到 0 号表项，该表项中存放的页框号是 1011，说明 0 号页表存放在 1011 号页框中。系统根据这个数据可以在内存中找到 0 号页表，然后根据 $P_2=2$，找到 0 号页表的 2 号表项。其中存放的页框号是 6，说明 A 所在的进程页存放在 6 号页框中。得到这个页框号后就可以计算 A 对应的物理地址了。逻辑单元 A 对应的物理地址＝A 所在的页框号×页框大小＋页内偏移。

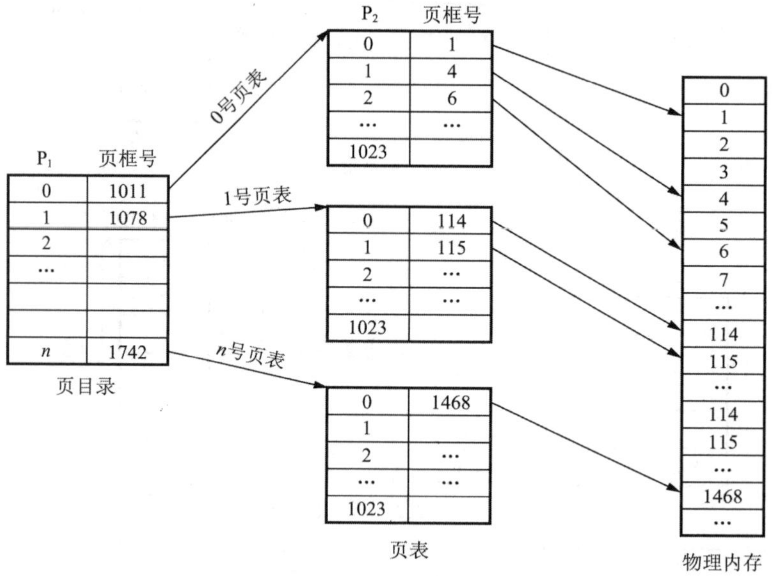

图 6-42　二级页表实例

（2）二级分页的寻址。

使用二级分页的系统，当进程切换时，欲运行的进程的页目录起始地址被写入 CPU 的页表寄存器中，地址映射的过程如下：

① 对于给定的逻辑地址 A，由硬件从中分离出页目录号 P_1、页号 P_2、页内偏移 W。

② 由页表寄存器的值和页目录号 P_1，从存放页目录的页框中找到页表所在的页框号。页表所在的页框号在内存中的地址＝页目录在内存中的起始地址＋P_1×页表项长度。从该地址指示的物理内存单元中读取页表所在的页框号。

③ 由页表所在的页框号和页号 P_2，从存放页表的页框中找到进程页所在的页框号。

进程页所在的页框号在内存中的地址＝页表在内存中的起始地址＋P_2×页表项长度。

页表在内存中的起始地址＝页表所在的页框号×页框大小。

④ A 对应的物理地址＝进程页所在的页框号×页框大小＋页内偏移 W。

可以结合图 6-43 理解上述寻址过程。

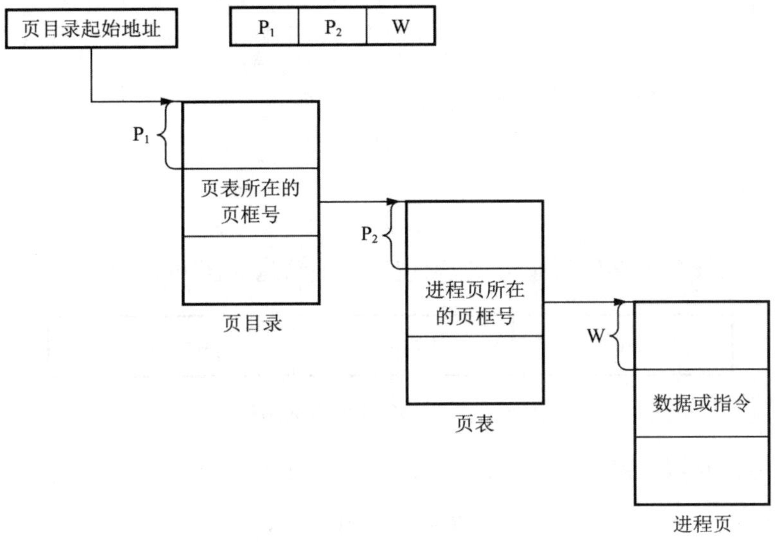

图 6-43 二级分页的地址变换

例 6-8 某系统逻辑地址和物理地址均为 32 位,采用二级分页,页大小为 4 KB,地址结构如图 6-44 所示。

页目录号(10 位)	页号(10 位)	页内偏移(12 位)

图 6-44 例 6-8 题地址结构

已知逻辑地址为 0x 0080 1004,2 号页表见表 6-4,求其对应的物理地址。

表 6-4 例 6-8 的 2 号页表

页 号	页框号
0x 0	0x 10A
0x 1	0x 208
0x 2	0x 40B

答 逻辑地址 0x 0080 1004 的二进制地址为:

0000 0000 1000 0000 0001 0000 0000 0100

由图 6-44 中给出的地址结构可知,取二进制逻辑地址的高 10 位作为页目录号,得到十六进制的页目录号为 0x 2。

取二进制逻辑地址的中间 10 位作为页号,得到页号为 0x 1。

取二进制逻辑地址的低 12 位作为页内偏移,得到页内偏移为 0x 004。

由 2 号页表可得到页号为 1 的页表项中存放的页框号为 0x 208,即进程页所在的页框号。

逻辑地址 0x 0080 1004 对应的物理地址为 0x 208×0x 1000 +0x 4=0x 208004。

例 6-9 有如下 C 语言程序,其中 int 类型的数据长度为 4 字节。

```
int a[16][1024];
int main()
{   int i,j;
    for(i=0;i<16;i++)
      for(j=0;j<1024;j++)
       a[i][j]=0;
}
```

若系统采用二级分页存储管理方式,则逻辑地址结构如图 6-45 所示。

P_1(10 位)	P_2(10 位)	W(12 位)

图 6-45　例 6-9 逻辑地址结构

上述程序运行时,其进程页目录和页表部分内容见表 6-5～表 6-7。

表 6-5　页目录

P_1(页目录号)	页框号
0	0x 100
1	0x 101
…	…
1023	…

表 6-6　0 号页表

P_2(页号)	页框号
0	0x 1
1	0x 4
2	0x 8
…	…
1023	0x C08

表 6-7　1 号页表

P_2(页号)	页框号
0	0x 110
1	0x 120
… …	
1023	0x CFF

请回答下列问题:a[0][0]的逻辑起始地址是 0x 0000 0000,其对应的物理地址是什么?若页表项长度为 4 字节,1 号页表的 4 号表项在内存中的物理地址是什么?

答　0x 00000000 对应的 $P_1=0$,$P_2=0$,$W=0$。

检索页表可知 a[0][0]所在的物理块号为 0x 1。

0x 00000000 对应的物理地址＝0x 1×0x 1000＋0x 000＝0x 0000 1000。

检索页目录可知 1 号页表所在的物理块为 0x 101。

1 号页表的 4 号表项在页表内的偏移为 4×4 字节，因此该表项在内存中的物理地址为 0x 101×0x 1000＋4×4＝0x 0010 1010。

(3) 减少页表占用内存的方法。

为了减少页表所占内存，可以将当前所需要的页目录和页表放在内存中，其余页表放在外存中，当所需页表不在内存时，产生缺页异常，将请求的页表调入内存。

2) 多级分页

对于 64 位的机器，使用二级分页，仍存在外层页表(页目录)占用大量连续内存的问题，可以采用多级分页，将外层页表再分若干页，然后为外层页表建立连续存放的索引表。

64 位机器若仍然采用二级分页，页表项占 4 个字节，页大小为 4 KB，低 12 位表示页内偏移，中间 10 位表示页表项在页表中的表项号，那么页目录号就可以使用 42 位。表示系统中可以有 2^{42} 个页表，页目录就有 4 096 G 个页表项，需要 16 TB 的连续物理内存来存放页目录。因此，需要对页目录再进行分页，建立更外层的页表，形成多级页表。

一个 64 位系统的多级分页实例如图 6-46 所示。

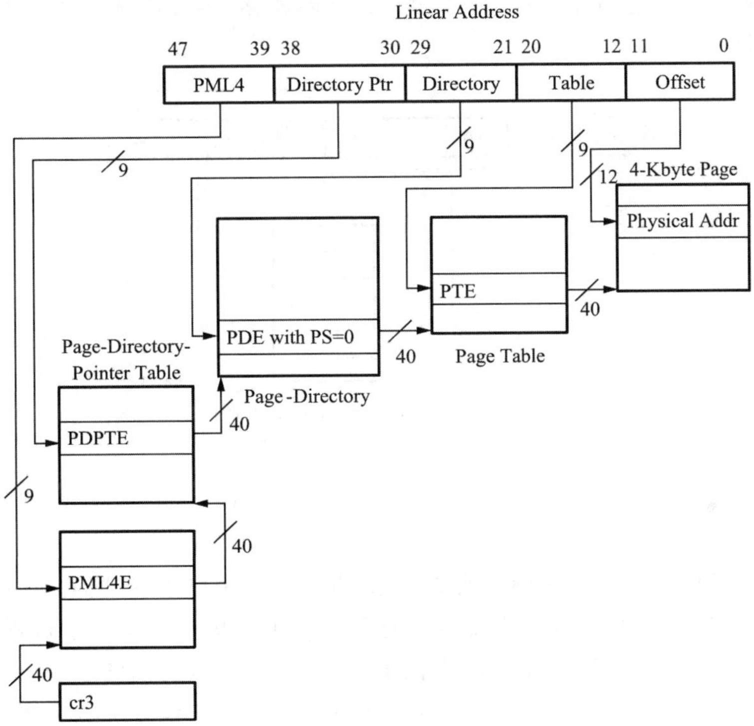

图 6-46 64 位系统的多级分页实例

仅使用 48 位逻辑地址进行四级分页，各级页号分别占 9 位二进制位，页内偏移占 12 位，依然采用 4 KB 的页大小，页表项长度为 8 字节。可寻址的逻辑空间大小为 2^{48} B，即 256 TB。

6.4.4 反置页表

1）反置页表

在前面介绍的分页系统中，每个进程都有一个页表，进程逻辑地址空间的每个页在页表中都有一个相应的页表项用来存放页所在的页框号。现代系统中可能存在大量进程，每个进程都允许很大的逻辑地址空间，因而进程可能拥有一个很大的页表，这些页表会消耗大量的物理内存空间。为了解决这个问题，可以使用反置页表，为每一个页框设一个表项，表项中存放进程号和页号，系统只维护一张反置页表。由于物理存储空间小于逻辑存储空间，所以使用反置页表减少了页表占用的内存空间。

2）反置页表的地址映射

在利用反置页表进行地址变换时，是用进程标志符（进程号）和页号去检索反置页表以获取页框号。地址映射过程：

（1）根据进程号和页号找到页框号。

（2）计算物理地址，物理地址＝页框号×页框大小＋页内偏移。

反置页表及地址变换过程如图 6-47 所示，根据进程的 pid 和页号 P 检索反置页表，获取反置页表的 i 号表项，i 也就是页框号，根据 i 和页内偏移 W 可计算出某个逻辑单元对应的物理单元的地址。

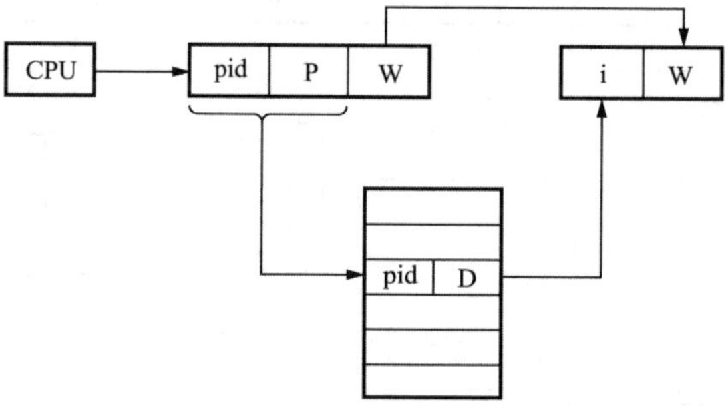

图 6-47 反置页表及地址变换

6.4.5 页共享

不同的进程可以共享页。举例说明该问题：有一个多用户系统，同时有 3 个用户进程执行同一个文本编辑程序，编辑不同的文本。通常每个用户执行的文本编辑程序代码是可重入的代码，是被多个用户共享的同一个程序副本。在采用分页机制的系统中，如果该文本编辑程序的代码占 12 KB 空间，假定页大小为 4 KB，3 个用户进程分别有 3 个页表，每个页表中都有 3 个页表项与文本编辑程序代码页对应。为共享文本编辑程序，每个进程页表的这 3 个页表项都存放分别指向三个页框的页框号，如图 6-48 所示。编辑程序 ed 分别占用了物理内存的 3、4、6 号页框，进程 P_1、P_2、P_3 通过在各自的页表中存放 3、4、6 三个页框号共享 ed 编辑程序的代码。

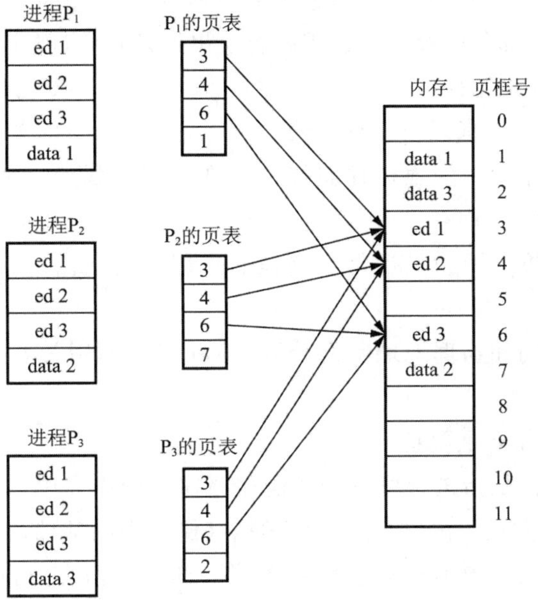

图 6-48 页共享

6.4.6 空闲页框的管理

操作系统需要跟踪和记录空闲页框的信息。下面介绍两种管理空闲页框的方式。

1）使用位图管理空闲页框

使用位图管理空闲页框时，位图中的每一位对应一个页框，具有 N 个页框的内存需要至少有 N 个二进制位的位图。当某个二进制位对应的页框被占用时，该位置 1；当该页框空闲时，该位置 0。当操作系统为进程分配页框时，检索位图，找对应位为 0 的页框分配给进程。具体实现时，用 0 表示空闲，1 表示被占用，或者反之都是可以的。

2）使用空闲页框的链表

使用空闲页框链表时，系统维护记录空闲页框信息的链表。空闲页框链表可以按地址递增的顺序排序，每个结点中包含页框的地址信息、指向后面结点的指针、指向前面结点的指针。

6.5 基于分页的虚拟存储系统

虚拟存储器是指具有请求调入功能和置换功能，能从逻辑上对内存容量进行扩充的一种存储器系统。在虚拟存储器系统中，进程无须全部装入，只要装入一部分即可运行。

虚拟存储技术的基本想法是只把进程的一部分装入内存。进程执行的过程中，CPU 访问内存时如果发现所访问的内容不在内存中，则通过异常处理将所需要的内容从外存调入内存。也就是说，先将进程的一部分装入内存，其余的部分什么时候需要，什么时候请求系统装入，这就是请求调入。如果请求系统装入在外存中的进程的某一部分时没有足够的内存，则由操作系统选择一部分内存中的进程内容换出到外存，以腾出内存空间把当前需要装入的内容调入内存，这就是置换。

虚拟存储技术至少能带来以下三种好处：

(1) 提高内存利用率。因为虚拟存储技术允许只把进程的一部分装入内存，原则上尽量把必须和常用的部分装入内存。

(2) 提高多道程序度。因为只把每个进程的一部分装入内存，所以可以在内存中装入更多的进程。

(3) 把逻辑地址空间和物理地址空间分开，使程序员不用关心物理内存的容量对编程的限制。

虚拟存储系统具有如下主要特征：

(1) 离散性。离散性是指进程可以分散地存储在物理内存中。分页、分段、段页式存储都属于离散的内存管理方式。离散性是实现虚拟存储管理的基础。

(2) 多次性。多次性是指不必把进程一次性全部装入内存，可以先将执行当前进程所必须的部分代码、数据装入内存，其余部分等进程运行需要时再装入，即可以将进程分多次装入内存。

(3) 对换性。对换性是指在内存中的进程可以换出，以腾出内存空间换入外存中的进程。为了提高内存的利用率，为程序员提供足够大的虚拟空间，在进程运行期间，系统可以将内存中暂时不用的程序代码或数据换出到外存，当以后需要这些程序和代码时再由系统装入内存。

(4) 虚拟性。虚拟性是指虚拟存储系统为用户提供了比实际物理内存大的逻辑内存空间，使程序员不必在编程时受物理内存空间大小的限制。虚拟性是实现虚拟存储系统的最重要的目标。

请求分页系统是最基本、最常用的虚拟存储系统的实现方式。其基本原理是把进程的逻辑地址空间分成大小相同的页，操作系统创建进程时只把进程的一部分页装入内存。进程运行过程中访存，若发现所访问的页不在内存中，则产生一个缺页异常信号，系统响应缺页异常，请求调入缺页。若调入缺页时内存已满，则需要先从内存中选择一个或若干个页换出到外存空间，以腾出内存空间容纳请求调入的缺页。本节详细说明请求分页存储管理的实现原理。

6.5.1 请求分页中的硬件支持

为了实现请求分页，需要特殊的页表、缺页异常机制和支持请求分页的地址变换机制。

1) 页表

页表是支持请求分页系统最重要的数据结构，其作用是记录描述页的各种数据，包括在实现逻辑地址到物理地址映射时需要的页号与页框号的对应关系。除此之外，页表中增加了请求换入和页置换时需要使用的字段。例如，表示页是否在内存中的状态位、记录页被访问情况的字段。不同的硬件体系结构可能为页表项定义不同的字段，在支持请求分页的系统中一般包含页框号、状态位、访问位、修改位、保护位等位。页表项的构成如图 6-49 所示。

页框号	状态位 P	访问位 A	修改位 M	保护位

图 6-49 支持请求分页的页表项结构

对页表项中的各字段说明如下：

(1) 页框号。存放页所在的页框号。

(2) 状态位 P。用来标识页是否在内存中。例如，可以规定 P 为 0 时表示页不在内存中，需要请求调页；P 为 1 时表示页在内存中，可以获取该页所在的页框号。

(3) 访问位 A。用于记录页最近被访问的情况。A 中可以存放页最近被访问的次数，也可以存放最近未被访问的时间长度。也可以简单地用 A=1 表示页最近被访问过，用 A=0 表示页最近没有被访问过。操作系统实现置换程序时需要根据 A 的值来选择被换出的页，出于效率的考虑，系统总是希望根据 A 的值把最近最久未访问的页换出到外存。

(4) 修改位 M。用于标识页最近是否被修改过。由于内存中的每个页在外存中都保存有一个副本，如果页没有被修改过，则外存中的页副本和内存中的页完全一致。因此，换出页时就不用把页信息写回外存，只需要把该页所占用的页框标识为空闲。如果页最近被修改过，那么内存中的页和外存中该页的副本就不一致，在换出页时，必须把最近修改过的页写回外存。往外存中写信息，需要请求磁盘操作，为了减少换出页的时间开销，在进行页置换时尽量选择最近没有被修改过的页作为换出页。

(5) 保护位。用于标识页的访问权限，比如该位值为 1，表示页是既可读又可写的。该位为 0，表示页是只读的。

2) 缺页异常机制

缺页异常机制的主要作用是在访存过程中发现缺页时产生缺页异常信号，使 CPU 中断当前控制流的执行，转去执行操作系统的缺页异常处理程序，完成请求调页。具体过程如下：

(1) 分页硬件通过页表完成逻辑地址到物理地址的映射时，通过检查页表中的存在位 P，判断当前被访问的页是否在内存。如果不在，则产生缺页异常信号。

(2) 执行操作系统的缺页异常处理程序。先在内存中为请求调入的页找一个空闲页框，然后把需要的页装入内存。

(3) 修改页表，更新已经调入页的存在位、在内存中的页框号、访问位、保护位等字段的值。

(4) 重新开始执行因缺页而被中断的指令。

发生缺页异常时，系统保存了被中断的进程状态，包括寄存器、程序计数器的内容。因此，缺页异常处理完成返回时，可以按照与中断前完全相同的位置和地址重新开始执行进程。

由于单条指令可能涉及多个不同的页，所以从理论上说，执行单条指令的过程中可能发生多次缺页异常。如指令：copy A to B，指令本身可能涉及两个不同的页，A、B 两个变量也可能分别涉及不同的页，如图 6-50 所示。在这种情况下，如果该指令和 A、B 涉及的所有页都不在内存中，则执行这条指令就会发生六次缺页异常。

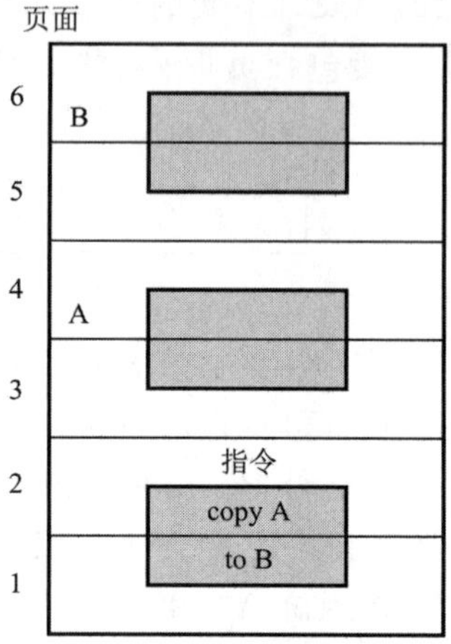

图 6-50　涉及六次缺页异常的指令

3）地址变换

请求分页系统中的地址变换过程如下：

(1) 由分页地址变换机构从逻辑地址中分离出页号和页内偏移。

(2) 以页号为索引查找快表，若快表中有该页的页表项，则读出页框号，计算物理地址。

(3) 若快表中无该页信息，则转到内存页表中查找。若页表中的状态位 P 显示该页已调入内存，则从相应的页表项读出页所在的页框号，并计算物理地址，然后把该页表项写入快表。

(4) 若该页尚未调入内存，则产生缺页异常，请求操作系统从外存中把该页调入内存，然后修改页表，重新执行被中断的指令。该过程可以用图 6-51 表示。

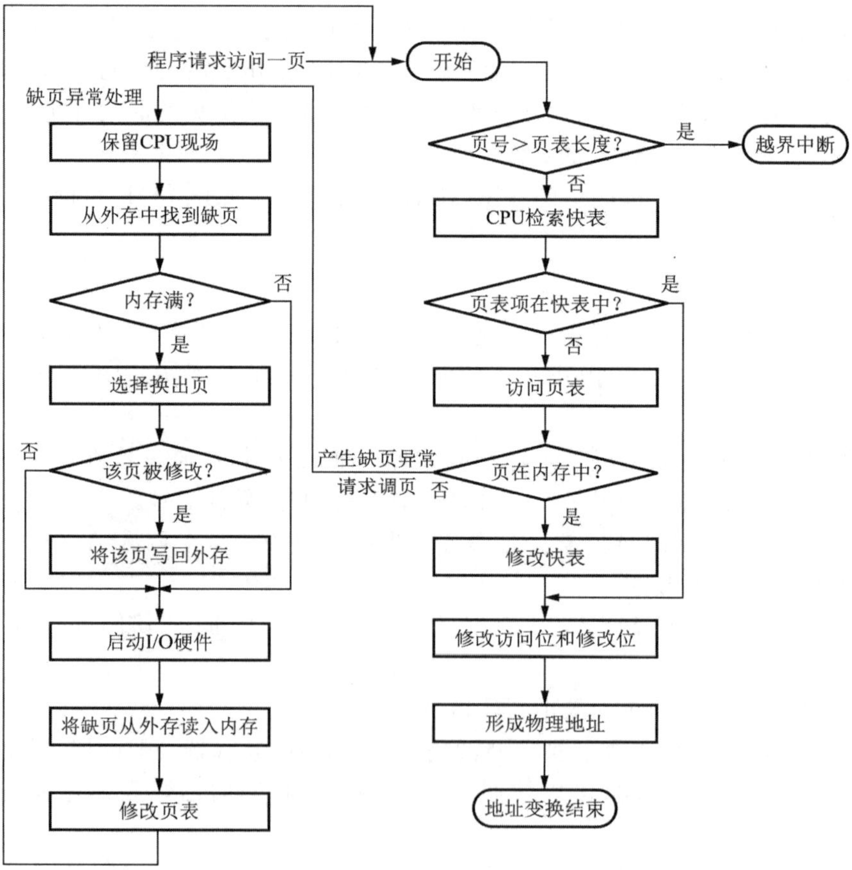

图 6-51　请求分页中的地址变换过程

6.5.2 页分配策略

本小节要解决的问题是：

(1) 只要装入进程的一部分页就可以运行进程，那么究竟为进程分配多少个页框？在内存中装入进程的多少个页呢？可以通过阐述最小页框数，也就是至少要为进程分配多少个页框才能使进程正常运行来回答上述问题。

(2) 操作系统在需要请求调入并进行页置换时，是从缺页进程本身的页中选择淘汰页，还是从系统中所有的进程页中选择淘汰页？

(3) 采用什么样的算法为不同的进程分配页框？系统如何在多个进程之间合理分配页框数？

下面对上述问题进行详细阐述。

1) 最少页框数

最少页框数是指保证进程正常运行所需要的最少页框数。如果系统为进程分配的页框数少于这个值，则进程将无法正常运行。保证进程正常运行所需要的最少页框数与进程的大小没有关系，它与计算机的硬件结构有关，取决于指令的格式、功能和寻址方式。

例如，一个支持 16 位指令格式的机器，用高 8 位表示操作码，低 8 位表示操作数，如图 6-52 所示。

操作码	内存地址
15　　　　8	7　　　　0

图 6-52　某机器指令格式

如果内存单元以一个 8 位字节作为一个编址单元，当采用直接寻址方式时，上面的指令本身可能涉及 2 个页，操作数部分的地址可能涉及第 3 个页，在这样的情况下至少要为进程分配 3 个页框才能保证进程正常执行。

如果采用间接寻址方式，操作数部分的地址指向的内存单元中存放的是另外一个地址，那么这时指令涉及的页数最多可能达到 4 个(假设地址和数据都只占一个字节)，即指令本身可能涉及 2 个页，操作数部分的地址可能涉及第 3 个页，操作数地址中存放的内存地址可能涉及第 4 个页。这时，系统必须为进程分配至少 4 个页框才能保证进程正常执行。因为缺页异常发生在执行指令的过程中，所以缺页异常处理完毕，调入所缺页后，进程要重新执行原来被中断的指令。因此，必须保证这条指令涉及的全部页都在物理内存中，该指令才能被顺利执行完毕。为了保证进程顺利执行，操作系统为进程分配的初始页框数应该大于或等于最少页框数。

2) 页分配和置换策略

在请求分页系统中，从分配给进程的页框数量上来看，可以采用固定分配和可变分配策略。固定分配策略指在进程从创建到撤销的过程中，为进程分配的页框数保持不变，而可变分配指为进程分配的页框数是可变的。从选择淘汰页的范围来看，可以采用局部置换和全局置换两种策略。局部置换是指发生置换时，只从请求调页进程本身的内存页中选择一个被淘汰的页，以腾出内存页框，装入请求调入的页。全局置换是指发生置换时，从系统中所有进程的内存页中选择被淘汰的页。固定分配和可变分配策略、局部置换和全局置换策略在实际系统中组合成以下三种页分配和置换策略。

（1）固定分配局部置换。

在进程创建时为每个进程分配一定数量的页框，在进程运行期间，进程拥有的页框数不再改变。当进程发生缺页时，系统从该进程在内存中的页中选择一页换出，然后调入请求的页，以保证分配给该进程的内存空间保持不变。

（2）可变分配全局置换。

这是在操作系统中被广泛使用的策略。在采用这种策略时，先为系统中的每个进程分配一定数量的页框，同时操作系统保持一个空闲页框队列。当某进程发生缺页时，由系统从空闲页框队列中取一个页框分配给该进程，并将调入的缺页装入其中。任何产生缺页的进程都可以由系统获得新的页框，以增加本进程在物理内存中的页。当系统中空闲页框数小于一个规定的阈值时，操作系统会从内存中选择一些页调出，以增加系统的空闲页框数。调出的页可能是系统中任何一个进程的页。

（3）可变分配局部置换。

创建进程时，为进程分配一定数量的页框。当进程发生缺页时，只允许从该进程在内存中的页中选出一页换出。只有当进程频繁发生缺页时，操作系统才会为该进程追加页框，以装入更多的进程页，直到该进程的缺页率降低到适当程度。反之，若一个进程在运行过程中的缺页率特别低，则可在不引起进程缺页率明显增加的前提下适当减少分配给该进程的页框数。

3）分配算法

操作系统为进程分配的页框数通常都是大于最少页框数的，究竟为每个进程分配多少个页框可以通过执行页框分配算法来确定。可采用的页框分配算法如下：

（1）平均分配算法。

采用平均分配算法，如果系统中有 n 个进程，m 个可供分配的内存页框，则为每个进程分配 INT[m/n]个页框，其余的 MOD[m/n]个页框可以放入空闲页框缓冲池中。例如，系统中有 26 个空闲页框，有 3 个进程，那么为每个进程分配 8 个页框，共为 3 个进程分配 24 个页框，剩下的 2 个页框可以作为系统可用的空闲页框。

（2）按比例分配算法。

采用平均分配算法为进程分配页框的缺点是算法不考虑进程规模，使大进程分配到的页框与小进程一样多。大进程能进入内存的页数占本进程总页数的比例远远小于小进程，大进程可能因此频繁缺页。为了解决这个问题，可以采用按比例分配的算法。

为进程分配的页框数＝（进程页数/所有进程页数的总和）×页框数。

例 6-10　在两个进程之间按比例分配 40 个页框，进程 P_1 的大小为 80 页，另一个进程 P_2 的大小为 240 页，则为 P_1 分配 10 个页框，为 P_2 分配 30 个页框。计算式如下：

为 P_1 分配的页框数＝80/（80＋240）×40 个＝10 个

为 P_2 分配的页框数＝240/（80＋240）×40 个＝30 个

（3）考虑优先权的分配算法。

这种分配算法的思想是为优先权高的进程分配较多的页框数，为优先权低的进程分配较少的页框数。

6.5.3 页调入策略

实现请求分页的虚拟存储系统，还需要解决系统应在何时、从何处调入所需页的问题。当系统产生缺页异常，调入请求页的同时可以只把该页调入内存，也可以在调入该页的同时把与该页相邻的页也调入内存。外存中的页既可以存放在对换区，也可以存放在文件区。

1）何时调入页

系统可以设计成只有在进程需要时才将页调入内存。一种极端的情况是进程的所有页都不在内存中就开始执行进程。当操作系统将指令指针指向进程的第一条指令时，由于所在的页不在内存中，立即产生缺页异常。当完成缺页异常处理，指令所在的页调入内存后，进程继续执行，执行过程中不断发生缺页异常，并不断将所缺页调入内存。当调入足够多的页后，多数需要的页都在内存中了，进程执行将不再出现缺页。这种策略有利于提高内存的利用率，但是对系统的时间性能不利。

大多数系统都采用预先调入页的策略，将预计不久之后会被访问的页预先调入内存，而不是缺哪一页时再调入哪一页。在实际系统中，通常是在调入缺页时把与缺页相邻的若干页也调入内存。

2）从何处调入页

(1) 从对换区调入。

当系统拥有足够的对换空间时，若发生缺页请求，则从对换区调入页。从对换区调入页比从文件区调入页的速度快。对换区中的页是进程运行前从文件区拷贝到对换区的。

(2) UNIX 方式。

进程运行前，与进程有关的程序代码、数据等都存放在文件区，所以没有被访问过的页都直接从文件区调入。换出页都存在于对换区，所以曾经运行过而又被换出的页从对换区中调入。对于可以共享的页，如果已经由于其他进程的需要而被调入内存，就无须再次从外存调入。

3）页调入过程

请求调页和调入页的过程如图 6-53 所示。

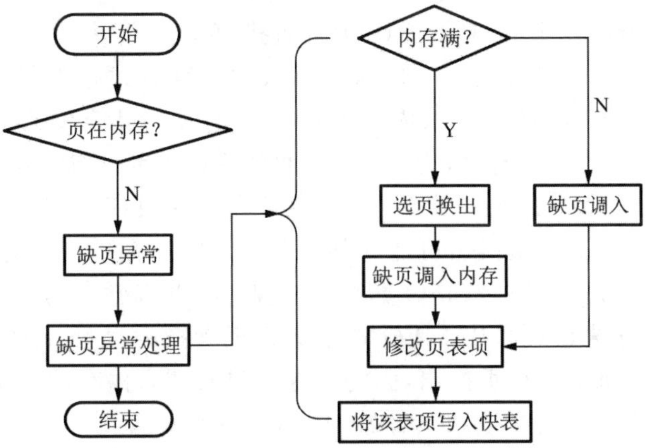

图 6-53　页调入过程

6.5.4 页置换算法

本小节主要阐述页置换算法，同时介绍抖动及缺页率的相关问题。页置换算法是从内存页中选择换出页(淘汰页)的算法。

1) 最佳置换算法和先来先服务置换算法

(1) 最佳置换算法(optimal page-replacement algorithm)。

最佳置换算法是 Belady 于 1966 年提出的一种页置换算法。该算法选择以后永远不会被访问的页或者在未来最长时间内不再被访问的页作为换出页。因此，该算法主要用于理论研究。例如，已知一个算法不是最优，但是与最优相比，最坏情况下的缺页率比最佳置换算法最多高 10%，平均缺页率与最佳置换算法相比最多高 5%，则可以此说明该置换算法的性能。

假定系统为某进程分配了三个页框，并考虑有以下的页引用序列：

7，0，1，2，0，3，0，4，2，3，0，3，2，1，2，0，1，7，0，1

进程运行时，先将 7，0，1 三个页装入内存。当进程访问 2 号页时，由于 2 号页不在内存中，将产生缺页异常，请求调入 2 号页。由于三个页框已满，需要选择一个换出页，以腾出空闲页框装入 2 号页。若操作系统根据最佳置换算法选择被换出的页，则由于 7 号页是未来最长时间不会被访问的页，所以选择 7 号页作为换出页，然后将 2 号页调入内存。访问完 2 号页后，访问 0 号页，由于该页已在内存中，所以不会产生缺页异常。当进程访问 3 号页时，因为 3 号页不在内存中，又产生缺页异常，并且由于内存满，要执行页置换算法选择换出页。根据最佳置换算法，这次选择 2、0、1 三个页中的 1 号页换出，因为 1 号页是未来最长时间不会被访问的页，所以换出 1 号页，调入 3 号页。图 6-54 是采用最佳置换算法的置换图。由图可见，在此例中，采用最佳置换算法发生了 6 次页置换。

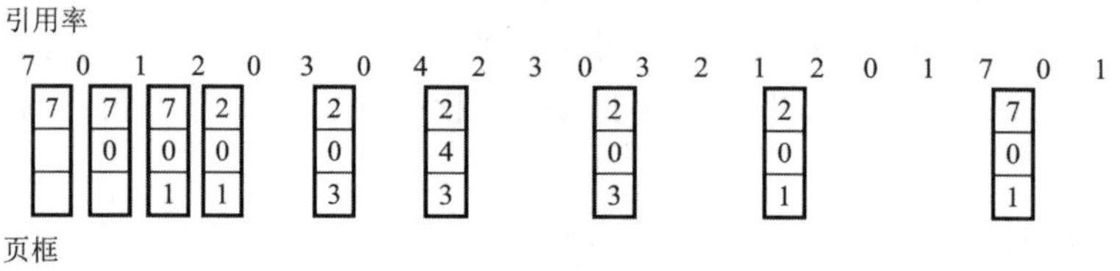

图 6-54 采用最佳置换算法时的置换图

(2) 先进先出(First In First Out，FIFO)页置换算法。

FIFO 是最简单的页置换算法。实现这种算法的一种方式是为每个页记录该页调入内存的时间，当选择换出页时，选择进入内存时间最早的页。最简单的实现方法是创建一个 FIFO 的队列来管理内存中的所有页，选择队首的页作为换出页。新调入的页被插入到队尾。

FIFO 算法实现简单，但是效率较低，会导致较高的缺页率。因为 FIFO 算法不考虑页被引用的频繁程度，有的页刚被换出可能立刻又要被访问。在进程中有些页经常被访问，如包含全局变量、常用函数等的页。FIFO 算法不能保证这些经常被访问的页不被换出。

仍然用上面的例子来说明采用 FIFO 算法进行页置换的过程。如图 6-55 所示，当进程第一次访问 2 号页时，将把 7 号页换出，因为它是最早被调入内存的。访问 0 号页时，因为 0 号页已经在内存中，所以不会产生缺页异常，也不会发生页置换。当第一次访问 3 号页时，因为内存中的三个页 2、0、1 中，0 号页是最早被调入内存的，所以选择 0 号页作为淘汰页。

由图 6-55 可见，在该例中，利用 FIFO 算法时，进行了 12 次页置换，比最佳置换算法的置换次数高一倍。

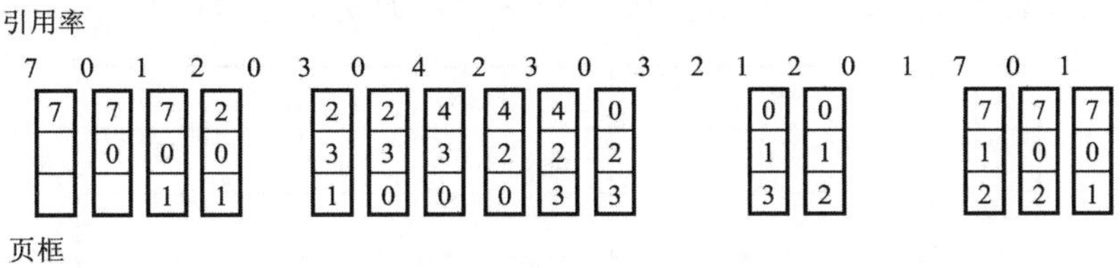

图 6-55　采用先进先出置换算法时的置换图

2) 最近最久未使用(Least Recently Used，LRU)置换算法

FIFO 算法实现简单，但是会导致很高的缺页率和置换次数，性能较差。最佳置换算法有最低的页置换次数，性能很好，却难以实现。因此，我们试图用“最近的历史”来预测“最近的将来”，实现最佳置换算法的近似算法，其中 LRU 置换算法是广泛使用的性能较好的算法。

(1) LRU 置换算法的描述。

LRU 置换算法是选择最近最久未使用的页换出(最近最久未使用的页在最近的将来被访问的可能性也比较小)。该算法赋予每个页一个访问字段，用来记录一个页自上次被访问以来所经历的时间 t。当须淘汰一个页时，选择现有页中 t 值最大的页换出。

仍然用上面的例子来说明采用 LRU 算法进行页置换的过程。当进程第一次访问 2 号页时，由于内存满，需要从 7、0、1 三个页中选择一页换出。由于 7 号页是最近最久没有被访问的页，所以选择 7 号页换出。当进程第二次访问 0 号页时，由于 0 号页已在内存中，所以不会发生缺页异常和页置换。当进程第一次访问 3 号页时，内存满，要从在内存中的三个页 2、0、1 中选择一个页换出。由于 1 号页是这三个页中最近最久没有被访问的页，所以换出 1 号页，装入 3 号页。由图 6-56 所示的结果可见，对该访问序列采用 LRU 置换算法发生了 9 次置换，性能优于 FIFO 置换算法，但较最佳置换算法差。

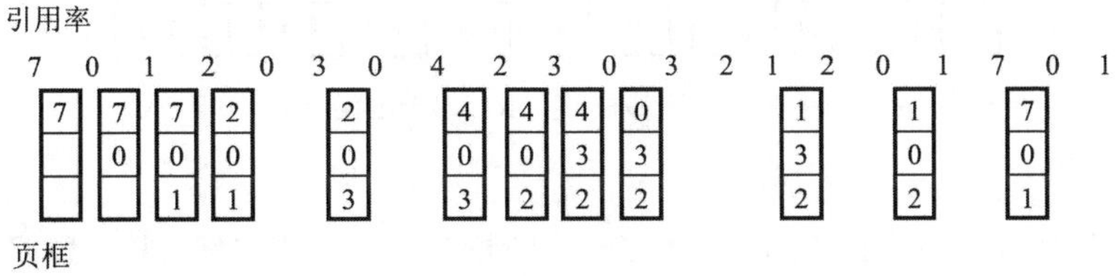

图 6-56　采用 LRU 置换算法时的置换图

(2) LRU 算法的实现。

LRU 算法是常用的页置换算法，性能较好，也有较好的实现方法。其实现主要解决两个问题：一是内存中的各个页各有多久时间未被进程访问，二是如何快速地知道哪一页是最近最久未使用的页。其可行的实现方法如下：

① 寄存器。

为每个在内存中的页配置一个移位寄存器，可表示为 $R=R_{n-1}\cdots R_2R_1R_0$，当进程访问某页框时，要将相应的寄存器的最高位置 1，每隔一定时间将寄存器右移一位，高位置 0。如果把 n 位寄存器的数看作一个页对应的整数，那么具有最小数值的寄存器所对应的页就是最近最久未使用的页。图 6-57 所给的示例说明了一个具有 8 个页的进程，通过为每个页配备一个 8 位寄存器实现 LRU 算法的情况。在这个例子中，3 号页的 8 位寄存器值最小，所以当发生缺页，需要置换时，选择 3 号页换出。图 6-57 中的实页是指在内存中的页。

实页	R_7	R_6	R_5	R_4	R_3	R_2	R_1	R_0
1	0	1	0	1	0	0	1	0
2	1	0	1	0	1	1	0	0
3	0	0	0	0	0	1	0	0
4	0	1	1	0	1	0	1	1
5	1	1	0	1	0	1	1	0
6	0	0	1	0	1	0	1	1
7	0	0	0	0	0	1	1	1
8	0	1	1	0	1	1	0	1

图 6-57　用寄存器实现 LRU 算法的示例

② 栈。

可利用一个特殊的栈来保存当前使用的各个页的页号。每当进程访问某页时，便将该页的页号从栈中移出，将它压入栈顶。因此，栈顶始终是最新被访问页的编号，而栈底则是最近最久未使用的页号。

图 6-58 所示的例子中，页访问序列为 4、7、0、7、1、0、1、2、1、2、6，在访问 6 号页时发生缺页。此时栈底的页为 4，是最近最久没有被访问的页，将 4 号页换出，调入 6 号页。

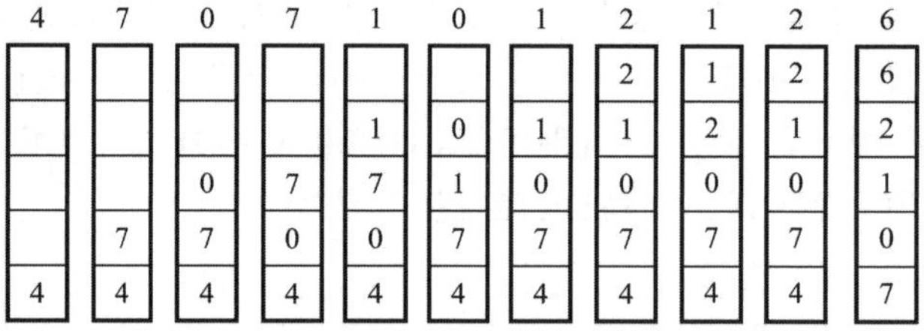

图 6-58　用栈实现 LRU 算法的示例

③ 计数器。

为每个页表项增加一个时间字段，并为 CPU 增加一个逻辑时钟或计数器。每次访问内存某个页时，就增加这个页对应的页表项的时间字段的值，每次置换时选择时间字段值最小的页作为换出页。

3）其他置换算法

计算机系统要提供足够的硬件来支持 LRU 算法是比较困难的，许多系统在实现时都采用 LRU 的近似算法，如附加引用位算法、Clock 算法、改进型 Clock 算法。

(1) 附加引用位算法。

采用这种算法时，为每个内存中的页增加一个 8 位的字节，每隔一定时间，操作系统把每个页自己的访问位（请求分页管理的页表项中的 A 字段）移到 8 位附加引用位的最高位，将其他位向右移，并抛弃最低位。进行页置换时，选择附加引用位值最小的页换出。因为具有最小附加引用位值的页可能不止一个，既可以换出所有这些页，又可以按 FIFO 选择部分具有最小附加引用位值的页换出。

（2）简单的 Clock 算法。

利用简单的 Clock 算法时，为每一页设置一位访问位，再将内存中的所有页都通过链接指针链接成一个循环队列。当某页被访问时，其访问位被置 1。置换算法在选择一页换出时，按照 FIFO 算法，检查各页的访问位。如果是 0，就选择该页换出；如果是 1，则重新将它置 0，暂不换出而给该页第二次驻留内存的机会，再按照 FIFO 算法检查下一个页。当检查到队列中的最后一个页时，若其访问位仍为 1，则再返回到队首重新从第一个页开始检查。

（3）改进型 Clock 算法。

简单的 Clock 算法在选择一个换出页时，不考虑该页被修改的情况，而选择最近既没有被访问过又没有被修改过的页换出，能大大提高页置换的效率。在将一个页换出时，如果该页已被修改过，则必须将它重新写到磁盘上；如果该页未被修改过，则不必将它写回磁盘。换言之，对于修改过的页在换出时所付出的时间开销将比未修改过的页开销大。在改进型 Clock 算法中，除了必须考虑到页的使用情况外，还考虑了置换代价这一因素，这样选择换出页时，既要是未使用过的页，又要是未被修改过的页。把同时满足这两个条件的页作为首选的淘汰页。

在改进型 Clock 算法中，由访问位 A 和修改位 M 可以组合成下面四种类型的页：

① 第 1 类（A=0，M=0）。表示该页最近既未被访问，又未被修改，是最佳换出页。

② 第 2 类（A=0，M=1）。表示该页最近未被访问，但已被修改，并不是很好的换出页。

③ 第 3 类（A=1，M=0）。表示该页最近已被访问，但未被修改，有可能再被访问。

④ 第 4 类（A=1，M=1）。表示该页最近已被访问且被修改，可能再被访问。

改进型 Clock 算法可分为以下三步：

① 从指针所指示的当前位置开始，扫描循环队列，寻找 A=0 且 M=0 的第一类页。将遇到的第一个页作为选中的换出页。在第一次扫描期间不改变访问位 A 的值。

② 如果步骤①失败，即遍历页的链表后未遇到第一类页，则开始第二轮扫描，寻找 A=0 且 M=1 的第二类页，将所遇到的第一个这类页作为换出页。在第二轮扫描期间，将所有经过的页的访问位 A 置 0。

③ 如果步骤②也失败，即未找到第二类页，则将指针返回到开始的位置，再次寻找 A=0 且 M=0 的第一类页，如果仍失败，则再寻找 A=0 且 M=1 的页，此时就一定能找到被换出的页。

改进型 Clock 算法在最坏的情况下，需 4 次扫描页队列，才能选中被换出的页。

（4）最少使用置换算法（Least Frequently Used Page，LFU）。

这种算法选择最近时期使用次数最少的页作为淘汰页。这种算法为每个页保留一个用于记录页被访问次数的计数器，每次选择其访问计数器值最小的页换出。这种算法可能存在的问题是：有些页在进程开始时被访问的次数很多，但以后不再被访问，这些页不应该长时间留在内存中，而应该在不再被访问时换出。解决这个问题的方法之一是定期将计数器右移，以形成指数衰减的平均使用次数。

（5）页缓冲算法。

页缓冲算法采用 FIFO 算法选择换出页，并为换出页建立两个链表，被换出的页要放入两个链表中的一个。如果页没有被修改过，则将其放入空闲页链表中；如果页被修改过，则将其放入已修改页的链表中。页在内存中并不做物理上的移动，而只是将页表中的表项移到上述两个链表之一中。

空闲页链表实际上是一个空闲页框链表，其中的每个页框都是空闲的，因此可以在其中装入程序或者数据。当需要读入一个页时，便可利用空闲页框链表中的第一个页框来装入该页。当有一个没有被修改的页要换出时，实际上并不将它换出内存，而是将其所在的页框挂在空闲页链表的末尾。当换出一个已修改的页时，将其所在的页框挂在修改页链表的末尾。采用这种方式可以使没有被修改的页和已经被修改的页都留在内存中。当进程再次需要访问这些页时，就不用从磁盘而只需从内存中再次使这些页回到进程在内存的驻留集中，使这些页所在的页框成为“被占用”状态即可，由此减小了请求调入和页置换的开销。已修改页的链表周期性地或者当已修改页的数量达到一定阈值时被延迟写入磁盘，减少了换出时写磁盘的时间开销。

6.5.5 Solaris2 的请求分页

在 Solaris2 中，当线程执行产生缺页异常时，内核从其所维护的空闲链表中为请求调入的页分配一个空闲页框。Solaris2 系统维护一个空闲页框队列，与该队列相关的参数是 lotsfree。内核每秒检查 4 次空闲页框队列中空闲页框的数量。当空闲页数量小于 lotsfree 时，启动换页进程 pageout，pageout 使用 Clock 算法淘汰一些页，若获得的空闲页框仍然太少，则挂起一些进程，以释放这些进程所占有的所有页框。当空闲页的数量大于 lostsfree 时，pageout 进程停止工作。

6.5.6 Linux 的请求分页

Linux 系统采用 LFU 置换算法。在 Linux 中访问位 A 被一个 8 位的变量 age 取代，当一个页被访问时，该页的 age 值增加 1。内核周期性地对 age 做减 1 操作。age 值为 0 的页是首选的淘汰页。age 值越大，相应的页被访问的频率越高，越不适合换出。

Linux 内核周期性地调用内核线程 kswapd 来检查系统中的空闲页框数是否太少。如果系统中空闲页框数大于上限值，则 kswapd 就不做任何工作；如果系统中的空闲页框数低于下限值，则 kswapd 换出 6 个页；如果系统中的空闲页框数介于上限值和下限值之间，则换出 3 个页。

6.5.7 请求分页系统的性能分析

前面已经阐述了基于请求分页的存储管理的基本原理，在设计和选择虚拟存储管理的策略和算法时，不可避免地要考虑访存的性能。请求调入和置换技术都是以时间换空间的技术，如何在应用这种技术时尽量提高时间性能是设计系统时需要考虑的问题。现在支持大数据处理、人工智能计算的系统中，时间性能是非常重要的性能指标，在内存管理实现的具体方案中如何减少访存耗费的时间，加快进程运行速度，是工程技术人员需要面对和解决的问题。本小节主要讨论缺页率对有效访存时间的影响、降低缺页率的方法之一——引入工作集、多道程序度太高时系统会发生的抖动及其解决方法。

1）缺页率对有效访问时间的影响

进程执行中访存发生缺页时，需要从外存调入缺页。如果内存中没有空闲页框，还需要进行页置换，调入缺页后指令需要重新执行。因此，一旦发生缺页，进程会存在因为访存而带来的时间延迟。下面分析缺页率对有效访问时间的影响。

有效访问时间是成功访存所用的时间。假设 P 为缺页率，ma 为存储器访问时间。这里根据实际系统的可能性，取 $ma=100\ \text{ns}=0.1\ \mu\text{s}$。缺页异常服务时间、缺页读入时间、进程重新执行时间近似地取 25 ms 是合理的。由此得：

$$\text{有效访问时间}=(1-P)\times ma+P\times\text{缺页异常时间}$$

$$\text{缺页异常时间}=\text{缺页异常服务时间}+\text{缺页读入时间}+\text{进程重新执行时间}\approx 25\ \text{ms}=25\ 000\ \mu\text{s}$$

所以：

$$\text{有效访问时间}=0.1\times(1-P)+25\ 000\times P=0.1+24\ 999.9P$$

由上式可见，有效访问时间正比于缺页率。下面以实例来说明缺页率对有效访问时间的影响。

例 6-11　若 $P=0$ 时，有效访问时间 $=0.1\ \mu\text{s}$，则 $P=1/1\ 000$ 时，有效访问时间 $=0.1\ \mu\text{s}+24\ 999.9\times 1/1\ 000\ \mu\text{s}=0.1\ \mu\text{s}+24.999\ 9\ \mu\text{s}\approx 25\ \mu\text{s}$。可见，缺页率 $P=1/1\ 000$ 时，有效访问时间延长为 $P=0$ 时的 250 倍。

例 6-12　要使有效访问时间延长不超过 10%，缺页率 P 应为多少？

因为 $P=0$ 时，有效访问时间 $=0.1\ \mu\text{s}$。P 不为 0 时，有效访问时间为 $(0.1+24\ 999.9P)\mu\text{s}$。$P$ 不为 0 时比 P 为 0 延长的时间为 $(0.1+24\ 999.9P)\mu\text{s}-0.1\ \mu\text{s}=24\ 999.9P\ \mu\text{s}$。

要使 $\dfrac{24\ 999.9P}{0.1}<10\%$，必须使 $P<0.000\ 000\ 4$，即要使有效访问时间延长不超过 10%，缺页率应该小于 $1/(250\times 10^4)$。

2）工作集

（1）基本原理。

引入工作集机制是为了能有效降低缺页率，从而提高访存的时间效率。程序在运行时对页的访问是不均匀的，即往往在某段时间内的访问仅局限于较少的若干个页，而在另一段时间内则又可能仅局限于访问另一些较少的页。若能预知程序在某段时间间隔内要访问哪些页，并能将它们提前调入内存，将会大大降低缺页率，从而减少置换次数，提高 CPU 的利用率。工作集就是在某段时间间隔 Δ 内，进程实际要访问的页的集合。要使缺页少发生，必须使程序的工作集全部在内存中。

用 $W(t,\Delta)$ 表示当时间间隔为 Δ 时 t 时刻的工作集。

① Δ 太大，工作集中的页太多，影响存储器利用率。

② Δ 太小，工作集中的页太少，缺页率高。

③ $W(t,\Delta)$ 与 t 相关，不同的 t 对应不同的工作集，即程序运行的过程中，运行到不同的时刻需要访问的页不同。

（2）Windows NT 的工作集机制。

① 进程被第一次创建时，为进程指定了一个最小工作集和一个最大工作集。最小工作集是进程正常运行需要调入内存的最小页数。当内存有足够的空间时，可以为进程分配足够的空间以装入它的最大工作集。

② 当进程在内存中的页数＜最大工作集时，若发生缺页，则系统从空闲页框队列中取一页框分配给该进程。

③ 当进程在内存中的页数＝最大工作集时，若发生缺页，则系统从该进程的页中按FIFO的原则换出一个该进程的页。

④ 当空闲页框队列中空闲页的数量减到一个最低值时，系统检查所有进程，对工作集＞最小工作集的进程，淘汰该进程的一些页，使该进程的工作集＝最小工作集。

3）抖动产生的原因和预防方法

（1）抖动。

引入多道程序系统的一个重要原因是提高CPU的利用率，随着系统中进程数量的增加，CPU的性能提高。但在支持虚拟存储管理的系统中，当多道程序度太高时，CPU忙于页的换入、换出，而几乎不能完成任何有效的工作，这种现象称为抖动。引起系统抖动的主要原因是系统中的进程数量太多，每个进程能分配到的页框太少，以至于进程运行过程中频繁请求调页。CPU利用率与多道程序度的关系如图6-59所示。

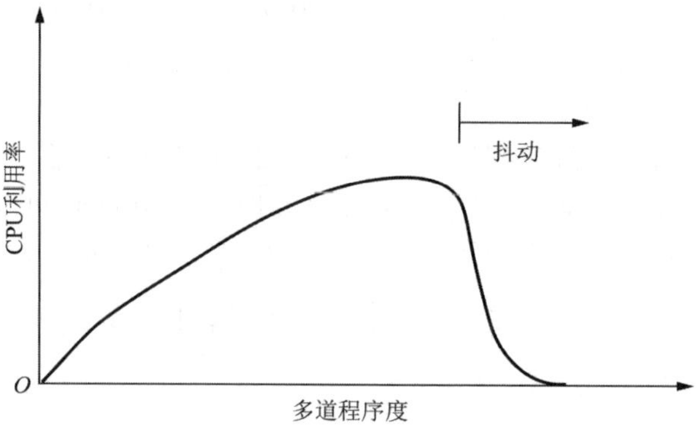

图6-59　CPU利用率与多道程序度

（2）抖动的预防。

可以采用以下方法预防抖动的发生：

① 采取局部置换策略。当进程发现缺页后，仅在进程自己的内存空间范围内置换页，不允许从其他进程获得新的页框。

② 在CPU调度程序中引入工作集算法。只有当每个进程在内存中都有足够大的驻留集时，才能再从外存中调入新的作业。

③ 挂起若干进程。为了预防抖动，挂起若干进程，腾出进程占用的空间。

6.6 分段存储管理

6.6.1 分段机制的引入

在分页存储管理方式中，逻辑地址是一维的，一个进程的逻辑地址形成一个地址空间。

这种逻辑空间的使用方式对于程序员很不方便，我们希望能为进程提供多个地址区域，把逻辑上关联的部分放在一个地址区域，逻辑上没有关联也没有共同特征的部分放在不同的地址区域中。这样不仅能方便用户编程，而且能很好地解决部分存储区域动态增长、信息共享和信息保护的问题。

把分别存放逻辑上相关的信息、相互独立的逻辑地址空间称为一个段，每个段由一个从 0 到最大线性地址的逻辑地址空间构成。各个段的长度可以是 0 到最大值之间的任何一个值，不同段的长度可以不同，段的长度在进程运行期间可以改变。

在使用分段存储管理的系统中，程序员使用二维的逻辑地址，其中一个数用来表示段号，另一个数用来表示段内偏移。段是一个逻辑实体，程序员也通过使用二维地址来访问不同的逻辑段。一个段可能包括一个过程或者一个数组，或者一个堆栈，或者一些数值变量，但是一般不会同时包含多种不同的内容。我们最熟悉的分段是程序段、数据段、任务状态段。

简单来说，引入分段机制的优点是方便编程、分段共享、分段保护、动态链接、存储空间动态增长。

6.6.2 分段系统的基本原理

1）分段

在分段的存储管理方式中，进程的地址空间被划分成若干个段。每个段定义了一组逻辑信息。每个段的大小不一样，由相应的逻辑信息组的长度确定。每个段的逻辑地址从 0 开始，采用一段连续的地址空间。系统为每个段分配一个连续的物理内存区域，各个不同的段可以离散地放入物理内存不同的区域。系统为每个进程建立一张段表，段表的每一个表项记录的信息包括段号、段长、该段的基址。段表在内存中连续存放。

2）分段的逻辑地址结构

分段机制的逻辑地址是二维的，由段号和段内偏移组成。程序员采用二维地址使程序的可理解性更强，也方便编程。32 位系统中分段的地址形式如图 6-60 所示。

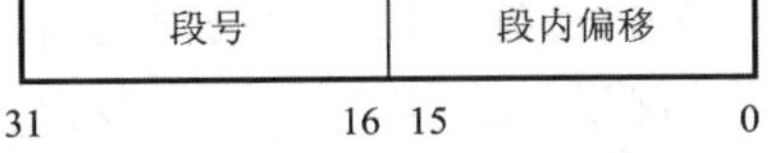

图 6-60　32 位系统中分段的地址形式

3）段表

段表是由操作系统维护的用于支持分段存储管理地址映射的数据结构。通常情况下，每个进程有一个段表，段表由段表项构成。每个段表项包含段号、段基址（段的起始地址）、段长（即段大小）三个部分。一个进程可能包含若干个段，每一个段在段表中有一个段表项与之对应，见表 6-4。表 6-4 中的段表表示某进程分为三个段：0 号段的段长为 30 KB，段基址为 40 KB；1 号段的段长为 20 KB，段基址为 80 KB； 2 号段的段长为 15 KB，段基址为 120 KB。

表 6-8　段表

段　号	段　长	基　址
0	30 KB	40 KB
1	20 KB	80 KB
2	15 KB	120 KB

在早期的 16 位计算机系统中，大多数情况下段基址就是段在物理内存中的起始地址，段大小也叫段界限。本书对分段原理的描述基于这个前提。根据段表可以知道一个段在物理内存中的位置，如图 6-61 所示。

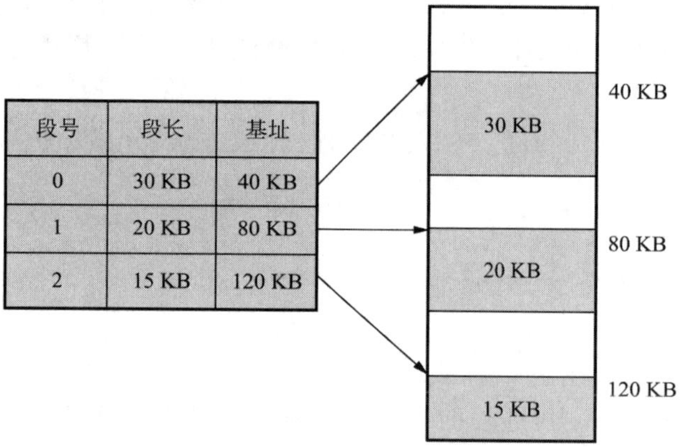

图 6-61　段表与段在内存中的位置

4）分段系统的地址变换

如图 6-62 所示，已知的逻辑地址由段号 s 和段内偏移 d 构成。CPU 上段表寄存器中存有当前在 CPU 上运行进程的段表起始地址。段号用作段表的索引，根据段表起始地址和段号可以获得存放段 s 的段表项的内存地址。

s 号段表项在内存中的起始地址＝段表起始地址＋段号 s×段表项长度

段表项长度是指一个段表项所占用的字节数。

从相应段表项起始地址内存处可读取 s 段的段表项，获得 s 段的基地址和段长。如果 d 小于或等于段长，则在最简单的情况下，用 s 段基址加上段内偏移 d 就可得到已知逻辑单元的物理地址。

若已知逻辑单元的地址为 s:d，则求相应物理地址的步骤可概括如下：

（1）以段号 s 作为索引，从段表中找到段号为 s 的段表项。

（2）从找到的段表项中读出 s 段的基地址和段大小。

（3）如果 d 小于或等于段长，则将段基址与段内偏移 d 相加，得到与逻辑单元 s:d 相应的物理单元地址。

以图 6-62 为例，已知逻辑单元的段号为 2，段内偏移为 100 B（简单表示为 2:100）。根据段号 2 查找段表，段号为 2 的段表项中存放了基地址 8 KB 和段大小 500 B（500 字节），逻辑单元 2:100 对应的物理单元地址为 8 KB＋100 B，即 8×1 024 B＋100 B＝8 292 B。

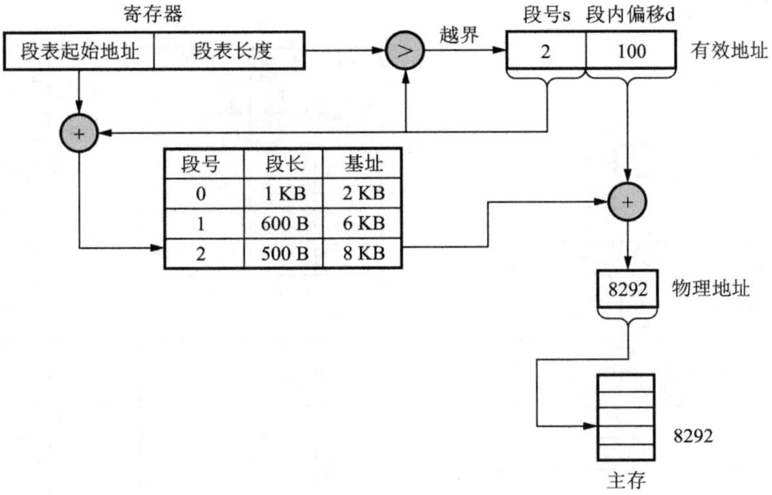

图 6-62 分段系统的地址变换

5）分页和分段的主要区别

分页和分段都属于离散分配方式，都要通过数据结构与硬件的配合来实现逻辑地址到物理地址的映射，但两者存在很大的不同，主要区别是：

(1) 页是按物理单位划分的，引入分页是为了提高内存的利用率和支持虚拟存储。而段是按逻辑单位划分的，一个段含有一组意义相对完整的信息，引入分段的目的是方便程序员编程。

(2) 页的大小是固定的，而段的大小不固定，取决于用户编写的程序和编译器。

(3) 分页的地址空间是一维的，程序员给出的地址只是一个助记符，已知的逻辑地址是一个数，如 2568。分段的地址空间是二维的，程序员在标识一个逻辑地址时需要给出两个数：一个是段号，一个是段内偏移。

6）分段共享

实现段共享只需要在每个进程的段表中为被共享的段给定相同的段基址即可。

6.6.3 段页式存储管理

为了使存储系统既具有分段系统便于编程、分段共享、易于保护等一系列优点，又具有分页的优点，可采用段页式存储管理。

1）段页式存储管理的基本原理

在段页式存储管理系统中，将用户进程的逻辑空间先划分成若干个段，每个段再划分成若干个页。进程以页为单位在物理内存中离散存放，每个段中被离散存放的页具有逻辑相关性。

为了实现段页式存储管理的地址映射，操作系统为每个进程建立一个段表，为进程的每个段建立一个页表。进程段表的每一个段表项存放某个段的页表起始地址和页表长度。

例如，一个进程 P_1 的逻辑地址空间划分为 5 个段，段号分别为 0、1、2、3、4。段表、页表和进程在内存中的存放如图 6-63 所示。

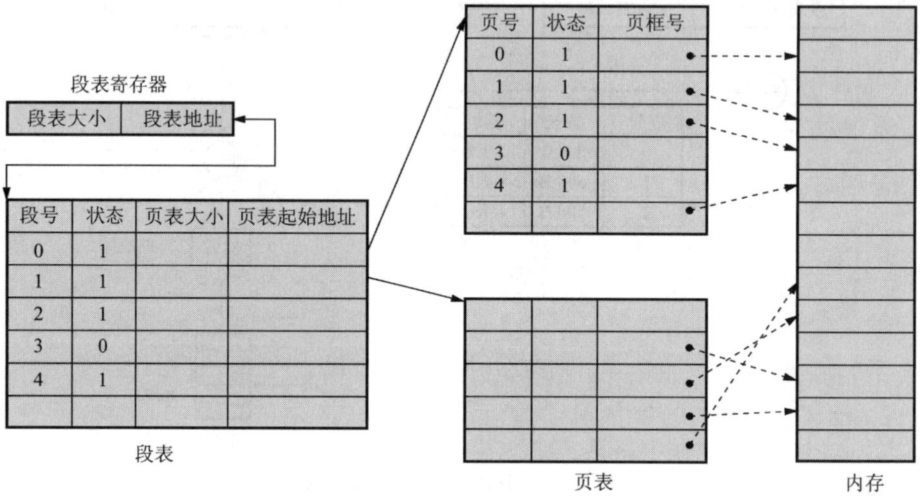

图 6-63　段页式存储

2）地址变换过程

在段页式存储管理系统中，逻辑地址与分段系统的逻辑地址相同，由段号 s 和段内偏移 d 构成，地址变换过程如下：

（1）以段号 s 作为索引，找到段 s 的段表项，得到该段页表的起始地址。

（2）通过分页机制从段内偏移 d 中分离出页号 P 和页内偏移 W。

（3）以段内页号 P 作为索引，从段 s 的页表中搜索页 P 对应的页表项。

（4）从页表项中得到页所在的页框号。

（5）由页框号与页内偏移 W 得到某逻辑地址对应的物理地址。

物理地址＝页框号×页框大小＋页内偏移 W

采用段页式存储管理的一个明显的好处是程序员可以使用分段的逻辑地址，而实际上进程是以页为单位存放于物理内存中的。

段页式系统地址变换机制如图 6-64 所示。

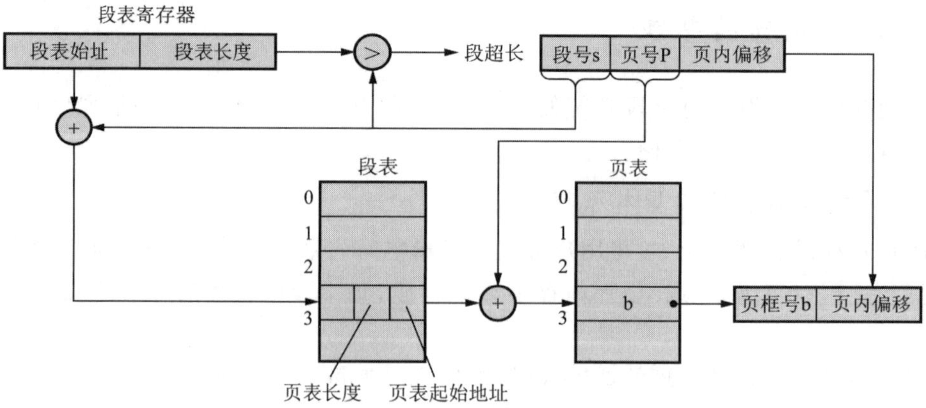

图 6-64　段页式系统的地址变换

6.7 Linux 的伙伴系统

在操作系统中经常会遇到要为进程分配连续物理内存块的情况，典型的如在 Linux 中创建新进程时，需要为进程分配连续的 8 KB 空间，即两个连续的页框用于存放 task_struct 结构和进程的内核堆栈，每个页框大小为 4 KB。因此，内核应该为分配一组连续的页框而建立一种稳定、高效的分配策略。

Linux 的伙伴系统把所有的空闲页框分组为 11 个块链表，每个块链表分别包含大小为 1、2、4、8、16、32、64、128、256、512 和 1 024 个连续的页框。对 1 024 个页框的最大请求对应着 4 MB 大小的连续内存区域。每个块的第一个页框的物理起始地址是该块大小的整数倍。例如：大小为 16 个页框的块，其起始地址是 16×2^{12}($2^{12}=4$ KB)，这是一个常规页大小的倍数。

下面通过一个简单的例子来说明该算法的工作原理。

假设要请求一个 128 个页框的连续内存(即 0.5 MB)。算法先在 128 个页框的链表中检查是否有一个空闲块。如果没有这样的块，算法会查找下一个更大的块，也就是在 256 个页框的链表中找一个空闲块。如果存在这样的块，内核就把该块分成两等份，一半用作满足进程请求，另一半插入 128 个页框的链表中。如果在 256 个页框的链表中也没找到空闲块，就继续找更大的块——512 个页框的块。如果这样的块存在，则内核把 512 个页框的块中的 128 个页框用作满足进程请求，然后从剩余的 384 个页框中取 256 个连续页框插入到 256 个页框的链表中，再把 128 个连续页框插入到 128 个页框的链表中。如果 512 个页框的链表还是空的，则算法放弃查找并发出错信号。

以上过程的逆过程就是页框的释放过程，也是伙伴算法名字的由来。内核试图把大小为 b 的一对空闲伙伴块合并为一个大小为 $2b$ 的单独块。满足以下条件的两个块称为伙伴：

(1) 两个块具有相同的大小，记作 b。

(2) 它们的物理地址是连续的，起始地址是 $2b$ 的整数倍。

第一块的第一个页框的物理地址是 $2\times b\times 2^{12}$ 的倍数。该算法是迭代的，如果它成功地合并了所释放的块，它会试图合并 $2b$ 的块来形成更大的块。

6.8 80x86 的常规内存寻址

本节介绍基于 80x86 的内存寻址，以便大家更具体地了解分页以及分段存储管理在实际系统中的实现。

6.8.1 内存地址

1) 逻辑地址(logical address)

逻辑地址是包含在机器语言指令中用来指定一个操作数或一条指令的地址。每一个逻辑地址都由一个段(segment)和偏移量(offset 或 displacement)组成，偏移量指明了从段开始的地方到实际地址之间的距离。

2）线性地址(linear address)

线性地址也称虚拟地址(virtual address)，是一个 32 位的无符号整数，可以用来表示高达 4 GB 的地址，也就是高达 4 294 967 296 个存储器单元。线性地址通常用 16 进制数字表示，值的范围从 0x 0000 0000 到 0x FFFF FFFF。

3）物理地址(physical address)

物理地址用于存储器芯片级存储器单元寻址。它们与从微处理器的地址引脚发送到存储器总线上的电信号相对应。物理地址由 32 位或 36 位无符号整数表示。

6.8.2 硬件中的分段

1）段选择符和段寄存器

(1) 段选择符(segment selector)是一个 16 位长的段标识符。

(2) 段寄存器用来存放段选择符。

段选择符包含三个字段，其说明见表 6-9。

表 6-9 段选择符字段及说明

字段名	描 述
index	指定了放在 GDT 或 LDT 中的相应段描述符的入口
TI	Table Indicator 标志，指明段描述符是在 GDT 中(TI=0)或在 LDT(TI=1)中
RPL	请求者特权级：当相应的段选择符装入 cs 寄存器中时指示出 CPU 当前的特权级

2）段描述符

每个段都由一个 8 字节的段描述符(segment descriptor)来描述段的特征。段描述符放在全局描述符表(global descriptor table，GDT)或局部描述符表(local descriptor table，LDT)中。GDT 的线性基址存放在 gdtr 寄存器中，当前正被使用的 LDT 线性基址放在 ldtr 寄存器中，见表 6-10。

表 6-10 段描述符字段及说明

字段名	描 述
Base	段的起始地址
G	粒度标志 G。如果该位被清 0，则段大小以字节为单位，否则以 4 096 字节的倍数计
Limit	20 位的 Limit 字段，指定了以字节为单位的段长度。如果 G 被置为 0，则一个非空段的大小在 1 个字节到 1 MB 之间变化，否则将在 4 KB 到 4 GB 之间变化
S	系统标志 S。如果该位被清 0，则是一个系统段，存储内核数据结构，否则是一个普通的代码段或数据段
Type	4 位 Type 字段，描述了段的类型特征和它的存取权限
DPL	描述符特权级字段：用于限制对这个段的存取。它表示为访问这个段而要求的 CPU 最小的优先级。因此，DPL 设为 0 的段只能当 CPL 为 0 时(即在内核态)才是可访问的，而 DPL 设为 3 的段对任何 CPL 值都是可访问的

续表 6-10

字段名	描　述
P	Segment-Present 标志：等于 0 时表示段当前不在主存中。Linux 总是把这个标志(47 位)设为 1，因为它从来不把整个段交换到磁盘上去
D/B	称为 D 或 B 的标志，取决于是代码段还是数据段。D 或 B 的含义在两种情况下稍微有所区别，但是如果段偏移量是 32 位，就基本上把它置为 1；如果这个偏移量是 16 位，就被清 0
AVL 标志	可以由操作系统使用，但是被 Linux 忽略

3) 快速访问段描述符

为了加速逻辑地址到线性地址的转换，80x86 处理器提供一种附加的非编程的寄存器，供 6 个可编程的段寄存器使用。每一个非编程的寄存器含有 8 个字节的段描述符，由相应的段寄存器中的段选择符来指定。每当一个段选择符被装入段寄存器时，相应的段描述符就由内存装入对应的非编程 CPU 寄存器。从那时起，针对那个段的逻辑地址转换就可以不访问主存中的 GDT 或 LDT，处理器只需直接引用存放段描述符的 CPU 寄存器即可。

4) 由段选择符获得一个段描述符

由于一个段描述符是 8 字节长，它在 GDT 或 LDT 内的相对地址是由段选择符的最高 13 位的值乘以 8 得到的。例如，如果 GDT 的线性基地址是 0x 00020000(这个值保存在 gdtr 寄存器中)，且由段选择符所指定的索引号为 2，那么相应的段描述符地址是 0x 00020000＋(2×8)即 0x 0002 0010。注意：这个计算得到的地址是一个段描述符的线性地址，而不是物理地址，线性地址经过分页单元的转换可以得到物理地址。

5) 分段单元把逻辑地址转化为线性地址的过程

(1) 先检查段选择符的 TI 字段，以决定段描述符保存在哪一个描述符表中。TI 字段指明描述符是在 GDT 中(在这种情况下，分段单元从 gdtr 寄存器中得到 GDT 的线性基地址)还是在激活的 LDT 中(在这种情况下，分段单元从 ldtr 寄存器中得到 LDT 的线性基地址)。

(2) 根据段选择符的 index 字段计算段描述符的地址，等于 index 字段的值乘以 8(一个段描述符的大小)再与 gdtr 或 ldtr 寄存器中的内容相加得到相应段描述符的地址。

(3) 把逻辑地址的偏移量与段描述符 Base 字段的值相加可得到线性地址。这个线性地址可通过分页单元转换得到物理地址。

6.8.3　Linux 中的分段

运行在用户态的所有 Linux 进程都使用一对相同的段来对指令和数据寻址。这两个段就是所谓的用户代码段和用户数据段。类似地，运行在内核态的所有 Linux 进程都使用一对相同的段对指令和数据寻址：它们分别称为内核代码段和内核数据段。

1) Linux 段的段描述符

4 个主要的 Linux 段的段描述符字段的值见表 6-11。

表 6-11 4 个主要的 Linux 段的段描述符字段的值

段	Base	G	Limit	S	Type	DPL	D/B	P
用户代码段	0x 00000000	1	0x FFFFF	1	10	3	1	1
用户数据段	0x 00000000	1	0x FFFFF	1	2	3	1	1
内核代码段	0x 00000000	1	0x FFFFF	1	10	0	1	1
内核数据段	0x 00000000	1	0x FFFFF	1	2	0	1	1

2) Linux 分段的特点

(1) 上述 4 个段相应的段描述符由宏__USER_CS，__USER_DS，__KERNEL_CS，和__KERNEL_DS 分别指定。例如，为了对内核代码段寻址，内核只需要把这个宏产生的值装进 cs 段寄存器即可。

(2) 与段相关的线性地址从 0 开始，达到 4 GB－1 的寻址限长。这就意味着在用户态和内核态下的所有程序可以使用相同的逻辑地址。

(3) 所有段都从 0x 0000 0000 开始，这可以得出另一个重要结论，那就是在 Linux 下逻辑地址与线性地址是一致的，即逻辑地址的偏移量字段的值与相应的线性地址的值总是一致的。

3) Linux 的全局描述符表

在单处理器系统中只有一个 GDT，而在多处理器系统中每个 CPU 对应一个 GDT。每个 GDT 包含 18 个段描述符和 14 个空的、未使用的或保留的项。每个 GDT 中包含的 18 个段描述符指向下列段：

(1) 用户态和内核态下的代码段和数据段共 4 个。

(2) 任务状态段(TSS)，每个处理器 1 个。

(3) 1 个包括缺省局部描述符表的段。

(4) 3 个局部线程存储段。

(5) 与高级电源管理(AMP)相关的 3 个段。

(6) 与支持即插即用功能的 BIOS 服务程序相关的 5 个段。

(7) 被内核用来处理“双重错误”(处理一个异常时可能会引发另一个异常，在这种情况下会产生双重错误)异常的特殊 TSS 段。

因为 Linux 的进程是共用逻辑地址空间的，所有用户进程的段基址都相同，都是 0x 0000 0000，它们可以共用相同的段，用户进程信息究竟在内存中如何存放与段基址和偏移地址无关。因此，Linux 系统可以同时支持成千上万个进程，却只有几十个段描述符。

6.8.4 硬件中的分页

1) 常规分页

从 80386 起，Intel 处理器的分页单元处理 4 KB 的页。32 位的线性地址被分成 3 个字段：

(1) 目录(Directory)，最高 10 位。

(2) 页表(Table),中间 10 位。

(3) 偏移量(Offset),最低 12 位。

正在使用的页目录的物理地址存放在控制寄存器 cr3 中。线性地址内的 Directory 字段决定页目录中的目录项,而目录项指向适当的页表。地址的 Table 字段依次决定页表中的表项,而表项含有页所在页框的物理地址。Offset 字段决定页框内的相对位置。由于它是一个 12 位长的字段,故每一页含有 4 096 字节的数据。

80x86 处理器的分页如图 6-65 所示。

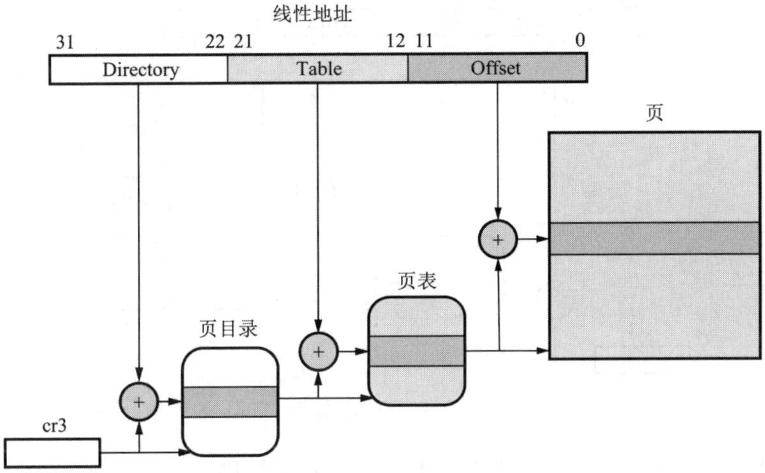

图 6-65　80x86 处理器的分页

页目录项和页表项是包含以下字段的结构。

(1) Present 字段:页是否在内存的标志。

(2) Field 字段:包含页框物理地址的最高 20 位(相当于页框号)。

(3) Accessed 字段:页访问标志。

(4) Dirty 字段:页是否被修改标志。

(5) Read/Write 字段:读/写标志,含有页或页表的读/写权限。

(6) User/Supervisor 字段:含有访问页或页表所需要的特权级。

(7) PCD 和 PWT 字段:标志控制硬件高速缓存处理页或页表的方式。

(8) Page Size 字段:只应用于页目录项,若被置 1,则页目录项指的是 2 MB 或 4 MB 大小的页框。

(9) Global 字段:只应用于页表项。这个标志是 Pentium Pro 引入的,用来防止常用页从 TLB 高速缓存中刷新出去。

2) 扩展分页

从 Pentium 模式开始,80x86 微处理器引进了扩展分页(extended paging),它允许页框大小为 4 MB 而不是 4 KB。扩展分页用于把大段连续的线性地址转换成相应的物理地址。在这种情况下,内核可以不用中间页表进行地址转换,从而节省内存。通过设置页目录项的 Page Size 标志启用扩展分页功能。在这种情况下,分页单元把 32 位线性地址分成两个字段。

(1) Directory,最高 10 位。

(2) Offset,其余 22 位。

扩展分页(图 6-66)和正常分页的页目录项基本相同,但以下情况除外:

(1) Page Size 标志必须设置。

(2) 20 位物理地址字段只有最高 10 位是有意义的。这是因为每个物理地址都是在以 4 MB 为边界的地方开始的,故这个地址的最低 22 位为 0。

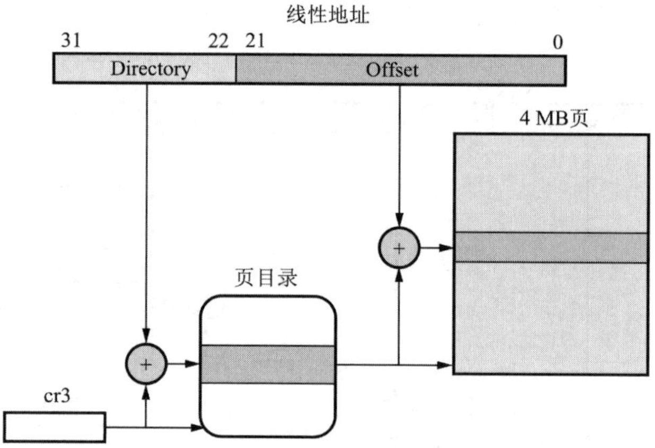

图 6-66　扩展分页

注意:通过设置 cr4 处理器寄存器的 PSE 标志能使扩展分页与常规分页共存。

3) 80x86 微处理器与内存寻址有关的寄存器

(1) 段寄存器:cs、ss、ds、es、fs、gs 存放段选择符。

(2) cr0 寄存器:第 0 位为 PE 位,PE=0 时系统运行于实模式,PE=1 时系统运行于保护模式。

(3) cr3 寄存器:正在使用的页目录的物理地址存放在其中。

(4) cr4 寄存器:其 PSE=1 时起用扩展分页。

本章习题

1. 静态链接程序完成什么功能? 比较静态链接和动态链接的优缺点。

2. 简单说明什么是绝对装入方式、静态重定位装入方式、动态重定位装入方式。

3. 什么是动态分区分配方式? 动态分区分配的流程是什么? 如何进行分区的回收?

4. 什么是首次适应算法? 什么是循环首次适应算法? 什么是最佳适应算法?

5. 初始空闲链如图 6-67 所示,分别表示第一个空闲区起始地址为 20 KB,大小为 10 KB;第二个空闲区起始地址为 50 KB,大小为 100 KB;第三个空闲区起始地址为 300 KB,大小为 10 KB。

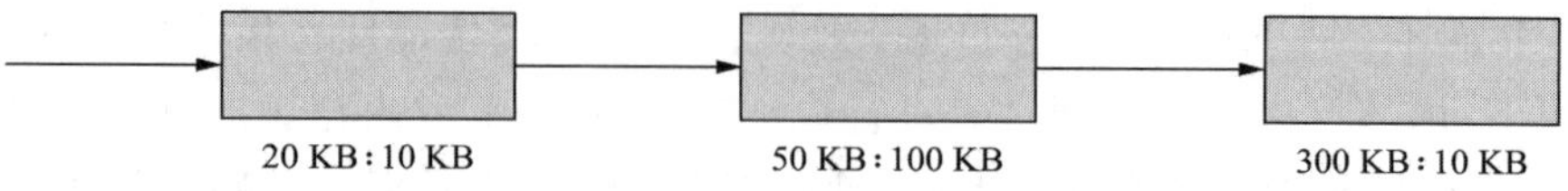

图 6-67　习题 5 图

画出在题目给定条件下系统释放下列空闲区后的空闲链。

(1)

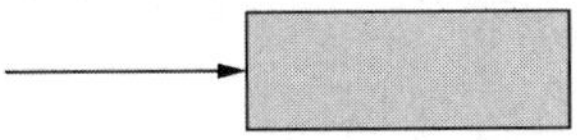

400 KB:200 KB

(2)

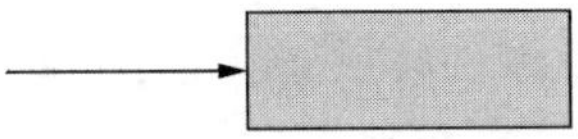

30 KB:20 KB

(3)

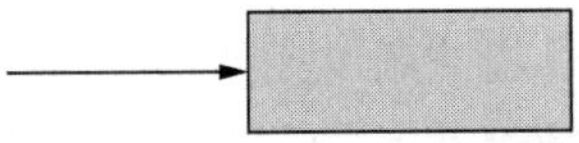

150 KB:20 KB

6. 说明分页存储管理的原理。

7. 若给定一个逻辑地址空间的地址为 A,系统页大小为 L,请写出 A 所对应的页号 P 和页内偏移 W 的运算式,并说明分页存储管理的地址映射过程。

8. 在一个页式存储管理系统中,页表内容见表 6-12。

表 6-12 习题 8 表

页　号	页框号
0	3
1	4
2	6
3	10
4	12

若页的大小为 2 KB,则地址转换机构将逻辑地址 3024 转换成的物理地址是什么。(请写明计算过程)

9. 页太大或太小对内存管理的效率和内存利用率分别有什么影响?影响系统设计时选择页大小的因素是什么?

10. 什么是快表?说明引入快表后的地址映射过程。

11. 若 CPU 访问内存的速度为 120 ns,访问 TLB 的速度为 20 ns,TLB 命中率为 90%,试比较有 TLB 和无 TLB 一个二级分页系统的有效访问时间。

12. 分别说明使用一级页表和二级页表的地址映射过程。

13. 说明分段存储管理中的地址变换过程。

14. 分页和分段机制的主要区别是什么?

15. 引入段页式存储管理方式的原因是什么?

16. 假设一个进程被分成大小相等的 4 个段,并且系统为每个段建立了一个有 8 个页表项的页表,假设页的大小为 2 KB,请回答下列问题:

(1) 每个段的最大尺寸为多少?

(2) 该进程的最大逻辑地址空间为多少?

17. 某系统采用页式存储管理策略,拥有逻辑空间 32 页,页大小为 2 KB,拥有物理空间 1 MB。

(1) 请写出逻辑地址的格式。

(2) 若不考虑访问权限,进程的页表有多少项?每项至少有多少位?

18. 一个机器有 32 位地址空间和 8 KB 的页,页表完全用硬件实现,页表的每一项为一个 32 位的字。进程启动时,以每个字 100 μs 的速度将页表从内存复制到硬件中,如果每个进程运行 100 ns(包含装入页表的时间),则用来装入页表的 CPU 时间的比例是多少?

19. 一个 32 位地址的计算机使用两级页表。逻辑地址被分成 9 位的一级页表字域,11 位的页表域和偏移,则页大小是多少?在地址空间中一共有多少个页?

20. 一台计算机的处理器的地址空间有 1 024 个页,页表保存在内存中。从页表中读出一个表项的开销是 500 ns。为了减小开销,该计算机使用了联想寄存器,可以存放 32 个页表项,能在 100 ns 内完成查找。把平均开销降到 200 ns 需要的命中率是多少?

21. 请求分页管理系统中,假设某进程的页表内容见表 6-13。

表 6-13 习题 21 表

页 号	页框(Page Frame)号	有效位(存在位)
0	0x 101	1
1	—	0
2	0x 254	1

页大小为 4 KB,一次内存的访问时间是 100 ns,一次快表(TLB)的访问时间是 10 ns,处理一次缺页的平均时间为 10^8 ns(已含更新 TLB 和页表的时间),进程的驻留集大小固定为 2。采用最近最少使用置换算法(LRU)和局部淘汰策略。假设:① TLB 初始为空;② 地址转换时先访问 TLB,若 TLB 未命中,再访问页表(忽略访问页表之后的 TLB 更新时间);③ 有效位为 0 表示页不在内存,产生缺页中断,缺页中断处理后返回产生缺页中断的指令处重新执行。设有虚地址访问序列 0x 2362、0x 1565、0x 25A5,请问:

(1) 依次访问上述三个虚地址各需多少时间?给出计算过程。

(2) 基于上述访问序列,虚地址 0x 1565 的物理地址是多少?请说明理由。

22. 一台机器有 48 位逻辑地址和 32 位物理地址,页大小是 8 KB,试问页表中需要多少个页表项?如果使用反置页表,则需要多少个页表项?

23. 一个小型机使用伙伴系统进行存储管理。初始化后,在地址 0 有一个 256 KB 的块,当连续申请 5 KB 、25 KB、35 KB、20 KB 之后还剩下多少块?它们的大小和地址是什么?

24. 什么是虚拟存储系统?虚拟存储系统有什么特征?

25. 熟悉页置换策略和各种置换算法。

26. 举例说明进程拥有的最小物理块数与哪些因素有关?

27. 说明请求分页机制中的页表中各字段的含义和用途。

28. 为什么在页置换时优先选择最近既没有被访问又没有被修改的页作为淘汰页?

29. 说明请求分段实现的基本原理。

30. 什么是抖动？抖动产生的原因是什么？如何预防抖动？

31. 在虚拟存储系统中，若进程在内存中占 3 个页框（开始时为空），则当执行访问页号序列为 1、2、3、4、1、2、5、1、2、3、4、5、6 时，请分别画出采用 LRU 和 FIFO 置换算法的置换图。

32. 什么是工作集？为什么引入工作集机制？

33. 写一个程序来模拟实现 LRU 页置换算法。页引用序列随机产生，页框数通过界面输入。

34. 如果执行一条指令需要 1 μs，一次缺页处理需要另外的 n μs，每 1 000 条指令发生一次缺页，试给出实际的指令执行时间。

第7章 文件系统

文件系统管理是操作系统的重要功能之一，它为用户提供了在计算机系统中对数据信息进行长期、大量存储和访问的功能。文件的结构及文件的命名、访问、存储、保护都是文件系统设计和实现的主要内容。文件系统包括文件以及管理文件的软件集合。

本章分两部分来讨论文件系统：一部分是文件系统的用户接口，另一部分是文件系统的实现，包括文件的按名访问和存储管理的实现。

7.1 文 件

本节讨论文件系统的用户接口，即用户可以“看见”和使用的文件系统部分，包括文件的命名、类型、属性及对文件的操作。

7.1.1 文件的命名

文件命名向用户提供了简单、直观的文件访问方式，使用户在访问文件时不必了解信息存储的方法、位置等细节，而只需给出要访问的文件名。在创建一个文件时，进程给出文件名。进程终止后，文件仍然存在，其他进程使用该文件名可以对它进行访问。

不同的文件系统为文件命名制定的规则略有不同，但所有操作系统都允许用1～8个字母组成的字符串作为文件名。例如，hello、bruce、paper都是合法文件名。一般情况下，文件名中也允许有数字和一些特殊字符，如1、error!、Tab. 6-1都是合法的。许多文件系统支持长达255个字符的文件名。文件的命名规则、文件名的长度在文件系统设计时确定。

有的文件系统区分大小写字母，如UNIX的文件系统，有的不区分，如MS-DOS。因此，在UNIX中hello、Hello、HELLO是三个不同的文件名，而在MS-DOS中它们是同一个文件名。

多数操作系统都支持文件名用圆点隔开分为两部分，如hello. c，其中圆点后面的部分称为文件扩展名。文件名info. txt的扩展名用于表示这个文件的类型是文本文件，给用户一个提示，而不是给计算机传送什么信息。但是，编译器、链接程序等利用扩展名区分哪些是C文件，哪些是汇编文件，哪些是其他文件。

在Windows系统中，扩展名被赋予了含义。用户可以在操作系统中注册扩展名，并且规定哪个程序与该扩展名关联，当用户双击某个文件名时，关联该扩展名的程序就会启动并访问该文件。例如，双击扩展名为. mp4的文件就会启动关联的视频播放软件，并播放该视频。

7.1.2 文件的结构

本小节介绍如图 7-1 所示的三种文件结构。

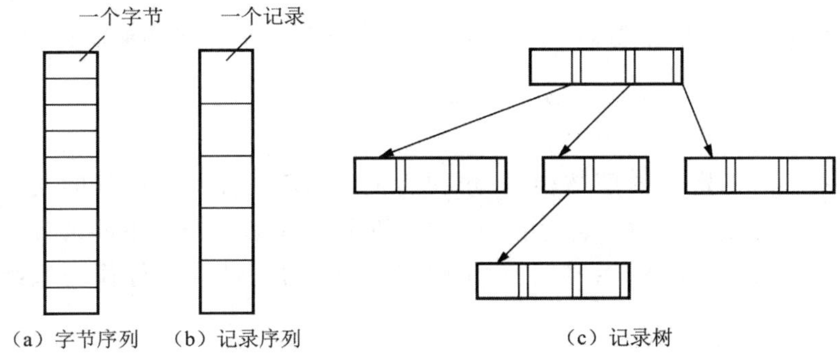

图 7-1 三种文件结构

1) 无结构字节序列

无结构字节序列文件也称为流式文件,操作系统不知道也不关心文件内容是什么,操作系统所见到的就是字节,其任何含义由使用该文件的程序自行理解。在 UNIX 和 Windows 中都采用这种方式。

把文件看成字节序列为操作系统提供了最大的灵活性。用户程序可以向文件中加入任何内容,并以方便的形式对文件进行命名。

2) 固定长度记录序列

在该模型中,构成文件的基本单位是具有固定长度的记录,每个记录都有其内部结构。把文件作为记录序列的中心思想是:读操作返回一个记录,而写操作重写或追加一个记录。

3) 树型结构

文件由一棵记录树构成,记录长度不定,在记录的固定位置包含一个关键字域,记录树按关键字域排序。在这种文件结构中,基本操作是获取具有特定关键字的记录(而不是获取下一条记录)。增加记录时,由操作系统决定记录在文件中的存放位置。这类文件结构与 UNIX 和 Windows 中采用的无结构字节序列有明显不同,它在一些处理商业数据的大型计算机中获得了广泛应用。

7.1.3 文件的类型

在设计操作系统时要考虑系统支持哪些类型的文件,并为每种类型的文件定义合法的操作。文件的类型有正规文件、目录文件、字符设备文件、块设备文件等。正规文件包含用户信息,一般分为 ASCII(American Standard Code for Information Interchange)文件和二进制文件。目录文件是用于管理文件的系统文件。字符设备文件和输入/输出有关,用于串行 I/O 类设备,如终端、打印机、网络等。块设备文件用于磁盘类设备。本节主要介绍正规文件。

1）ASCII 文件

ASCII 文件由多行正文组成，在某些系统中，每行用回车符结束，某些则用换行符结束，而有些系统还同时采用回车符和换行符，如 MS-DOS。各行的长度不必相同。

ASCII 文件的明显优势是可以显示和打印，也可以用通常的文本编辑器进行编辑。另外，如果程序以 ASCII 文件作为输入和输出，则很容易把一个程序的输出作为另一个程序的输入。

2）二进制文件

二进制文件具有一定的内部结构，如可执行的. EXE 文件。用通常的文本编辑器不能直接显示或打印二进制文件，必须使用专门的二进制文件编辑器。不同的操作系统可以识别不同的二进制文件，例如把某种结构（如 ELF 格式）的二进制文件作为系统中的可执行文件。

7.1.4 文件的访问

用户通过对文件的存取来完成对文件的各种操作。文件的存取方式是由文件的性质和用户使用文件的情况确定的。常用的文件存取方式有两种：顺序存取和随机存取。

1）顺序访问

早期的操作系统只有顺序访问这一种文件访问方式。进程可以从文件开始处读文件中的所有字节或者记录，但不能跳过某些内容，也不能不按顺序读。当存储介质是磁带而不是磁盘时，顺序访问文件是很方便的。

2）随机访问

随机访问又称直接访问，即可以任意顺序读取文件中的字节或记录。现代操作系统的文件一旦被创建，所有文件自动成为随机访问文件。定长记录的文件能很好地支持随机访问，而变长记录的文件虽然可以随机访问，但实现起来复杂且访问速度慢。

7.1.5 文件的属性

为方便管理，除了文件名和文件数据外，文件系统还会保存其他与文件相关的信息，如文件的创建日期、大小、修改时间等，这些附加信息称为文件属性。文件属性在不同的操作系统中差别很大。表 7-1 列出了一些常用的文件属性。

表 7-1　一些常用的文件属性

属　性	含　义
保　护	谁可以访问文件，以什么样的方式访问文件
口　令	访问文件需要的口令
创建者	创建文件者的 ID
所有者	当前所有者
只读标志	0 表示读/写，1 表示只读

续表 7-1

属 性	含 义
隐藏标志	0 表示正常,1 表示不在列表中显示
系统标志	0 表示普通文件,1 表示系统文件
存档标志	0 表示已经备份,1 表示需要备份
ASCII/二进制标志	0 表示 ASCII 文件,1 表示二进制文件
随机访问标志	0 表示只允许顺序访问,1 表示随机访问
临时标志	0 表示正常,1 表示进程退出时删除该文件
加锁标志	0 表示未加锁,非零表示加锁
记录长度	一个记录中的字节数
键的位置	每个记录中的键的偏移量
键的长度	键字段的字节数
创建时间	文件创建的日期和时间
最后一次访问时间	文件上一次访问的日期和时间
最后一次修改时间	文件上一次修改的日期和时间
当前大小	文件的字节数
最大长度	文件可能增长到的字节数

7.1.6 文件的操作

使用文件的目的是存储信息并方便以后的检索。不同的系统提供了不同的操作来存储和检索信息。以下是一些常用的文件操作。

1) create

该操作完成创建文件的功能,并设置文件的一些属性。

2) delete

当不再需要某个文件时,删除该文件并释放磁盘空间。

3) open

在使用文件之前,必须先打开文件。open 调用的目的是将文件属性和文件的地址信息装入内存,便于在对文件的后续访问中能快速存取文件信息。

4) close

当存取结束,不再需要文件属性和地址信息时,应该关闭文件以释放内部表空间。很多系统限制进程打开文件的个数,以鼓励用户关闭不再使用的文件。

5) read

从文件中读取数据。一般地,用户可以指定从哪个文件的第几个字节开始读取多少个字节的内容。此外,调用读文件的函数时还需要给出存放被读取内容的内存缓冲区。

6) write

向文件中写数据。写操作一般从写函数的参数指定的文件位置开始。如果当前位置是文件末尾,则文件长度增加;如果当前位置在文件中间,则现有数据被覆盖,并且永远丢失。

7) append

该操作是 write 调用的限制形式,它只能在文件末尾添加数据。

8) seek

对于随机存取文件,要指定从何处开始取数据。通常的做法是用 seek 系统调用把当前位置指针指向文件中特定的位置。seek 调用结束后,就可以从该位置开始读写数据了。

9) getattributes

该操作用于获取文件属性。

10) setattributes

某些属性是可由用户设置的,文件创建以后,用户还可以通过系统调 setattributes 来修改它们。

11) rename

该操作用于修改已有文件的名字。

7.2 目　录

文件系统通常提供目录或文件夹用于记录管理文件的信息。在很多系统中,目录本身也是文件。目录是文件系统中实现按名访问文件的重要数据结构。本节讨论目录、目录的组成、目录的特性和可以对目录进行的操作。

7.2.1 层次目录系统

1) 目录项的结构

目录文件由目录项构成。目录项有两种常见的结构:一种是将属性和地址信息放在目录项中,另一种是将属性和地址信息放在 i 节点(索引节点)中。

目录文件包含许多目录项,每个目录项用于描述一个文件。在第一种结构中,每个目录项长度相同,每个目录项描述一个文件,其中包含文件名、文件属性和文件数据的地址。在第二种结构中,目录项中有一个文件名和 i 节点号。i 节点是一种数据结构,文件属性和文件的地址信息存放在 i 节点中。这两种结构都得到了广泛的应用。图 7-2 分别描述了以上两种结构。

2) 目录结构

文件目录的组织和管理是文件管理中的一个重要方面,包括单层目录、两级目录和树型目录。

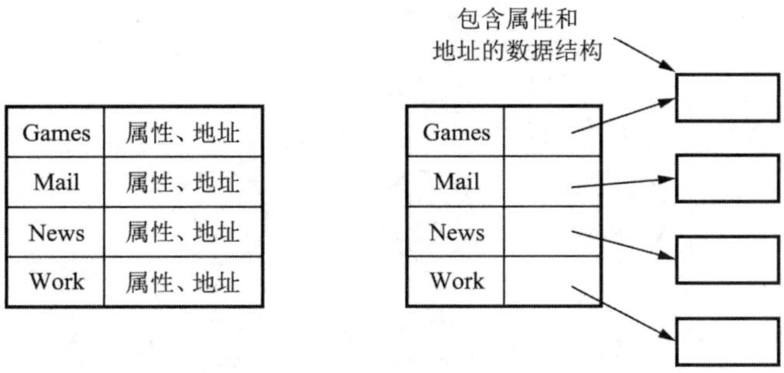

（a）属性和地址放在目录中　　（b）属性和地址放在i节点中

图 7-2　目录文件的结构

（1）单层目录。

这种目录又称为根目录。在整个系统中设置一张线性目录表，表中包括了所有文件的描述信息。在早期的个人计算机中，这种系统很普遍。这种目录结构使得软件设计相对简单。

图 7-3 是一个单层目录系统的例子。该目录下有 4 个文件。

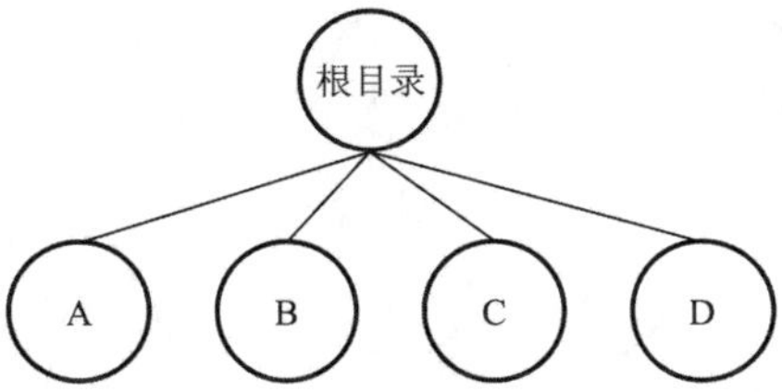

图 7-3　含有 4 个文件的单层目录系统

在多用户系统中，单层目录带来的一个显著问题是不同用户可能会使用相同的文件名。例如，如果用户 A 创建了一个名为 hello. c 的文件，然后用户 B 也创建了一个名为 hello. c 的文件，则用户 B 的文件会覆盖用户 A 的文件。很显然，这种结构不适合在多用户系统中使用。

另外，由于使用单层目录时要查找一个文件必须对单层目录表中的所有表项进行搜索，因而搜索效率较低。

（2）两级目录。

为了避免单层目录中相同文件名冲突的问题，一种改进方法是为每个用户提供一个私有目录。这样，一个用户选择文件名时就不会影响其他用户。图 7-4 所示为一个两级目录系统。

在两级目录结构中，目录被分为两级：第一级称为主文件目录，给出了用户名和用户子目录；第二级称为用户文件目录，通过用户文件的目录给出了该用户所有文件的文件控制块。每个文件有一个文件控制块。文件控制块就是一个文件的属性和地址信息的集合，这些信息可以直接放在目录项中。这一设计隐含的机制是当一个用户试图打开文件时，系统知道是哪个用户，从而知道应该查询哪个目录。

使用两级目录的优点是解决了文件的重名问题和文件共享问题，使查找时间缩短；缺点是增加了系统的存储开销。

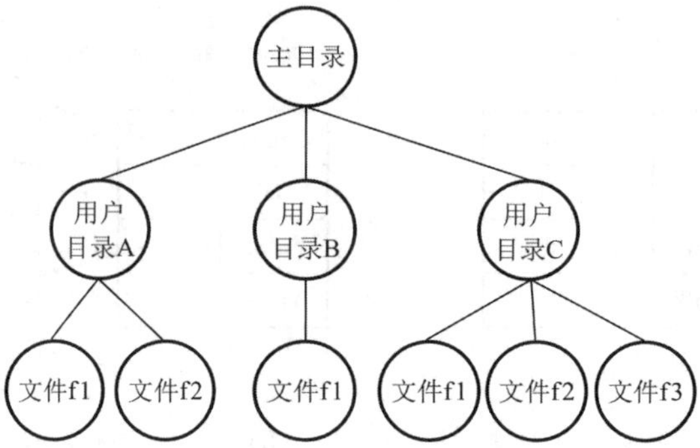

图 7-4　两级目录系统

(3) 树型目录。

把两级目录的层次关系加以推广，就形成了多级目录，又称树型目录，如图 7-5 所示。

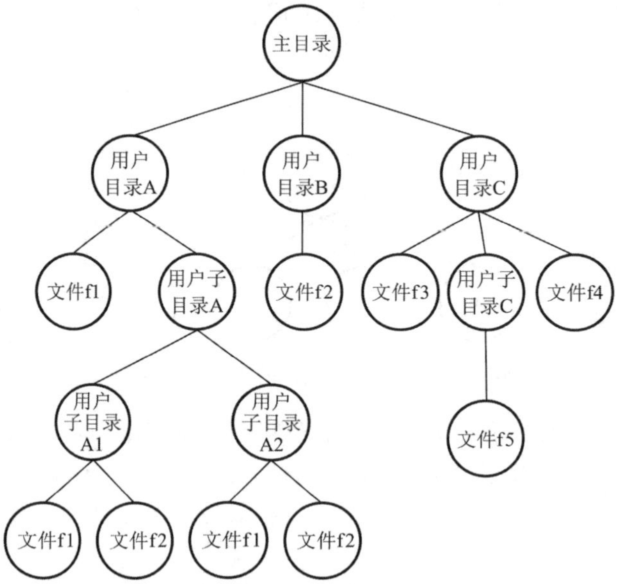

图 7-5　树型目录系统

除了叶子节点对应的存储块中装有文件信息外，其他每一级目录中存放的都是下一级目录或文件，由此形成层次关系。最高层为根目录，最底层为文件。在这种结构中，用户可以拥有多个所需的目录，自由地组织自己的文件。同时，用户可以创建任意数量子目录的功能为用户组织其文件提供了一种强大的工具。

树型目录的优点是便于文件的分类，层次结构清晰，便于管理和保护，解决了重名问题，查找速度加快；缺点是查找一个文件要按路径名逐层检查，由于每个文件都放在外存，所以多次访问磁盘影响速度，且结构相对复杂。

7.2.2 路径名

用目录树组织文件系统时，需要有某种方法指明文件名。常用的方法有两种：绝对路径名和相对路径名。

1）绝对路径名

绝对路径名由从根目录到文件的路径组成。例如，路径/program/practice/test 表示根目录中有子目录 program，而 program 中又有子目录 practice，文件 test 就在子目录 practice 下。绝对路径名总是从根目录开始，并且是唯一的。在 Windows 中，路径各部分之间用“\”分隔；在 UNIX 中，分隔符为“/”。同样的路径名在两种系统中的书写形式分别如下：

```
Windows          \program\practice\test
UNIX             /program/practice/test
```

不管采用哪种分隔符，只要路径名的第一个字符是分隔符，则这个路径就是绝对路径。

2）相对路径名

当访问一个文件系统的目录包含很多级时，如果访问每个文件都要从根目录开始，直到树叶的文件名为止，那么包含所有经过的各级分目录在内的全路径名是相当麻烦的。在设计文件系统时，可以允许用户指定一个目录作为当前的工作目录，所有的不从根目录开始的路径名都是相对于工作目录的。例如，如果当前的工作目录是/program/practice，则绝对路径名为/program/practice/test 的文件可以直接用 test 来引用。用户使用相对路径名往往更方便，但是前提是用户访问的文件必须在当前工作目录下。一些程序需要存取某个特定的文件，而不管当前目录是什么，这时必须采用绝对路径名。不管当前的工作目录是什么，绝对路径名总能正常工作。

支持树型目录结构的大多数文件系统在每个目录中有两个特殊的目录项“.”和“..”。“.”指当前目录，“..”指当前目录的父目录。也就是说，当在 UNIX 的终端或 Windows 的命令提示符中键入命令“cd..”时，将返回上一层目录，如果已经到根目录，再执行该命令，当前目录将一直留在根目录。

7.2.3 目录的操作

本小节以 UNIX 系统为例，说明对目录的操作。

1）create

根据给定的目录文件名，创建目录。除了目录项“.”和“..”外，目录内容为空。“.”和“..”是系统自动放在目录中的。

2）delete

删除目录，根据指定的目录名删除一个目录文件。

3）opendir

打开目录，读取目录的内容。例如，为列出目录中的所有文件和子目录，程序必须先打开该目录，然后读取其中所有文件的文件名。与打开和读取文件一样，在读目录之前必须打开目录。

4）closedir

读目录结束后，关闭目录以释放内部表空间。

5) readdir

以标准格式返回打开目录的下一级目录项。

6) rename

更换目录名。

7.3 文件系统的实现

前面讨论的文件系统主要是从用户的角度探讨问题,用户关心的是文件怎样命名、可以进行哪些操作、目录树是什么样的,以及类似问题。而实现者感兴趣的是文件和目录是怎样存储的、文件的存储空间是怎样管理的,以及怎样使系统有效且可靠地工作等。下面从设计和实现者的角度讨论文件系统是如何实现的。

7.3.1 实现文件

本小节以文件存放在磁盘中为例说明实现文件存储的几种常用方式。文件系统通常是以 2^n 个连续的扇区为单位为文件进行磁盘空间的分配。下文中把分配给文件的连续扇区构成的磁盘块称为簇。

1) 连续分配

顾名思义,连续分配就是把每个文件作为一连串连续数据块存储在磁盘上。例如,系统规定的簇大小为 1 KB,则存储 5 KB 大小的文件需要 5 个连续的簇;若簇大小为 2 KB,则存储 5 KB 大小的文件需要 3 个连续的簇,最后一个簇中有 1 KB 的磁盘空间将不能使用,下一个文件要从一个新的簇开始,如图 7-6 所示。

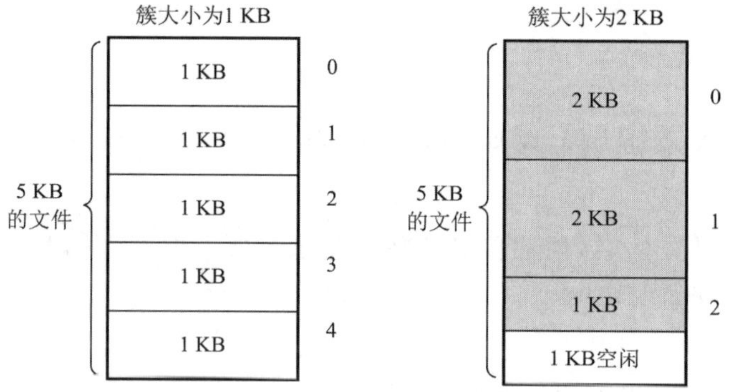

图 7-6 连续分配示例

连续分配方式有两大优点:首先,实现简单,记录每个文件用到的簇仅需存储两个数字(第一块的磁盘地址和文件的块数)即可。给定第一块的簇号,就可以找到任何其他块的簇号。其次,读操作性能好,在单个操作中就能从磁盘上读取整个文件。只需要一次寻找第一个块,之后不再需要寻道和旋转延迟,所以数据以磁盘全带宽的速率输入。

但是,连续分配方式也有十分明显的缺点:随着时间的推移,磁盘会变得零碎。当删除文件时,文件所占的簇被释放,这些空闲的连续簇形成"空洞"。随着磁盘的使用,磁盘上会有许多的空洞。当磁盘被充满而又需要创建新文件时，需要挑选大小合适的空洞存入文件，这时就有必要知道该文件的最终大小。但是在很多情况下无法预知一个文件的最终大小，比如录入一个文档，文档的内容有多少，需要占用多大空间都是未知的，也就是说文件的大小可变，系统管理文件的存储会比较麻烦。

2）使用磁盘链接表的分配

该方法为每个文件构造簇的链接表，每个簇开始的几个字节用于存放下一个簇的簇号，簇的其他部分存放数据，每个文件可以存放在不连续的簇中。在目录项中只需存放第一个数据块的磁盘地址，文件的其他块可以根据这个地址来查找。

如图 7-7 所示，某文件的数据信息需要占用 5 个簇，第 0 块数据存储在 4 号簇中，第 1 块数据存储在 7 号簇中，第 2 块数据存储在 2 号簇中，第 3 块数据存储在 10 号簇中，第 4 块数据存储在 12 号簇中。4 号簇的起始字节中存放了 1 号数据块所在簇的簇号 7，7 号簇的起始字节中存放了 2 号数据块所在簇的簇号 2，2 号簇的起始字节存放了 3 号数据块所在簇的簇号 10，10 号簇的起始字节存放了 4 号数据块所在簇的簇号 12，12 号簇的起始字节存放文件结束标志，表示 12 号簇是存放该文件的最后一个簇。对该文件的查找过程是先根据该文件的文件名搜索目录文件，找到该文件的目录项，然后从目录项中得到第 0 个数据块所在的簇号 4，从 4 号簇的起始字节得到第 1 号数据块所在的簇号 7，以此获得所有数据所在的簇号，访问文件的数据。

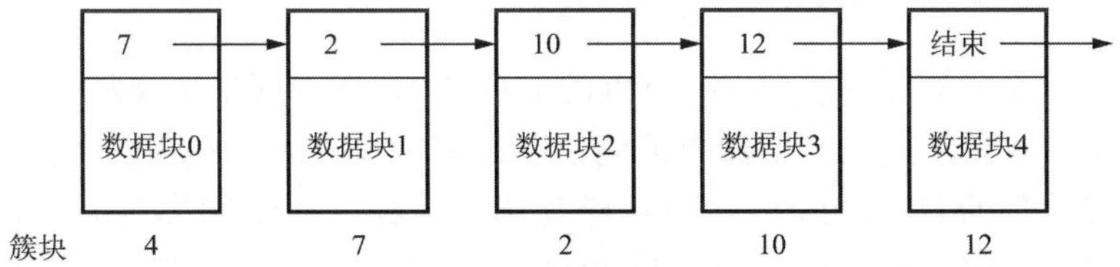

图 7-7　以磁盘块的链接表形式存储文件

这一方法的优点是可以充分利用每个簇，不会因为磁盘碎片（除了最后一块中的内部碎片）浪费存储空间，管理也比较简单；缺点是随机存取速度慢。要获得文件的第 n 块，每一次都要从头开始读取前面的 $n-1$ 块。显然，进行如此多的读操作时间开销太大。

3）使用索引链接表分配

该方法是将文件所在磁盘的簇号存放在索引表中。访问文件时，只需从索引分配表中顺着某种链接关系查找簇的簇号。不管文件有多大，在目录项中只需记录文件的第一块数据所在簇的簇号，根据它查找到文件的所有块。

MS-DOS 就使用这种方法进行磁盘分配。图 7-8 表示了图 7-7 所示例子的索引链接表——文件分配表的内容。该文件依次使用了簇号为 4、7、2、10 和 12 的磁盘块。访问该文件时，先根据文件名检索目录文件，从目录文件中获得文件第 0 号数据块所在的簇号 4，然后利用图 7-8 中的索引链接表，从第 4 号表项中读到簇号 7，从 7 号表项中读到簇号 2，从 2 号表项中读到簇号 10，从 10 号表项中读到簇号 12。在 12 号表项中存放该文件的结束标志，至此找到图 7-7 所示例子中的文件占用的全部簇的簇号。

这种方法的一个缺点是必须把整个表都存放在内存中。对于目前比较常见的 500 GB 的磁盘，如果簇大小为 4 KB，这张表需要有 125 M 个表项，每一项对应一个簇。若每项占 4

链接表
（如FAT表）

0		
1		
2	10	
3		
4	7	文件从这里开始
5		
6		
7	2	
8		
9		
10	12	
11		
12	EOF	文件到这里结束

图 7-8　索引链接表

个字节，根据系统对空间或时间的优化方案，这张表要占用约 500 MB 的内存（125 M 个×4 KB）。显然，这种方法不适合大容量的磁盘。

4）i 节点

该方法为每个文件赋予一个称为 i 节点的数据结构，其中列出了文件属性和文件的数据块所在的磁盘地址。图 7-9 是一个简单的例子。给定一个文件的 i 节点，就能找到文件的所有块。系统打开文件时，将文件的 i 节点从磁盘读入内存。当访问文件时，系统先根据文件名搜索文件所在的目录文件，从该文件对应的目录项中找到文件的 i 节点号，根据 i 节点号从磁盘中将 i 节点信息读入内存，文件在磁盘中的地址信息都存放在 i 节点中。

如果每个 i 节点只能存储固定数量的磁盘地址，那么当一个文件比较大，所含簇的数目太多时，i 节点将无法记录所有的簇号。一个解决方案是采用间接地址，即使一个“磁盘地址”指向的簇中不存放数据块，而是存放簇号。对于一个大文件，i 节点内的一个地址是一次间接块的簇号，这个块包含了存放文件数据的簇的簇号。如果还不够，则在 i 节点中还有二次间接块的簇号，其中存放了若干个一次间接块的簇号。若文件再大，则可以使用三次间接块，如图 7-9 所示。

Linux 的 Ext2 文件系统的一个 i 结点包括 15 个地址项，每个地址项占 32 位（4 个字节），用其中 12 个地址项存放直接地址，1 个地址项存放一次间接地址，1 个地址项存放二次间接地址，1 个地址项存放三次间接地址。当簇大小为 1 KB 时，系统能管理的单个文件的最大长度该怎样计算呢？

首先，12 个地址项存放的是簇号，所以 12 个直接地址可表示的文件大小为 12×1 KB=12 KB。其次，每个簇大小为 1 KB，每个地址项占 4 个字节，所以每个簇中可以存放 256 个簇号。这样，一次间接块可以表示的文件大小为 256×1 KB=256 KB。依次类推，二次间接块可以表示的文件大小为 256×256×1 KB=64 MB。三次间接块可以表示的文件大小为 256×256×256×1 KB=16 GB。最后，一个文件的最大长度为 12 KB+256 KB+64 MB+16 GB。

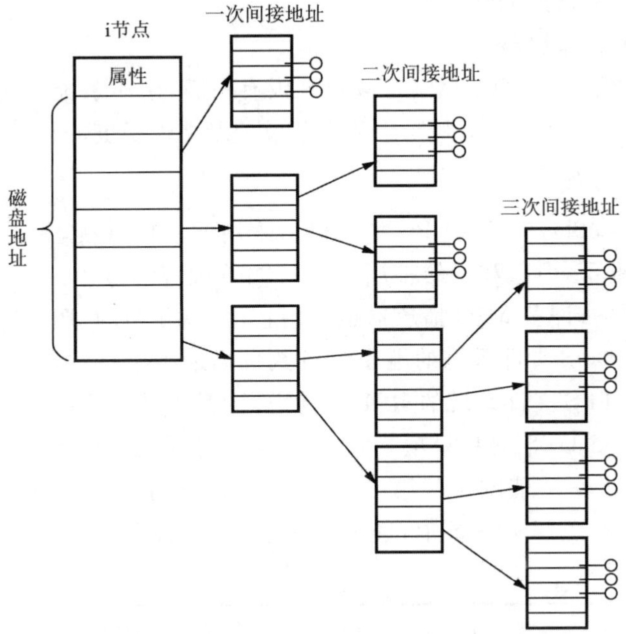

图 7-9 采用间接地址的 i 节点

7.3.2 实现目录

系统在读文件前，必须先打开文件。打开文件时，操作系统利用用户给出的路径名找到相应的目录项，目录项中提供了查找文件簇所需要的信息。下面以 CP/M、MS-DOS 和 UNIX 为例，说明三种不同的目录实现方式。

1) CP/M 中的目录

CP/M 是一个微机操作系统，它只有一层目录，因此只有一个目录文件。要查找文件，就是在这个唯一的目录文件中根据文件名找到文件对应的目录项，从目录项中获得文件存放的磁盘地址。

图 7-10 为 CP/M 的目录项结构。其中，各字段的含义如下：

(1) 用户码：记录了文件的所有者。

(2) 文件名：存放文件名

(3) 扩展名：标识文件类型。

(4) 范围：由该域可知某目录项是文件的第几个目录项，因为对于一个很大的文件(大于 16 KB)，其簇的数量多，在一个目录项中记不下。

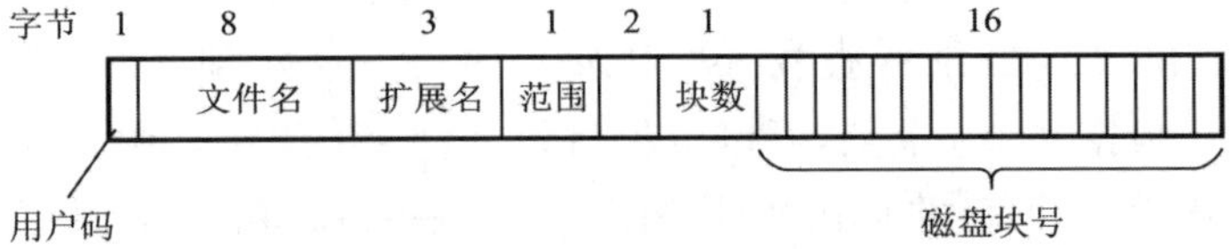

图 7-10 CP/M 的目录项结构

（5）块数：文件实际使用的簇的数量。

（6）最后 16 个域记录簇号。

需要注意的是，文件占用的最后一个簇可能没有写满，这样系统就无法确切地知道文件的字节数，因为 CP/M 是以簇而不是以字节为单位记录文件长度的。

2）MS-DOS 中的目录

MS-DOS 文件系统曾经是 IBM PC 系列机所采用的文件系统，目前它已经不再是新的 PC 机文件系统的标准了，但它和它的扩展（FAT32）曾被许多嵌入式系统所广泛使用，如大部分的数码相机使用它，许多 MP3 播放器也使用它，苹果公司的 iPod 使用它作为默认的文件系统。使用过 MS-DOS 文件系统的电子设备数量远远多于在 PC 机上的应用，并且远远多于使用更现代的 NTFS 文件系统的数量。下面介绍其中的一些细节。

图 7-11 是一个 MS-DOS 的目录项。它总共 32 个字节，其中包含 8 个字节的文件名、1 个字节的文件属性和 2 个字节的文件第一个簇的簇号。根据第一个簇号，顺着索引链表可以找到所有的文件块。在 MS-DOS 中，目录可以包含其他子目录，从而形成树型目录。

8	3	1	10	2	2	2	4
文件名	扩展名	属性	保留	时间	日期	第一个簇的簇号	长度

图 7-11　MS-DOS 的目录项

MS-DOS 用文件分配表即 FAT 作为索引链接表来存放文件数据所在簇的簇号。目录项包含了文件第一个数据块所在簇的簇号，以这个簇号作为 FAT 的索引，可依次找到文件所有的块。FAT 的结构如图 7-8 所示。FAT 文件系统有三个版本：FAT-12，FAT-16 和 FAT-32，取决于用多少二进制位存放簇号。

3）UNIX 中的目录

UNIX 中采用的目录结构非常简单，如图 7-12 所示，每个目录项只包含一个文件名及其 i 节点号。有关文件类型、长度、时间、所有者和簇号等信息都放在 i 节点中。当打开某个文件时，文件系统必须要获得文件名并且定位文件所在的第一个簇。下面以查找 UNIX 中的 /usr/ast/mbox 为例，说明文件系统寻找一个文件的过程。

文件名	i节点号

图 7-12　UNIX 中的目录结构

首先，文件系统找到根目录，在 UNIX 中根目录的 i 节点位于磁盘的固定位置。然后，系统读根目录文件并且在根目录文件中查找路径的第一部分 usr，获得文件/usr 的 i 节点号。由 i 节点号来定位 i 节点是很直接的，因为每个 i 节点在磁盘上都有固定的位置。根据这个 i 节点，系统定位/usr 目录并查找 ast 目录文件。一旦找到 ast 的目录项，便可找到 /usr/ast 的 i 节点。根据这个 i 节点，可以定位目录文件 ast 并在其中查找 mbox。最后，文件 mbox 的 i 节点被读入内存，并且在文件关闭之前会一直保留在内存中。查找的过程如图 7-13 所示。

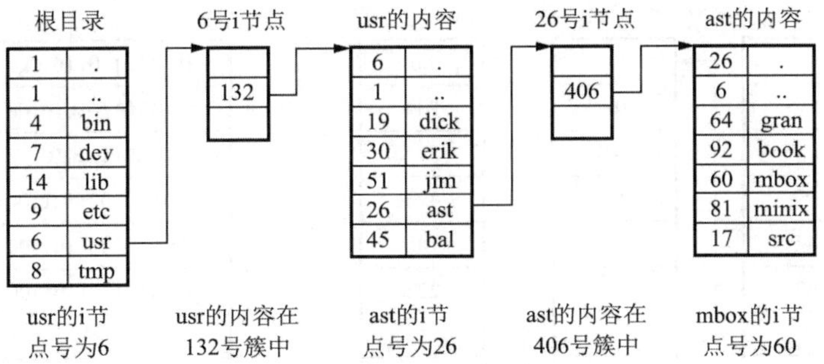

图 7-13 查找/usr/ast/mbox 的过程

提示:相对路径名的查找与绝对路径名的查找方法相同,只不过是从当前工作目录开始查找而不是从根目录开始。

7.3.3 磁盘空间的管理

管理磁盘空间是文件系统的重要功能,包括记录空闲磁盘信息、设计文件的存放方式、规定文件系统的簇大小等内容。

1) 簇大小

文件系统为文件分配磁盘空间是以簇为单位的,一旦用固定大小的簇来存储文件,就会出现一个问题:簇的大小应该是多少?

拥有大的簇尺寸意味着每个文件,甚至一个字节的文件都要占用很大的空间,也就是说小的文件浪费了大量的磁盘空间;而小的尺寸意味着大多数文件会跨越多个簇,因此需要多次寻道与旋转延迟才能读出它们,从而降低了时间性能。因此,簇太大,容易造成空间的浪费;簇太小,会使访问文件的时间延长。

一般簇大小是 2 的整数次幂个连续的扇区,如 1 个扇区,512 个字节;连续 2 个扇区,大小为 1 KB;连续 4 个扇区,大小为 2 KB。根据系统管理的文件大小,可以选择合适的簇大小来格式化磁盘。

2) 记录空闲块

确定了簇的大小,下一个问题是怎样记录空闲簇。有以下两种方法被广泛采用。

(1) 空闲簇链接表。

用一些簇存放空闲簇的簇号。一个簇存放尽可能多的空闲簇的簇号,并专门留出最后几个字节存放指向下一个存放空闲簇的指针。对于 1 KB 大小的簇,可以存放 256 个 32 位的簇号(有一个存放指向下一个块的指针)。图 7-14(a)显示了该方法的记录方式。

(2) 位图。

用 n 位位图对应磁盘的 n 个簇,在位图中,空闲簇用 1 表示,已分配簇用 0 表示(或者反过来),如图 7-14(b)所示。显然,位图方法所需空间少,因为每个簇只用一个二进制位标识其是否被占用。

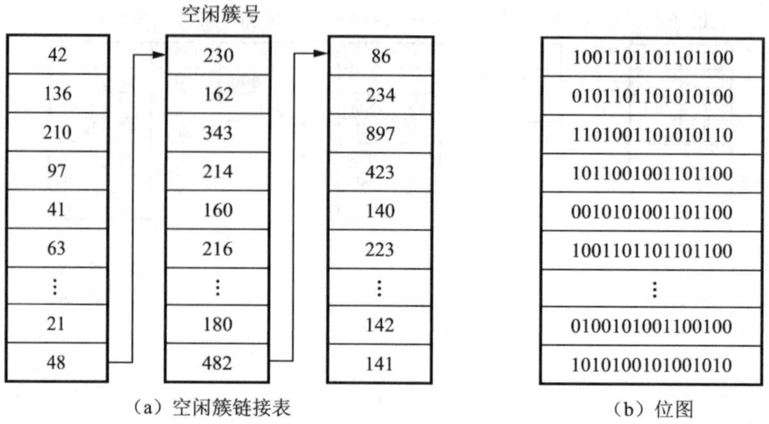

图 7-14　记录空闲块的两种方法

7.4 Linux 的文件系统

7.4.1 虚拟文件系统(VFS)

作为 Linux 的一个重要组成部分，Linux 的文件系统以其快速、稳定、灵活而著称。Linux 不仅支持多种文件系统，而且支持这些文件系统相互之间的访问。表 7-2 列出了 Linux 支持的部分文件系统。

表 7-2　Linux 支持的部分文件系统

文件系统	描　述
Minix	Linux 最早支持的文件系统，64 MB 磁盘空间，14 个字符的文件名
Ext	第一个专用的 Linux 文件系统，2 GB，255 个字符的文件名
Ext2	Linux 标准文件系统，易扩充，可移植
Ext3	日志文件系统
System V	UNIX 早期支持的文件系统
NFS	网络文件系统
ISO 9660	光盘使用的文件系统
MS-DOS	DOS 的文件系统
Vfat	Fat 文件系统的扩展，支持长文件名
Hpfs	OS/2 的文件系统
Ntfs	Windows NT 的文件系统

Linux 的文件系统采用两层结构来构建，如图 7-15 所示。

第一层是所谓的虚拟文件系统(VFS)。VFS 借鉴了 UNIX 文件系统的许多思想，如文件系统的安装与卸载、超级块、索引节点等。VFS 并不是一种实际的文件系统，它存在于内

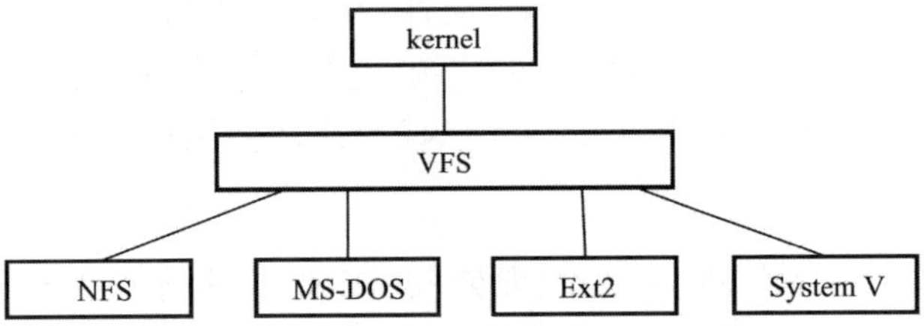

图 7-15 Linux 的文件系统的基本结构

存空间中，在系统初启时建立，系统关闭时撤销，磁盘上不存在 VFS。它只是把各种通用的文件系统如 Ext2、System V、NFS、MS-DOS 等中的公共结构部分抽取出来，建立一种统一的以 i 节点为核心的组织结构，从而达到与其下各个不同文件系统之间的良好兼容。另外，它掩盖了各文件系统的结构差异性，从而给底层的内核以统一的调用接口，使系统内核不再关心相关的操作由哪个文件系统来实现。比如，系统调用 sys_rename(文件更名)在 VFS 中只存在一个，但它却能完成各种文件系统的更名功能，它根据当前使用的文件系统确定是调用 Ext 的 ext_rename 还是 Ext2 的 ext2_rename。

第二层称之为具体文件系统，如 Ext2、Minix、MS-DOS 等。

VFS 提供了一个统一的接口，Minix、Ext2 及 MS-DOS 都需要 VFS 的支持。Linux 同等对待所有的文件系统。概括地说，VFS 主要有以下几个作用：

(1) 对具体的文件系统如 Minix、Ext2 及 MS-DOS 等的数据结构进行抽象，以一种统一的数据结构进行管理。

(2) 接收用户的系统调用请求，例如 read( )、write( )、open( )及 link( )等。

(3) 支持多种具体文件系统之间的相互访问。

(4) 接收内核其他子系统的操作要求，特别是内存管理子系统的要求。

7.4.2 Ext2 文件系统

Ext2 是 Linux 支持的文件系统之一，它是一个功能强大、易扩充、在性能上进行了全面优化的文件系统。

1) Ext2 的发展

早期的 Linux 内核是在 Minix 系统下进行交叉开发的，因此 Minix 的文件系统自然成为 Linux 的第一个文件系统。Minix 文件系统几乎没有 bug，但是由于内部使用 16 位的偏移量，所以最大只能寻址 64 MB 的空间，并且文件名长度最大为 14 个字符。由于这些限制，开发 Linux 自己的文件系统的工作开始展开。

为了适合多种新的文件系统并提供统一的文件操作接口，Linux 内核添加了虚拟文件系统(VFS)。扩展文件系统(Ext)作为第一个使用 VFS API 的文件系统于 1992 年 4 月发行。该文件系统打破了 Minix 文件系统最大分区 64 MB 和文件名最长 14 个字符的限制，允许最大 2 GB 的文件，最长文件名增加到 255 个字符。但它仍存在一些问题：不支持单独访问、没有索引节点修改时间戳和数据修改时间戳。

为了解决上述问题，1993 年 1 月，开发了第二扩展文件系统(Ext2)。Ext2 结合伯克利快速文件系统(Berkeley Fast File System，又称 UNIX File System)的许多思想对 Ext 进行了全面改进。Ext2 在设计时充分考虑了可扩充性,在磁盘数据结构中为以后的版本预留了许多空间。1994 年,Linux 引入了 Ext2 文件系统,它除了包含几个新的特点外,还相当高效和稳定。Ext2 及其下代文件系统 Ext3、Ext4 已成为广泛使用的 Linux 日志文件系统。

2) *Ext2 的特点*

(1) 当创建 Ext2 文件系统时,系统管理员可以根据预期的文件平均长度来选择最佳块大小(从 1 024 到 4 096 字节),Ext2 默认的块大小为 1 KB。

(2) 当创建 Ext2 文件系统时,系统管理员可以根据在给定大小的分区上预计存放的文件数来选择给该分区分配多少个索引节点,这样就可以有效地利用磁盘的空间。

(3) 文件系统把磁盘块分为若干组,每组包含存放在相邻磁道的数据块和索引节点。这种结构可以用较少的磁盘平均寻道时间对存放在一个单独块组中的文件进行访问。

(4) 在磁盘数据块被实际使用之前,文件系统就把这些块预分配给普通文件,因此当文件的大小增加时,因为物理上相邻的几个块已被保留,从而减少了文件的碎片。

(5) 支持快速符号链接。如果符号链接表示一个短路径名(小于或等于 60 个字符),就把它存放在索引节点中,而不是通过读一个数据块进行转换。

3) *Ext2 在磁盘上的物理布局*

任何 Ext2 分区中的第一个块都是为分区的引导扇区保留的,它不受 Ext2 文件系统的管理。Ext2 分区的其余部分分成块组,每个块组的分布如图 7-16 所示。一些数据结构正好可以放在一块中,而另一些可能需要更多的块。在 Ext2 文件系统中,所有块组大小相同并被顺序存放,因此内核通过块组的整数索引很容易地得到磁盘中一个块组的位置。

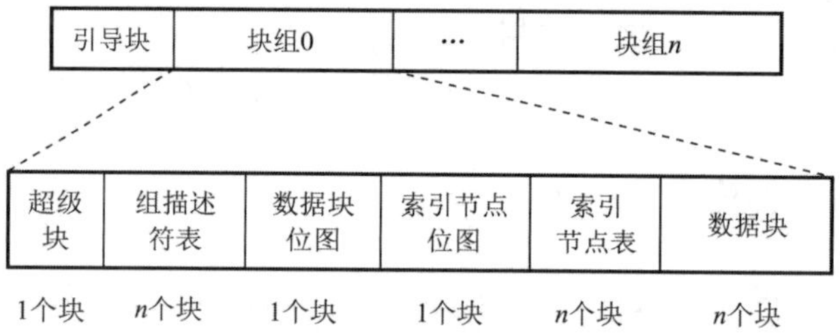

图 7-16　Ext2 分区和 Ext2 块组的分布图

由于内核尽可能地把属于一个文件的数据块存放在同一块组中,所以块组减少了文件的碎片。超级块与组描述符表被复制到每个块组中。只有块组 0 中所包含的超级块和组描述符才由内核使用,而其余的超级块和组描述符保持不变。当出现数据损坏,并且块组 0 中所包含的超级块和组描述符表无效时,使用其他块组中的超级块和组描述符表恢复数据。

块组的数量取决于分区的大小和块的大小,其主要限制在于块位图,因为块位图必须存放在一个单独的块中。块位图用来标识一个组中块的占用和空闲状况。所以,每组中至多可以有 $8\times b$ 个块,其中 b 是以字节为单位的块大小,一个字节是 8 位。从而,块组的总数是 $s/(8\times b\times b)$,其中 s 是分区大小。

下面举例说明:对于 32 GB 的 Ext2 分区,块的大小为 4 KB。在这种情况下,每个 4 KB 的块位图描述 32 K(8×4 K)个数据块,32 K 个数据块的大小为 128 MB(32 K×4 KB)。因此,最多需要 256(32 GB/128 MB)个块组。显然,块的大小越小,块组数越多。

4）Ext2 的主要数据结构

（1）超级块。

Ext2 的超级块是用来描述 Ext2 文件系统整体信息的数据结构，是 Ext2 的核心所在。它是一个 ext2_super_block 数据结构，字段见表 7-3。__u8、__u16 及__u32 数据类型分别表示长度为 8、16 及 32 位的无符号数，而__s8、__s16、__s32 数据类型表示长度为 8、16 及 32 位的有符号数。为了清晰地表示磁盘上字或双字中字节的存放顺序，内核用使用了__le16、__le32、__be16 和__be32 数据类型，前两种类型分别表示字或双字的小端(little-endian)排序方式(低阶字节在高位地址)，而后两种类型分别表示字或双字的大端(big-endian)排序方式(高阶字节在高位地址)。

表 7-3 Ext2 的超级块结构

类 型	字 段	说 明
__le32	s_inodes_count	索引节点的总数
__le32	s_blocks_count	以块为单位的文件系统的大小
__le32	s_r_blocks_count	保留的块数
__le32	s_free_blocks_count	空闲块计数器
__le32	s_free_inodes_count	空闲索引节点计数器
__le32	s_first_data_block	第一个使用的块号(总为 1)
__le32	s_log_block_size	块的大小
__le32	s_log_frag_size	片的大小
__le32	s_blocks_per_group	每组中的块数
__le32	s_frags_per_group	每组中的片数
__le32	s_inodes_per_group	每组中的索引节点数
__le32	s_mtime	最后一次安装操作的时间
__le32	s_wtime	最后一次写操作的时间
__le16	s_mnt_count	安装操作计数器
__le16	s_max_mnt_count	检查之前安装操作的次数
__le16	s_magic	魔术签名
__le16	s_state	状态标志
__le16	s_errors	当检测到错误时的行为
__le16	s_minor_rev_level	次版本号
__le32	s_lastcheck	最后一次检查的时间
__le32	s_checkinterval	两次检查之间的时间间隔
__le32	s_creator_os	创建文件系统的操作系统
__le32	s_rev_level	版本号
__le16	s_def_resuid	保留块的缺省 UID
__le16	s_def_resgid	保留块的缺省用户组 ID

续表 7-3

类　型	字　段	说　明
__le32	s_first_ino	第一个非保留的索引节点号
__le16	s_inode_size	磁盘上索引节点结构的大小
__le16	s_block_group_nr	这个超级块的块组号
__le32	s_feature_compat	具有兼容特点的位图
__le32	s_feature_incompat	具有非兼容特点的位图
__le32	s_feature_ro_compat	只读兼容特点的位图
__u8 [16]	s_uuid	128 位文件系统标识符
char [16]	s_volume_name	卷　名
char [64]	s_last_mounted	最后一个安装点的路径名
__le32	s_algorithm_usage_bitmap	用于压缩
__u8	s_prealloc_blocks	预分配的块数
__u8	s_prealloc_dir_blocks	为目录预分配的块数
__u16	s_padding1	按字对齐
__u32 [204]	s_reserved	用 NULL 填充 1 024 字节

(2) 组描述符。

块组中,紧跟在超级块后边的是组描述符表,其每一项称为组描述符,是一个名为 ext2_group_desc 的数据结构,共 32 字节。它是用来描述某个块组的整体信息的,字段构成见表 7-4。

表 7-4　Ext2 的组描述符

类　型	字　段	说　明
__le32	bg_block_bitmap	本组数据块位图所在的块号
__le32	bg_inode_bitmap	本组 inode 位图所在的块号
__le32	bg_inode_table	本组 inode 表的起始块号
__le16	bg_free_blocks_count	组中空闲块的数目
__le16	bg_free_inodes_count	组中空闲 inode 的数目
__le16	bg_used_dirs_count	组中目录的数目
__le16	bg_pad	按字对齐
__le32 [3]	bg_reserved	用 NULL 填充 24 字节

每个组块都有自己的组描述符,一旦某个组描述符遭到破坏,整个组块将无法使用,所以组描述符表也像超级块那样,在每个组块中进行备份,以防遭到破坏。组描述符表占用的块和普通的数据块一样,在使用时被调入块高速缓存。

(3) 索引节点表。

索引节点表由一连串连续的块组成,其中每一块包含索引节点的一个预定义号。索引节点表第一个块的块号存放在组描述符的 bg_inode_table 字段中。每一个普通文件和目录都有唯一的索引节点与之对应。索引节点中含有文件或目录的重要信息。当访问一个文件或目录时，首先通过文件名或目录名找到其索引节点，然后通过索引节点得到文件或目录的信息及磁盘上的具体存储位置。

所有索引节点的大小相同，即 128 字节。每个 Ext2 索引节点为 ext2_innode 结构，字段见表 7-5。

表 7-5　Ext2 的索引节点

类　型	字　段	说　明
__le16	i_mode	文件类型和访问权限
__le16	i_uid	拥有者标识符
__le32	i_size	以字节为单位的文件长度
__le32	i_atime	最后一次访问文件的时间
__le32	i_ctime	索引节点最后改变的时间
__le32	i_mtime	文件内容最后改变的时间
__le32	i_dtime	文件删除的时间
__le16	i_gid	用户组标识符
__le16	i_links_count	硬链接计数器
__le32	i_blocks	文件的数据块数
__le32	i_flags	文件标志
union	osd1	特定的操作系统信息
__le32 [EXT2_N_BLOCKS]	i_block	指向数据块的指针
__le32	i_generation	文件版本（网络文件系统访问文件时使用）
__le32	i_file_acl	文件访问控制列表
__le32	i_dir_acl	目录访问控制列表
__le32	i_faddr	片的地址
union	osd2	特定的操作系统信息

（4）目录。

Ext2 以一种特殊的文件实现了目录，这种文件的数据块把文件名和相应的索引节点号存放在一起。特别说明的是，这样的数据块包含了类型为 ext2_dir_entry_2 的结构，其字段见表 7-6。

表 7-6　Ext2 的目录项结构

类　型	字　段	说　明
__le32	inode	索引节点号
__le16	rec_len	目录项长度
__u8	name_len	文件名长度

续表 7-6

类 型	字 段	说 明
__u8	file_type	文件类型
char [EXT2_NAME_LEN]	name	文件名

该结构最后一个 name 字段是最大为 Ext2_name_len(通常为 255)个字符的变长数组，因此这个结构的长度是可变的。此外，因为效率的原因，目录项的长度总是 4 的倍数，并在必要时用 NULL 字符(\0)填充文件名的末尾。

下面简述 Ext2 文件系统下查找文件的过程。

① 以文件名作索引搜索目录项找到该文件的索引节点号。

② 用索引节点号除以每个块组中的索引节点数，商为该索引节点所在的块组号，余数为该索引节点在其所在的块组的索引节点表中的偏移。

③ 根据块组号找到该块组的组描述符在组描述符表中的位置。

④ 找到组描述符后，通过组描述符中的 bg_inode_table 字段(本组 inode 表的起始块号)找到索引节点表首块的地址。

⑤ 用索引节点在块组的索引节点表中的偏移除以每个块中存放索引节点的数目，根据商可以得到索引节点所在的块，余数为索引节点在块中的偏移。

⑥ 找到索引节点。

⑦ 根据索引节点中的数据块指针找到文件所在的块。

5) 创建 Ext2 文件系统

在磁盘上创建一个文件系统通常有两个阶段。第一步是格式化磁盘以使磁盘驱动程序可以读和写磁盘上的块，也就是对磁盘做低级格式化。现在的硬磁盘已经由厂家预先格式化，因此不需要重新格式化。在 Linux 上可以使用 superformat 或 fdformat 实用程序对软盘进行逻辑格式化。第二步才涉及创建文件系统，这意味着建立本章前面详细描述的结构。

Ext2 文件系统是由实用程序 mke2fs 创建的，执行操作如下：

① 初始化超级块和组描述符。

② 作为选择，检查分区是否包含有缺陷的块，如果有，就创建一个有缺陷的链表。

③ 对于每个块组，保留存放超级块、组描述符表、索引节点表及两个位图所需要的所有磁盘库。

④ 把索引节点位图和每个组块的数据映射位图都初始化为 0。

⑤ 初始化每个块组的索引节点表。

⑥ 创建/root 目录。

⑦ 创建 lost+found 目录，由 e2fsch 使用这个目录把丢失和找到的缺陷块连接起来。

⑧ 在前两个已经创建的目录所在的块组中，更新块组中的索引节点位图和数据块位图。

⑨ 如果存在有缺陷的块，则把有缺陷的块组织起来放在 lost+found 目录中。

7.5 文件系统的安全性

文件系统中有对用户十分重要的信息，设法防止这些信息不被未授权使用是所有文件系统的一个重要内容。本节讨论涉及安全和保护的问题。

7.5.1 安全环境

安全性(security)是指确保未授权用户无法读取或修改某一些文件，包括相关的技术、管理、法律和政治等方面的文件，以及特定的操作系统的安全机制。保护机制(protection mechanism)是指操作系统保护计算机信息特定的机制。两者没有明确的界限。本小节首先讨论安全性，然后讨论保护机制。

安全性包含很多方面，下面讨论数据丢失、入侵者、个人隐私数据方面的问题。

1) 数据丢失

数据丢失的原因通常有以下几个方面：

(1) 灾祸，如火灾、洪水、地震、战争、暴乱或磁带或者软盘被外力破坏等。

(2) 硬件或软件故障，如 CPU 的错误操作、不能读取的磁盘或磁带、远程通信错误、程序故障等。

(3) 人为错误，如数据输入错误、磁带或磁盘安装错误、程序运行出错、丢失磁带或磁盘。

上述大多数数据丢失问题可以通过留有充分的备份来解决，最好是把数据备份保存在相隔源数据较远的位置。

2) 入侵者

对于保护数据的安全性，相对困难的问题是如何防范入侵者。入侵者可分为两类：一类是只想读取未授权文件的消极入侵者；另一类是怀有恶意的积极入侵者，他们试图在未授权的情况下修改、窃取、破坏文件数据。在设计一个安全的系统时，要考虑必须防止哪一类入侵者。常见的一些入侵者包括：

(1) 偶然的非技术人员窥视。大多数人在工作台上都有台分时系统终端，如果不设置任何保护措施，一些人会读取别人的电子函件或其他文件。在大多数 UNIX 系统中，全部文件的缺省属性是可读的。

(2) 内行的窥视。学生、系统程序员、操作人员和其他一些技术人员常常将突破计算机局部系统的安全性视为对个人能力的挑战。他们往往技术娴熟，并且不惜花大量的时间来进行这一尝试。

(3) 明确的盗窃企图。例如，一些银行程序员试图侵入银行系统盗取金钱，他们的方法包括删除利息数据，将其占为己有；盗用多年未动的账户，甚至敲诈勒索。

(4) 商业或军事上的间谍活动。间谍活动是指由竞争对手或者外国政府资助的、正规的、高投入的活动，主要是窃取对方的程序、商业秘密、专利、技术、电子设计和市场规划等，常常窃听对方的信道消息甚至立起天线截取对方计算机的电磁辐射。

3）隐私权

隐私权的安全问题是怎样防止个人信息不被滥用。但是这个问题涉及许多法律和道德上的问题，例如，为了捕捉罪犯或者预防有组织的犯罪活动，政府是否有权搜集个人档案；为了提供更有诱惑力的功能，软件开发商、网络服务商是否可以搜集用户的某些个人信息。

7.5.2 Internet 蠕虫

1）蠕虫的出现

计算机历史上最大的安全危机发生在 1988 年 11 月 2 日，美国康奈尔大学学生罗伯特·莫里斯(Robert Morris)把一个蠕虫程序放到了 Internet 上。在发现并消灭蠕虫程序前，这一行为导致全世界成千上万台工作在大学、公司和政府实验室的计算机的崩溃。

1988 年的某一天，Morris 发现 Berkeley UNIX 中的两个漏洞，这两个漏洞使人们可以非法访问 Internet 上的机器。当时 Internet 作为科研网连接了美国、欧洲和远东的成千上万台机器。他独自编写了一个名叫蠕虫的可以自我复制的程序，蠕虫可以利用这些漏洞在每一台可以取得访问权限的机器上于几秒内复制自身。他花了几个月的时间编写蠕虫程序，并细心调试以使其尽量掩藏行踪。1988 年 11 月 2 日 Morris 在放置蠕虫程序几小时后就使得 Internet 上的大部分 Sun 和 VAX 系统崩溃。

2）蠕虫程序的构成

从技术上说，蠕虫包含两个程序，即引导程序和蠕虫本体。引导程序在被攻击的系统上编译运行。一旦运行起来，它就连接到自己的来源机器，装入蠕虫本体，并运行之。当发现难以隐藏踪迹时，蠕虫就查看新主机的路由表，看看此主机与哪些主机相连，并试图把引导程序传播到那些机器上。

3）Morris 蠕虫感染的途径

蠕虫用三种方法感染主机。

(1) 试图用 rsh 命令运行一个远程 shell。一些机器非常信任其他主机，它们会不要任何身份验证而运行 rsh。如果这类方法奏效，那么远程 shell 会上载蠕虫程序并开始从那儿感染新的机器。

(2) 利用 BSD 系统中的 finger 程序。finger 允许位于 Internet 上任何位置的用户敲入 finger name@site 来显示在特定计算机上某人的信息。这些信息包括这个人的真名、登录、家庭和工作地址及电话号码、秘书的名字和电话号码、传真号及其他类似的信息。

finger 工作过程如下：在每个 BSD 站点，一个名叫 finger daemon 的进程一直在后台运行，接受并回答来自 Internet 各处的查询请求。蠕虫所做的就是调用 finger，并把一个精心设计的 536 字节长的串作为参数传递给它。这么长的串会溢出 daemon 的缓冲区从而溢出了它的栈。这里利用的错误就是 daemon 程序没有检查缓冲区溢出。当 daemon 程序从获取请求的过程返回时，没有返回到 main，而是跳转到了栈上位于 536 字节长的串中的一个子程序。这个子程序试图运行/bin/sh。如果成功，蠕虫在被攻击的机器上就拥有了一个 shell。

(3) 蠕虫依赖电子邮件系统的一个错误 sendmail 向远程主机传一份引导程序并执行之。

蠕虫一旦运行起来，就试图破解用户口令。每一个破解出来的口令都可以使蠕虫能够在口令所有者拥有账号的机器上登录。

7.5.3　一般的安全性攻击

下面列出一些有效的攻击方法。当设计一个系统时，需要设计对这些攻击的防范措施。

（1）请求内存页、磁盘空间和磁带及反读取其中内容。在分配时，很多系统不删除以前的内容，而其中用户往往写入很多的重要信息。

（2）试验非法的系统调用。或是带非法参数的合法系统调用，或是带有合法而不合理的参数的合法系统调用。很多系统容易引起混淆。

（3）尝试修改在用户空间内保存的、复杂的操作系统结构。很多系统在打开文件时，程序创建了一个大的数据结构，包含有文件名和其他很多参数，并把它传给系统。系统有时在读写文件时修改这些结构，但修改它们有可能造成安全性的严重损伤。

（4）写欺骗用户的程序，程序在屏幕上显示“login:”，然后程序把用户在登录时键入的用户名和口令详细记录下来。

（5）仔细查看手册中关于“请不要做 X.”的内容，然后试验各种有关变通方法。

（6）劝告系统程序员改变系统，当在以你的用户名登录时，跳过一些重要安全性检查，这类攻击方法称为陷阱门(trapdoor)。

（7）从系统管理员处获取系统登录信息。

7.5.4　病　毒

计算机病毒是一类特殊的攻击。病毒已成为很多计算机用户的主要问题。病毒(virus)是一个程序段，它附在合法的程序中，并试图感染其他程序。和蠕虫不同的是，病毒附在现有程序中，而蠕虫本身是一个完整的程序。病毒和蠕虫都试图广泛传播，它们都可能造成严重的后果。

病毒的传播方式通常是这样的：首先病毒编写者写一个有益的程序，如一个游戏程序，这个游戏中潜伏着病毒。当执行游戏程序时，开始“传播”病毒。

病毒程序启动后，它立即检查全部硬盘上的二进制文件，看它们是否被感染，如果发现一个未感染的文件，就把病毒代码加在文件尾部，第一条指令换成跳转语句，转向执行病毒代码。在执行病毒代码后，接着执行原有程序的第一条指令，然后继续执行第二条指令。于是，每当被感染的程序运行时，它总是去传染更多的程序。

除了感染病毒程序之外，病毒程序还可以做其他一些事，如感染硬盘的引导区，使计算机无法启动；删除、修改或者加密文件；有的甚至在屏幕上显示勒索信息，不然会遭受数据或硬件的巨大损失。

预防病毒与杀除病毒相比要容易得多。最安全的办法是从可信赖的商店里购买精装软件。也有一些商用杀毒软件包销售，但其中大多数只能查杀已知的病毒。

更通用的方法是将整个硬盘重新格式化，包括重新格式化引导区，再全部安装可靠软件，为每个文件计算一个校验码。采用何种算法无关紧要，但是校验码位要足够多(至少 16 位，最好 32 位)。把这些文件、校验码放在一个安全地方。可存放在 U 盘、活动硬盘中或者加密后存到本地硬盘上。当系统启动时,计算全部文件的校验码并与原来的校验码相比较。对于任何文件,若两者的比较结果不一致,则标记为不安全文件。但这种方法并不能阻止病毒的感染,它只能用在病毒的早期查找中。

在有些系统如 UNIX 中,可以将保存二进制文件的目录设为对一般用户只读,以提高病毒入侵的难度。这种方法可有效防止病毒感染其他二进制文件。

7.5.5 安全性的设计原则

病毒在多数情况下发生在桌面系统中。病毒发生在更大的系统中会出现一些其他问题,需要用别的方法来解决。Saltzer 和 Schroeder 于 1975 年列出了指导安全系统设计的几个一般原则,这里简单地介绍一下他们的思路(基于 MULTICS 的经验):

(1) 必须公开系统设计,不要假定入侵者不知道系统的工作方式。

(2) 把不可访问设为缺省属性。

(3) 检查当前权限。系统先检查权限,确定该访问合法,然后保留这个信息以备后用,这种方式是不可取的。很多系统只是在打开文件时检查权限,而不是在以后检查权限。这意味着打开文件几个星期后,一个用户依然有权存取该文件,尽管文件主早就修改了文件的权限。

(4) 对每个进程赋予一个尽可能小的权限。如果编辑器只有权访问它所编辑的文件(在编辑器启动时指定),即使这时它有特洛伊木马病毒,也不会出现很大的损害。这个原则蕴含着一个小粒度的保护方案。

(5) 要有简单一致的保护机制,并深入到系统的底层。在不安全的系统上改进安全性几乎是不可能的。安全性同正确性一样也不是一种可以外加的特征。

(6) 保护方案必须是可接受的。用户如果觉得保护太麻烦,那么他们根本就不会去保护,所以应设计方便用户实施的保护方案。

7.5.6 用户验证

用户认证(user authentication)是很常用的一种保护方式。用户认证技术简介如下。

1) **口令**

用户认证最广泛的形式是用户输入密码。密码保护容易理解,也容易实现,但密码比较容易被破解。

口令最好不要单纯使用数字,建议使用字符、数字混合的字符串且字符串有大写、小写字母。最好经常更换密码。

用户键入口令时,计算机不应该显示敲入的字符,以防止旁边有人窥视。再有,绝不要以未加密的形式存放密码,计算机中心的管理部门甚至也不应该有未加密的密码副本。

也可以用让用户回答问题的方式代替密码登录。一些典型的问题如下:

(1) 张三的姐姐是谁?

(2) 你上的小学在哪条街上?

(3) 你最喜欢哪一门课程?

计算机随机地在登录时选择几条询问用户，并检查用户回答是否正确。

另一个变通的办法是询问-回答，即在注册时用户选择一个算法，比如 x^2，当用户登录时计算机显示某个参数，例如 7，这时用户需键入 49。这类算法可以经常变动，早晚不同、每日不同、在不同的终端上也可以不同。

2）物理鉴定

(1) 检查用户是否有一些“证件”。如 U 盾，用户要登录成功，必须在电脑或手机中插入 U 盾并正确输入密码。

(2) 测量那些难以伪造的物理特征。例如进行指纹或者人脸识别。

(3) 签名分析。用户采用与终端连接的特殊笔签名后，计算机与在线已知样本进行比较。更好的方法是不比较签名，而是比较签名时笔的移动情况，优秀的模仿者或许可以模仿签名，但在签名时确切的行笔顺序他就极难了解了。

可以用很多方法增加未授权访问的难度，例如只允许每个用户在指定的终端上登录，并只能在一周某几天或一天中某几个小时中登录。

此外，应该尽可能捕获入侵者的信息，应该记录下全部登录信息。用户登录时，系统应告知用户上次登录的时间和终端，这样有可能检测出非法入侵。

还可以设置捕获入侵者的陷阱，如用带简单口令的特殊登录名(如登录名 guest，口令 guest)，当任何人以该名字登录时，立即通知安全专家。其他的陷阱可以是容易发现的操作系统故障或类似的东西，它们专门为捕获入侵者而设计。

7.6 保护机制

本节主要讨论操作系统保护文件和其他信息的一些技术细节，这些技术把策略(需要保护谁的数据及禁止谁访问)和机制(怎样实现保护)明确地区分开来。

7.6.1 保护域

在计算机系统中有很多有待保护的“对象”，这些对象有可能是硬件，如 CPU、内存段、终端、磁盘驱动器或者打印机，也可能是软件，如进程、文件、数据库或者信号。

每个对象有唯一的名字，用户通过这个名字引用对象，而且对象有一个有限的、允许进程在其上执行的一组操作，如对有的文件可执行 read、write 操作。

很明显，需要某种方法禁止未授权进程访问对象。另外，保护机制还应在需要时限制进程，使进程只执行合法操作的子集，如进程 A 有权读取文件 F，但不能写 F。

为了更好地讨论保护机制，引入了域的概念。域是(对象，权限)对的集合，每个对标记了一个对象和一个可执行操作的子集，权限在这里表示允许执行的操作。

下面给出两个域的实例。域 1 包含两个对：(文件 1，[R])，(文件 2，[RW])。域 2 包含三个对：(文件 1，[RW])，(文件 4，[RWX])，(文件 5，[RW])。

同一对象可在多个域中出现，并且权限在不同域中也可以不同。如文件 1 出现在两个不同的域中，在两个不同的域中访问权限不同，在一个域中只有读权限，而在另一个域中有读和写权限。

图 7-17 列出了三个域,并给出了每个域的对象,以及这些对象允许的操作(读、写、执行),其中打印机同时属于两个域。

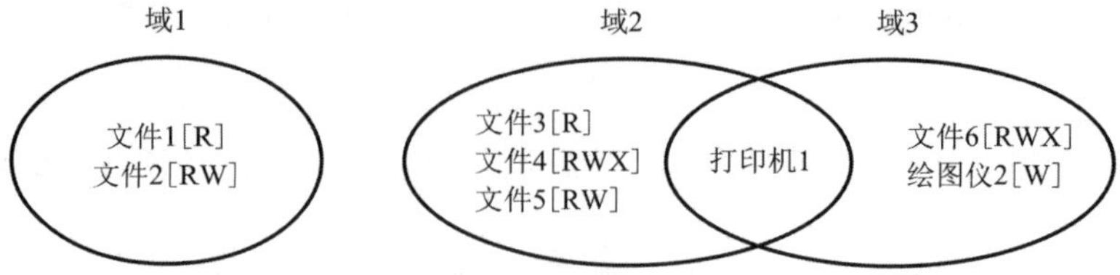

图 7-17　三个保护域

进程在任何时刻都运行在某个保护域中。换句话说,进程可访问某些对象,从一个域切换到另一域,切换的规则完全独立于系统。

为了使保护域的思想更加具体化,以 UNIX 为例进行说明。在 UNIX 中,用 uid 和 gid 来定义进程的域,用一个(uid,gid)对可以建立一张完整的表,将可以访问的对象(文件,包括用特殊文件表示的 I/O 设备等)以及是否可以读、写、执行这些对象全部列出。凡是相同(uid,gid)对的两个进程有完全相同的访问对象集,而不同(uid,gid)对的进程有可能访问不同的对象集。但在多数情况下这些对象集是相互重叠的。

在 UNIX 中,每个进程有两个部分:用户部分和内核部分。进程执行系统调用时,从用户部分切换到内核部分。内核部分和用户部分各有不同的访问对象集。例如,内核部分可存取物理内存中的全部页,访问整个磁盘以及其他保护资源。也就是说,系统调用导致域切换。

当对设置了 SETUID 或 SETGID 位的文件进程执行 EXEC 操作时,它得到了新的有效 uid 或 gid。对应不同的(uid,gid)对,有不同的文件集和有效操作。运行一个有 SETUID 或 SETGID 的进程也会引起域切换。

将 UNIX 进程划分为核心部分和用户部分的思想来源于 MULTICS 中采用的功能更强的作用域切换机制。在 MULTICS 中,硬件对每个进程支持最多 64 个域(而不是核心和用户两个)。一个 MULTICS 进程可由一组过程组成,每个过程运行在某一域,称为环(ring)。运行时,过程也可以动态地连接到一个运行进程。

图 7-18 给出了 4 个环,每个环都是一个独立的保护域。最里层的环是操作系统核心,权限最大。从核心向外移,环的权限越来越小。例如,环 1 可能包含一部分在 UNIX 中只能由根拥有的 SETUID 程序处理的代码,如 mkdir。环 2 有可能包含评价学生程序的打分系统,环 3 则只包含了学生程序。

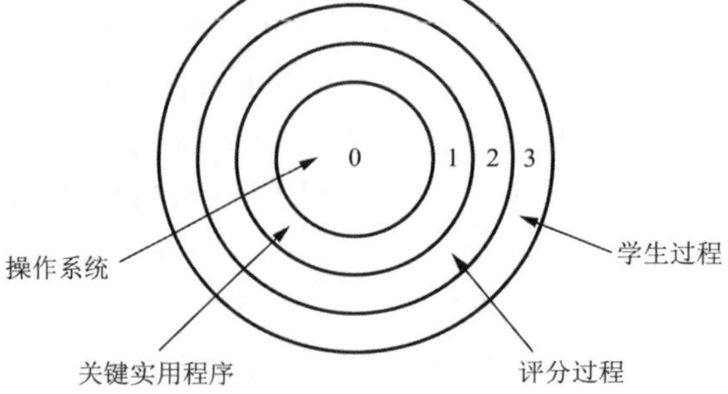

图 7-18　MULTICS 进程的四个环

当一个环中的过程调用另一个环的过程时，产生陷阱，给系统提供改变进程的保护域的机会。因此，MULTICS 进程在其生命周期内可以在多达 64 种域中操作。实际情况比上面描述得更复杂，过程可以存在于多个连续的环中，而在环之间应小心地控制参数的传递。

需要解决的一个重要问题是：系统如何记录某个对象属于哪个域。可以用矩阵来表示，其中矩阵的行表示域，列表示对象。图 7-19 是对应图 7-17 的矩阵。给定该矩阵及当前域号，系统可以给出是否能从该指定域中按特定方式访问某对象。

域 \ 对象	文件1	文件2	文件3	文件4	文件5	文件6	打印机1	绘图仪2
1	读	读写						
2			读	读写 执行	读写		写	
3						读写 执行	写	写

图 7-19　一个保护矩阵

如果注意到域本身也是对象，则用 ENTER 操作很容易把域切换包含在矩阵模型中，就像在 MULTICS 中一样。图 7-20 重新显示了图 7-19，只增加了作为对象的三个域。域 1 中进程可切换至域 2，但一旦切换，它就不能重新返回到域 1。这种情况类似于 UNIX 中的一个 SETUID 程序。在本例中，不允许其他的域切换。

域 \ 对象	文件1	文件2	文件3	文件4	文件5	文件6	打印机1	绘图仪2	域1	域2	域3
1	读	读写								进入	
2			读	读写 执行	读写		写				
3						读写 执行	写	写			

图 7-20　保护矩阵把域作为对象

7.6.2　存取控制表

实际上很少存储如图 7-20 所示的矩阵，因为该矩阵极大且有多个空项。大多数域都只存取很少的对象，所以存储一个大而空的矩阵会导致大量的存储空间被浪费。然而有两种方法较实用：按行或按列存储矩阵，且只存储非空元素。两种方法有很大的不同，本节介绍按列存储，下一节将讨论怎样按行存储。

每个对象在第一种存储技术中都被赋予一张排序的列表，其中列出了可以访问该对象的全部域及怎样访问。这张表也称为访问控制表（Access Control List，ACL）。如果在 UNIX 中实现这种技术，可把每个文件的 ACL 放在磁盘的一个单独块中，并在文件的 i 节点中包含这个磁盘块的块号。因为只存储了非空项，所以所需的全部 ACL 存储空间比整个矩阵存储所需的空间少得多。

为了说明 ACL 的工作原理，先说明它在 UNIX 中的应用。在 UNIX 中，域通过(uid, gid)对来指定。事实上，ACL 在 UNIX 中的作用模型与在 MULTICS 中的应用或多或少与下面例子中的描述相似。

设有 4 个用户(即 uid)Jan、Els、Jelle 和 Maaike，分别属于用户组 system、staff 和 student。假定一些文件的访问控制表如下：

File0：(Jan，*，RWX)

File1：(Jan，system，RWX)

File2：(Jan，*，RW-)，(Els，staff，R--)，(Maaike，*，RW-)

File3：(*，student，R--)

File4：(Jelle，*，---)，(*，student，R--)

每个括号中的 ACL 项指定了 uid、gid 及允许的对文件访问(读、写、执行)。其中，星号代表全部的 uid 或 gid。本例中，File0 可以被 uid 为 Jan，gid 为任意值的进程读写和执行；File1 只能被 uid 为 Jan，gid 为 system 的进程访问。uid 为 Jan 而 gid 为 staff 的进程可以存取文件 File0，但无权访问 File1。File2 允许 uid 为 Jan，gid 为任意值的进程读写，另外 uid 为 Els 而 gid 为 staff 的进程，以及 uid 为 Maaike 而 gid 为任意值的进程也可以读取该文件。任意进程都能够读取 File3。只要 uid 是 Jelle 的进程都无权访问 File4，但是所有其他 student 的进程均可以读取它。利用 ACL 可以禁止特定的用户或用户组访问某个对象，同时允许所有其他的用户进行访问。

在 UNIX 中，具体实现方法略有不同。在 UNIX 中，文件都为文件主、文件主所在的用户组以及其他用户提供了三位 rwx，这类方案也属于 ACL，只是把其压缩到 9 位。可建立一张与对象相连的一张表，指明哪些用户可以存取该对象，以及如何存取该对象。9 位的 UNIX 方案尽管远没有 ACL 那样系统全面，但实际上已经够用了，而且它实现起来要简单方便得多。

对象的所有者能随时改变对象的 ACL，可以禁止原先允许的访问。唯一的问题是 ACL 的改变很有可能不影响当前正在用该对象的用户(即打开该文件的当前用户)。

7.6.3 权　限

如图 7-20 所示，按行分割矩阵是另一表示方法。采用这种方法时，每个进程都赋予一张该进程可能访问的对象表以及每个对象允许进行的操作，即域。该表称为权限表(capability list)，其中的每一项称为权限。

一张典型的权限表如图 7-21 所示。每个权限中，类型域给出了对象的类型；权限域是一个位图，表明允许对这个类型的对象执行的合法操作；对象域则是指向对象本身的指针(例如 i 节点号)。权限表本身也是对象，可以从别的权限表中引用，因此很容易实现子域的共享。权限常常按其在权限表中的位置来引用。有可能某个进程要求："请在权限 2 指向的文件中读出 1 KB 数据。"这类形式的寻址方式与 UNIX 中的文件描述符类似。

很明显，应该防止权限表被用户修改。保护权限表有三种方法。

第一种方法是要有带特征位的体系结构。在硬件设计时，每个内存字都有一个额外(或

	类型	权限	对象
0	文件	R--	指向文件3
1	文件	RWX	指向文件4
2	文件	RW-	指向文件5
3	打印机	-W-	指向打印机1

图 7-21　图 7-20 中域 2 的权限表

特征)位给出该内存字是否包含权限。该特征位不参与算术运算和比较运算,也不用于普通指令,它只能被内核修改。

第二种方法是在操作系统内部保存权限表,引用权限时进程给出权限的槽口号。

第三种方法是直接在用户空间内保存加密后的权限表密钥对用户保密。此方法适用于分布式操作系统。

除了依赖于具体对象的权限,如读、写和执行外,往往还有一些用于全部对象的一般权限。以下就是一般权限的例子。

(1) 复制权限:为同一个对象创建一个新权限。

(2) 复制对象:创建一个复制对象,使其具有新权限。

(3) 删除权限:从 C-list 中删除一项,相应对象不受影响。

(4) 删除对象:永久地删除对象及权限。

很多权限系统组成一组模块,每一类对象有一组类型管理模块。对文件的操作请求被送给文件管理模块,而对邮箱的操作请求送给邮箱管理模块。伴随着这些请求,还有相关的权限。类型管理模块只是一个普通程序,这里会出现问题:文件所有者权限只能对文件执行一些操作,并不能得到文件的内部表示(如文件的 i 节点),所以对类型管理模块而言,应具有比普通进程更多的权限。

Hydra 通过一种称为权限放大(rights amplification)的技术解决了这个问题。其中赋给类型管理者一个权限样板,该样板的权限比类型管理者自有权限要大一些。其他一些对对象有很强分类要求的权限系统也需要类似的解决办法。

最后要说明的是,在权限系统中,很难撤销对某对象的访问权限。系统很难找出全部权限并收回,因为这些权限事实上存储在遍及磁盘的权限表中。一种方法是权限指向一个间接对象,而不是指向对象本身。因为间接对象指向真正对象,所以系统总能中断其间的联系,从而使权限失效(当指向间接对象的权限随后向系统提交时,用户会发现该间接对象如今指向了空对象。)

另一种 Amoeba 系统结构曾用过的方法是每个对象包含一个长随机数,随机数同时出现在权限中。使用权限时,比较上述两个数字,只有当它们一致时才允许操作。对象的所有者能够修改该随机数,从而使权限失效。这两种方案都不允许选择性撤销,也就是说,它不能只收回某一些用户对某对象的权限而其他用户的不变。

7.6.4 保护模型

图 7-19 所示的保护矩阵不是静态的。当有新的对象创建、老的对象删除,以及文件所有者决定增加或限制其对象的用户集合时,该矩阵常常会改变。因为保护矩阵一直在改变,

所以对保护系统模型化比较困难。

Harrison 等在 1976 年提出了用于保护矩阵的 6 个原语操作，作为对任何保护系统模型化的基础。这 6 个原语操作是 CREATE OBJECT、DELETE OBJECT、CREATE DOMAIN、DELETE DOMAIN、INSERT RIGHT 和 REMOVE RIGHT。后两个原语是对特定矩阵元素进行权限的添加和删除，如赋予作用域 1 读文件 File6 的权限。

这 6 个原语可以结合组成保护命令(protection commands)，因为用户不能直接执行原语，而是通过执行这些保护命令来改变矩阵。例如，系统有创建一个新文件的命令，该命令测试文件是否已经存在，如果不存在，则创建一个新对象并将所有者的所有权限赋予该文件。还有命令允许文件所有者将读文件的权限赋予系统中的每个用户，其结果是在每个作用域的新文件表目中插入"读"权限。

在任意时刻，由矩阵决定一个进程在任一作用域内能做什么，而不是由授权来完成这一工作。矩阵是系统强行实施的，而授权与管理策略有关。以下的例子说明了它们之间的区别。对于图 7-22 所示的简单系统，其中每个用户对应了作用域(与 UNIX 模型类似)。图 7-22(a)中有一个保护策略：Henry 可以读写 mailbox7，Robert 可以读写 secret，全部用户可以读并执行 compiler。

	compiler	mailbox7	secret
Eric	读执行		
Heney	读执行	读写	
Robot	读执行		读写

(a) 一种授权状态

	compiler	mailbox7	secret
Eric	读执行		
Heney	读执行	读写	
Robot	读执行	读	读写

(b) 一种未经授权的状态

图 7-22　简单系统保护模型举例

现在假设发现了一种方法，通过命令将矩阵改成图 7-22(b)所示的状况。它现在得到了 mailbox7 的访问权，但这并不是通过授权获得的。如果它要读这个文件，操作系统就执行其请求，因为系统并不知道图 7-22(b)所示的状态是未经授权的。

应该很清楚，所有可能的矩阵状态被划分成两个不相交的集合：全部授权状态的集合和全部未经授权状态的集合。围绕这一情形进行了很多理论考察，提出了一个问题：给定一个初始授权状态和一组命令，是否能证明系统永远不能到达一个未经授权的状态。

事实上，我们是在探讨是否存在一种可用的机制(保护命令)，对推行某一保护策略是充分的。

安全策略有两个原则：

(1) 进程不能读级别高于它本身的任何对象，但可以读比它本身低的或同层的对象。一个机密进程可以读保密对象，但不能读绝密对象。

(2) 进程不能往低于其本身级别的对象写信息。一个机密进程可以向绝密文件写信息，但不能向保密文件写信息。

本章习题

1. 什么是文件？什么是文件系统？文件系统要解决哪些问题？

2. 举例说明文件系统是如何实现文件的"按名访问"的。

3. 举例说明文件系统所能访问的磁盘空间大小是由什么决定的。

4. Ext2 文件系统的一个 i 节点包括 15 个地址项，每个地址项存 32 位地址（4 个字节），其中 12 个地址项存直接地址，1 个地址项存一次间接地址，1 个地址项存二次间接地址，1 个地址项存三次间接地址。当一个逻辑块大小为 4 KB 时，Ext2 能管理的文件的最大长度是多少？

5. 如何管理空闲磁盘空间？

6. 什么是 i 节点？i 节点号就是 i 节点所在的磁盘块号吗？

7. 某些操作系统提供系统调用 rename 给文件重命名，同样也可以通过将文件复制到新文件并删除原文件而实现文件重命名，请问这两种方法有何不同。

8. 文件的连续分配会导致磁盘碎片，请问这是内碎片还是外碎片？

9. 某文件系统采用如图 7-23 所示的目录项，现有如图 7-24 所示的目录树，若每个扇区大小为 512 B，系统采用连续的 8 个扇区作为一个簇。每个文件的内容以字节为单位的长度和各文件第一个数据块所在簇的簇号见表 7-7。

文件名	第一个数据块所在簇的簇号

图 7-23 习题 9 图 1

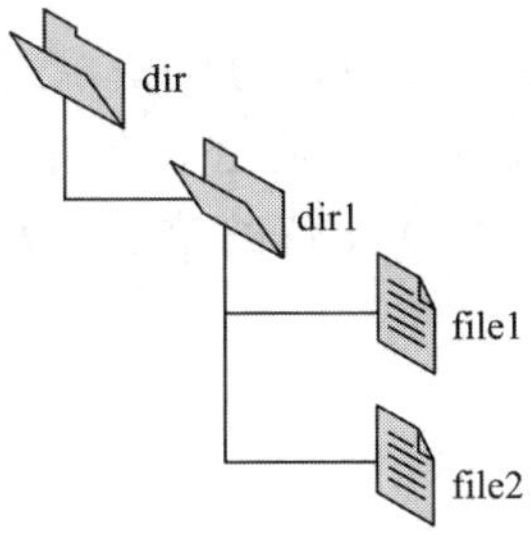

图 7-24 习题 9 图 2

表 7-7 习题 9 表

文件名	文件内容的长度	第一个数据块所在簇的簇号
dir	4 096 B	0
dir1	4 096 B	10
file1	6 000 B	200
file2	50 KB	501

请回答下列问题：

（1）给出每个目录文件的内容。

（2）文件 file1 占用的磁盘空间至少为多少字节？（要求说明理由）

（3）若该文件系统采用 FAT 表与目录作为按名访问的数据结构，FAT 表表项长度为 4 字节，则该文件系统能支持的单个文件的最大长度为多少？（不考虑存放文件结束符）

第8章 I/O设备管理

计算机系统中的I/O设备即输入/输出设备是指用于计算机与计算机、计算机与人、计算机与其他机器通信的所有设备，以及所有外存设备。I/O设备管理是操作系统的重要功能之一，也简称为设备管理。

I/O设备是计算机系统的重要组成部分。计算机I/O设备的多样性使设备的管理非常复杂。本章先从硬件角度介绍I/O设备的一般构成、I/O控制方式，然后从操作系统设备管理软件的角度说明I/O设备管理软件的构成和软件各组成部分的功能，并说明部分功能实现的原理。

8.1 I/O系统的组成

I/O系统不仅包括各种I/O设备，还包括与设备相连的设备控制器，有些系统还配备了专门用于输入/输出控制的专用计算机——通道。此外，I/O系统需要通过总线与CPU、内存相连。本节介绍I/O系统的结构、I/O设备的分类、设备控制器的功能和构成、通道的特点和功能。

8.1.1 I/O系统的结构

I/O系统的结构分为微机I/O系统和主机I/O系统两大类。

1）微机I/O系统

总线结构如图8-1所示。CPU与内存之间可以直接进行信息交换，但是不能与设备直接进行信息交换，必须通过设备控制器。

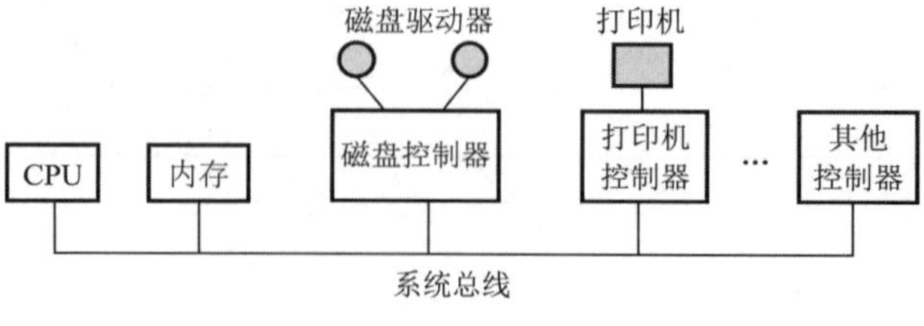

图8-1 总线型I/O系统结构

2）主机 I/O 系统

具有通道的 I/O 系统结构如图 8-2 所示。I/O 系统可能采用四级结构，包括主机、通道、控制器、设备。一个通道可以控制多个设备控制器，一个设备控制器也可以控制多个设备。

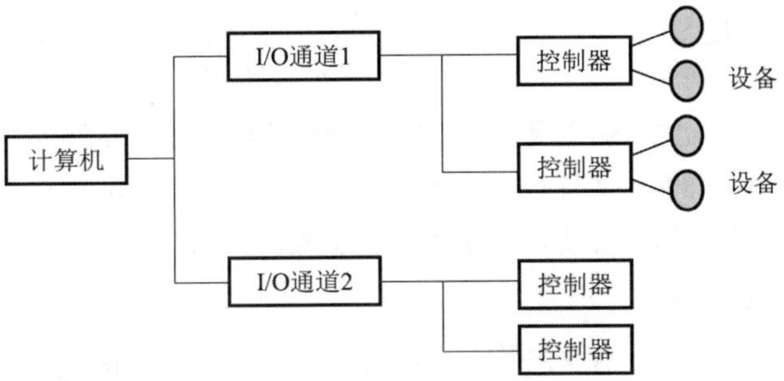

图 8-2 具有通道的 I/O 系统结构

8.1.2 I/O 设备的分类

不同功能的 I/O 设备种类繁多，可以根据设备的某种特点或功能分别对设备进行分类。是否需要对设备进行分类以及如何分类，可根据实际情况而定。

1）按传输速率分类。

(1) 低速设备。如键盘、鼠标，传输速率为每秒几个字节～几百个字节。

(2) 中速设备。如打印机，传输速率为每秒数千个字节～数十千个字节。

(3) 高速设备。如磁带机、磁盘机、光盘机，传输速率为每秒几十万字节～几兆字节。

2）按信息交换的单位分类

(1) 块设备。数据的存取以数据块为单位，如磁盘。块设备在块中保存信息，块的大小通常是固定的，并且一次只传送一块。通常可以通过块号访问数据。

(2) 字符设备。传送字节流，没有使用块结构。终端、打印机、通信端口、鼠标等都是字符设备。

在操作系统实现驱动程序时通常需要区分一个设备是块设备还是字符设备。操作系统对这两种设备的缓冲管理、驱动程序的实现方式是不同的。

3）按设备的共享属性分类

(1) 独占设备。独占设备是必须作为临界资源以互斥方式访问的设备。在一个进程没有使用完毕之前，其他任何进程都不能访问该设备，直到设备被释放。如打印机是典型的独占设备。

(2) 共享设备。共享设备是允许多个进程共同访问的设备，如硬磁盘是典型的共享设备。这里共同访问的含义是一个进程访问该设备的全部任务还没有完成，就可以把设备分配给另一个进程使用。如进程 P_1 需要读 5 个磁盘块的数据，P_2 需要读 3 个磁盘块的数据。当进程 P_1 读完一个磁盘块后，就可以把磁盘的访问权分配给 P_2，让进程 P_2 读一个或若干个磁盘块，再让 P_1 继续读其余的磁盘块。如果必须让 P_1 读完所有 5 个磁盘块后才能让 P_2 开始访问磁盘，那磁盘就成独占设备了。共享磁盘的含义并不是指在任意时刻不同的进程都可以同时读/写磁盘。

(3) 虚拟设备。虚拟设备是通过某种虚拟技术把一台物理设备变成若干逻辑设备,从用户的角度看,多个用户拥有各自的设备,可以随时向设备发出访问请求并得到系统应答。

8.1.3 设备控制器

I/O 设备分为机械和电子两个部分。设备控制器对应电子部分,通常是可编程的。操作系统的程序员需要了解的是设备控制器的结构,编写设备驱动程序要针对具体的设备控制器,了解设备控制器中寄存器、端口的名称、地址和访问方式以及使用方式。

1) 什么是设备控制器

(1) 设备控制器是 CPU 与 I/O 设备之间的接口,接收 I/O 的命令并控制设备完成 I/O 工作。

(2) 设备控制器是一个可编址设备,连接多个设备时可有多个设备地址。控制器可以直接做在主板上,也可以做成插卡插在主板上。现在有些设备的控制器嵌入在设备中,如激光打印机的控制器。

2) 设备控制器的功能

设备控制器的功能如下:

(1) 接收和识别命令。

接收 CPU 的命令和参数,存放在控制器的控制寄存器中,并对命令和地址译码。

(2) 数据交换。通过数据寄存器进行数据交换。

① 将驱动器中的比特流汇集在控制器的缓冲区中以形成字节块。

② 实现 CPU 到控制器、控制器到 CPU 的双向数据传送。

③ 将控制器对设备的控制命令传送给设备控制器。

(3) 设备状态的了解和报告。

设备控制器中有专门用来存放设备状态信息的寄存器或触发器,CPU 可以通过读取这些信息了解设备的当前状态。

(4) 地址识别。

① 设备控制器必须能识别它所控制的每个设备的地址。

② 设备控制器中的寄存器本身应该有唯一的地址,以使 CPU 能向寄存器中读/写数据。

③ CPU 要访问的外设地址送入控制器,由控制器的地址译码器译码后选中目标设备。

(5) 数据缓冲。

在设备控制器中可以存储数据,作为 CPU 和 I/O 设备之间的缓存。

(6) 差错控制。

设备控制器需要具有差错检测功能,当通过数据校验发现数据传输出错时,可以向 CPU 报告,废弃错误数据,重新启动一次数据传输。

3) 设备控制器的组成

设备控制器的逻辑构成主要包括以下三个部分。

(1) 设备控制器与 CPU 的接口。接口为数据线、控制线、地址线。

(2) 设备控制器与设备的接口。设备与设备控制器接口中的三类信号为数据、状态和控制信号。

(3) I/O 逻辑。I/O 逻辑主要由指令译码器和地址译码器两部分功能部件构成，将 CPU 的命令和地址分别译码，控制指定设备进行 I/O 操作。

设备控制器的逻辑结构如图 8-3 所示。

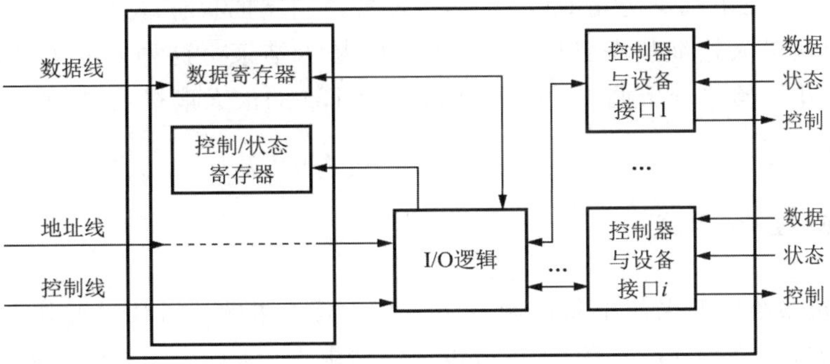

图 8-3 设备控制器的逻辑结构

8.1.4 I/O 通道

通道用于大型主机系统控制 I/O 设备，与控制设备结合，与微机和小型机的设备控制器具有对等的功能，即用来代替微、小型机中的设备控制器，实现大型主机系统的 I/O 设备控制功能，提供操作系统与 I/O 设备间的接口。

I/O 通道是一种特殊的处理机，它具有执行 I/O 指令的能力，并通过执行通道程序来控制 I/O 操作。简单地说，通道是大型主机系统中专门用于 I/O 的专用计算机。引入通道能够使 CPU 从控制 I/O 的任务中解脱，使 CPU 与 I/O 并行工作，提高 CPU 的利用率和系统的吞吐量。

8.2 I/O 控制方式

输入/输出控制方式有早期的程序轮询控制方式(图 8-4)。在中断机制被引入计算机系统后，输入/输出控制采用中断控制方式(图 8-5)。为了提高块设备的输入输出性能，可以利用 DMA 控制器对输入/输出进行 DMA 控制(图 8-7)。通道控制方式可以使输入/输出更大程度地独立于 CPU。在输入/输出控制方式的发展过程中，始终追求的目标是尽量减少主机对输入输出控制的干预，提高主机与输入输出的并行程度，以提高整个系统的性能。本节主要介绍轮询、中断、DMA 控制方式。

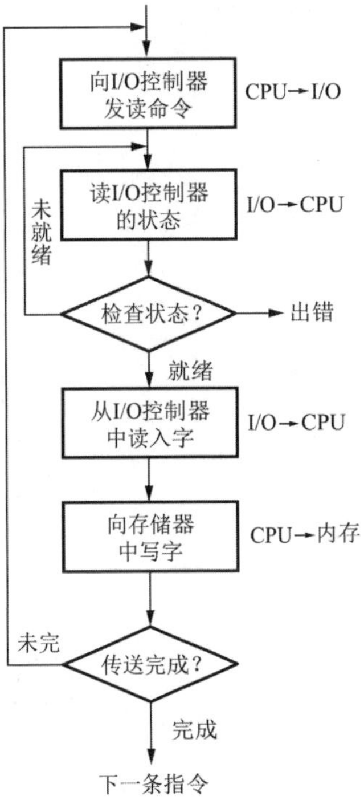

图 8-4 轮询控制的 I/O 过程

8.2.1 轮询控制方式

早期的计算机系统因为没有中断机制，处理器对输入/输出的控制不得不采取程序轮询的方式。采用这种控制方式时，主机在试图发送 I/O 控制命令之前，先反复检测设备控制器状态寄存器的忙/闲标志位，若设备“忙”，则主机继续检测该标志位，直到该位为“空闲”，主机发送 I/O 指令。在主机发送完 I/O 指令后，设备控制器把状态寄存器的忙/闲标志位再置成“忙”，主机再次进入轮询状态，以检测本次 I/O 是否结束。这种控制方式使系统在进行 I/O 的过程中 CPU 始终处于循环检测状态，造成 CPU 的极大浪费，影响整个系统的吞吐量和 CPU 利用率。

8.2.2 中断控制方式

现代计算机系统广泛采用中断控制方式完成对 I/O 的控制，其过程如图 8-5 所示。在采用中断控制方式进行 I/O 时，CPU 执行进程中请求 I/O 的指令，若所请求的设备空闲，则将设备分配给该进程，然后执行设备驱动程序，启动设备开始输入/输出并阻塞该进程，CPU 被调度程序分配给其他进程。当设备工作完毕，通过设备控制器向可编程中断控制器引脚发出中断请求信号，CPU 捕获来自可编程中断控制器的中断信号后，响应中断，执行对应该设备的中断服务程序，唤醒因等待本次 I/O 结束而被阻塞的进程。在设备控制器控制设备完成本次 I/O 的过程中，I/O 设备与 CPU 并行工作。因为中断控制的工作方式能使 CPU 与 I/O 设备在某些时间段上并行工作，所以提高了 CPU 的利用率和系统的吞吐量。

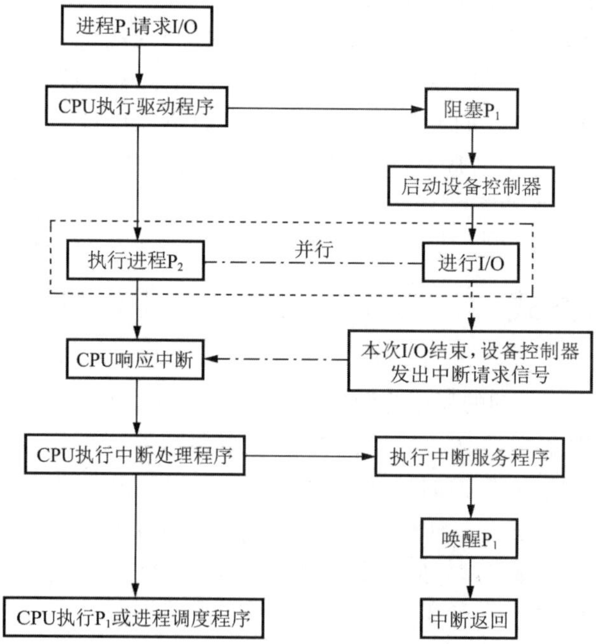

图 8-5 采用中断控制方式的 I/O 过程

8.2.3 DMA 控制方式

对于磁盘驱动器这样的一类设备，每次数据传输量较大，采用中断控制方式，传输一个数据块就需要进行多次中断处理。典型情况下，一个数据块大小为 512 字节，采用中断控制方式，若磁盘控制器中数据寄存器为一个字节大小，则每传输完一个字节，就需要 CPU 执行一次中断处理。为了进一步提高 I/O 的速度和 CPU 与 I/O 的并行程度，可以采用 DMA 控制方式。

DMA 控制需要特殊结构的设备控制器。DMA 控制器的逻辑组成包括三部分：主机与 DMA 的接口、DMA 与设备的接口、I/O 控制逻辑。

为了实现主机与设备控制器之间成块数据的传送，在 DMA 控制器中设计了四类寄存器：命令/状态寄存器 CR、内存地址寄存器 MAR、数据计数器 DC、数据寄存器 DR。DMA 控制器的逻辑结构如图 8-6 所示。

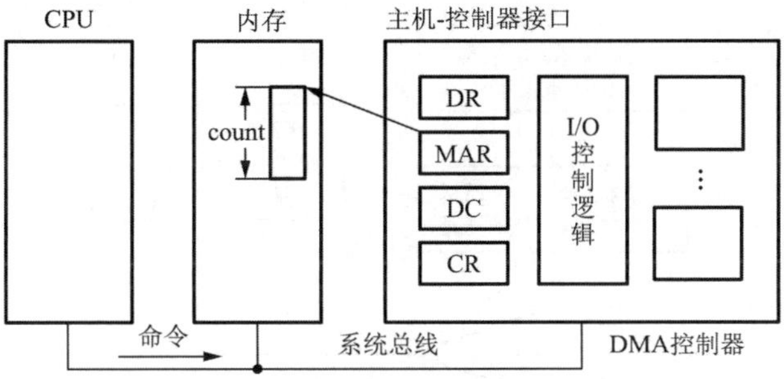

图 8-6 DMA 控制器的逻辑结构

1）命令/状态寄存器 CR

用于接收从 CPU 发来的 I/O 命令或有关控制信息、设备状态。

2）内存地址寄存器 MAR

存放内存地址。在输出数据时，存放输出数据在内存的起始地址，指示 DMA 应该从内存的什么地方读取输出数据；在输入数据时，存放输入数据将要被放入内存的起始地址，指示 DMA 应该把输入数据放到内存的什么地方。

3）数据计数器 DC

指示 DMA 本次向 CPU 发中断信号前要读或写数据的次数。

4）数据寄存器 DR

用于暂存 DMA 传输中要输入或输出的数据。

下面以从磁盘读数据为例说明 DMA 控制方式的工作原理以及 DMA 控制和中断控制的区别。

5）DMA 控制方式

（1）使用中断控制方式时磁盘读数的过程。

① 控制器一个比特一个比特地从设备完整地读出一块数据放入内部缓冲区中。

② 确认该块数据的正确性。

③ 控制器发中断信号，CPU 执行中断处理程序，从控制器的设备寄存器中将数据读入内存。

(2) 使用 DMA 控制方式从磁盘读数的过程。

使用 DMA 控制方式的 I/O 过程如图 8-7 所示。当 CPU 要从磁盘读入一个数据块时，便向磁盘控制器发送一条读命令。该命令被送到命令寄存器 CR 中。同时，CPU 将本次读入数据将要放在内存中的起始地址送 DMA 的 MAR 寄存器，将本次要读的字节数送数据计数器 DC。然后，启动 DMA 控制器进行数据传送。在 DMA 控制输入的过程中，CPU 可以执行其他的进程。当本次读入的数据全部传送完毕后，DMA 向 CPU 发送中断请求。

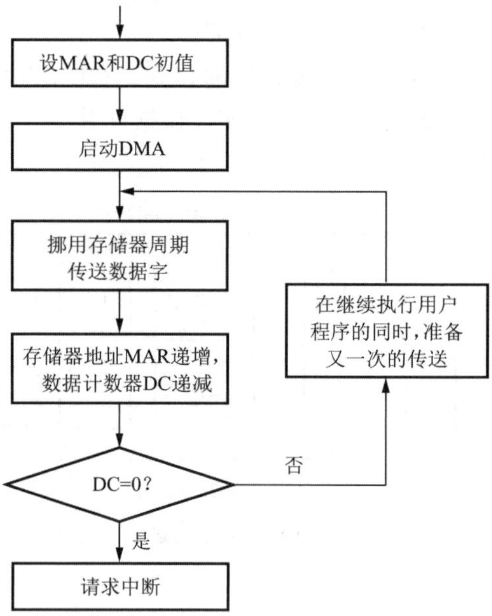

图 8-7 采用 DMA 控制方式的 I/O 过程

在 DMA 控制磁盘读入数据的过程中，每读入一个字(节)，便将该字(节)送到当前 MAR 指示的内存单元中，然后 MAR 的值递增，以指向下一个内存单元，DC 减 1。若 DC 递减后的值不为 0，则说明本次数据传送没有结束，继续在 DMA 控制下传送下一个字节。若 DC 减 1 后变为 0，则说明本次数据传输结束，由 DMA 向 CPU 发中断请求。

8.3 缓冲管理

缓冲区是用来保存两个设备之间或设备与应用程序之间传输数据的内存区域。由于 CPU 的速度远高于 I/O 设备，为了尽可能使 CPU 与设备并行工作，提高系统的性能，通常需要操作系统在设备管理软件中提供缓冲区管理功能。

8.3.1 缓冲的引入

在数据到达速率与数据离去速率不同的地方都可以引入缓冲区。引入缓冲区的主要理由可以归纳为以下两点：

（1）处理数据流的生产者与消费者之间的速度差异。例如，从调制解调器收到一个文件，并保存到硬盘上。调制解调器比硬盘慢数千倍，在这样的情况下，可以在内存中创建缓冲区以存放从调制解调器处收到的字节。当整个缓冲区填满时，就可以通过一次操作将缓冲区中的数据写入磁盘中。由于写磁盘并不及时，而且调制解调器需要一个空间继续保存输入数据，因而需要两个缓冲区。当调制解调器填满第一个缓冲区后，就可以请求写磁盘。接着调制解调器开始填写第二个缓冲区，而这时第一个缓冲区中的数据正被写入磁盘。等到调制解调器写满第二个缓冲区时，第一个缓冲区的数据也已写入磁盘。因此，调制解调器可以切换到第一个缓冲区，而第二个缓冲区的数据可以开始写入磁盘，这种双缓冲将生产者与消费者进行分离，从而缓和了两者之间的时序要求。

（2）协调传输数据大小不一致的设备。这种不一致在计算机网络中特别常见。缓冲常常用来处理消息的分段和重组。在发送端，一个大消息分成若干个小网络包。这些包通过网络传输，接收端将它们放在重组缓冲区内以生成完整的源数据镜像。

引入缓冲区除了可以缓和 CPU 与 I/O 设备之间速度不匹配的矛盾，还能降低对 CPU 中断频率的要求，放宽对中断响应时间的限制，提高 CPU 和 I/O 设备之间的并行性。

8.3.2 单缓冲

操作系统提供的最简单的缓冲类型是单缓冲，如图 8-8 所示。当一个用户进程发出 I/O 请求时，操作系统为该操作分配一个位于主存的缓冲区。

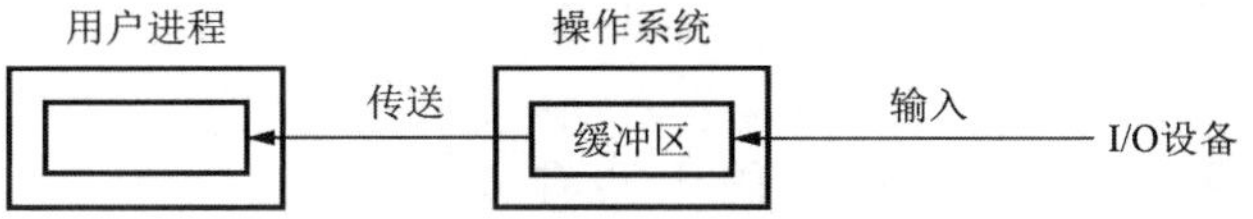

图 8-8 单缓冲工作示意图

对于面向块的设备，单缓冲区方案可以描述如下：输入数据被传送进入系统缓冲区。当传送完成时，进程把该块移到用户空间，并立即请求另一块系统缓冲区。用户进程可以在下一块数据正在读入系统缓冲区时处理用户区中的那一块数据。相对于没有系统缓冲区的情况，这种方法通常会提高速度。

类似的考虑也可以用于面向块的输出。当准备把数据发送到一台设备时，首先把它们从用户空间复制到系统缓冲区中，它们最终从系统缓冲区被传送给输出设备，此时 CPU 与输出设备可以并行工作

对于面向流的 I/O，在每次传送一行或者每次传送一个字节的方式下，可以使用单缓冲方案。键盘、打印机、传感器等都属于面向流的设备。

对于每次传送一行的 I/O，可以用缓冲区保存一行数据。在输入期间，用户进程被阻塞，等待整行的到达。对于输出，用户进程可以把一行输出数据放在缓冲区中，然后继续处理。只有在第一次输出操作的缓冲区内容清空之前，又需要发送第二行输出时，用户进程才需要被阻塞。对于每次传送一个字节的 I/O，操作系统和用户进程之间的交互按照第 3 章进程同步所介绍的生产者-消费者模型进行。

8.3.3 双缓冲

可以通过为操作系统指定两个系统缓冲区(图 8-9)对单缓冲方案进行改进。当一个进程向这一个缓冲区中传送数据(或从这个缓冲区中读取数据)时,操作系统正在清空(或填充)另一个缓冲区,这种技术称为双缓冲(double buffering)或缓冲交换(buffering swapping)。

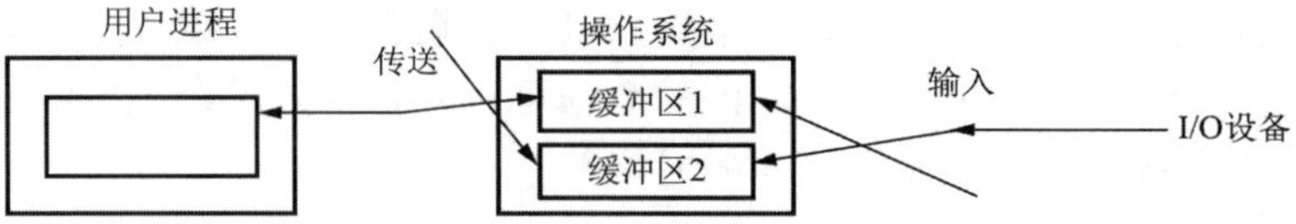

图 8-9 双缓冲工作示意图

双缓冲的性能比单缓冲的性能有所提高,但是这种提高是以增加复杂性为代价的。

8.3.4 循环缓冲

双缓冲方案可以平滑 I/O 设备和进程之间的数据流。如果某个特定进程的性能是关注的焦点,常常会希望相关 I/O 操作能够跟得上这个进程。如果这个进程突然快速执行了大量的 I/O,那么仅有双缓冲就不够了。在这种情况下,通常使用多于两个的缓冲区,如循环缓冲来解决这个问题。可以这样理解:在数据到达和数据离去的速度差别很大的情况下,需要增加缓冲区的数量。

1) 循环缓冲的组成

循环缓冲的组成如图 8-10 所示,图中共有 6 个缓冲区。

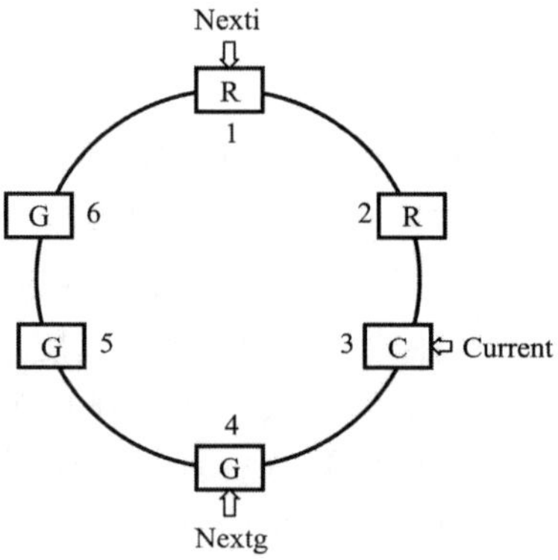

图 8-10 循环缓冲工作示意图

(1) 多个缓冲区。

① 空缓冲区 R:生产者进程下次可用的空缓冲区。

② 已装满数据的缓冲区 G:用于指示消费者进程下一个可用的装有产品的缓冲区。

③ 现行工作缓冲区 C:消费者进程正在使用的工作缓冲区或生产者进程正在使用的工作缓冲区。

(2) 多个指针。

① Nextg:用于指示消费者进程下一个可用的装有数据的缓冲区。

② Nexti:用于指示生产者进程下次可用的空缓冲区。

③ Current:用于指示进程正在使用的工作缓冲区。

2) 循环缓冲的使用

生产者进程和消费者进程可以利用 getbuf( )过程和 releasebuf( )过程来使用循环缓冲区。

(1) getbuf( )过程。

消费者进程要使用缓冲区中的数据时,可调用 getbuf( )过程。该过程将 Nextg 指向的缓冲区提供给进程使用,并把它改成由 Current 指针指向的现行工作缓冲区,同时使 Nextg 指向下一个可用的装有数据的缓冲区 G。而当生产者进程要使用空缓冲区来装数据时,也通过调用 getbuf( )过程,把 Nexti 指示的空缓冲区提供给生产者进程使用,然后使 Nexti 指向下一个空缓冲区 R。

(2) releasebuf( )过程。

当进程使用完缓冲区之后,调用 releasebuf( )过程释放缓冲区。当消费者进程把 C 缓冲区中的数据提取完毕时,便调用 releasebuf( )过程释放 C 缓冲区,把该缓冲区改为空缓冲区 R。当生产者进程把缓冲区装满数据后,调用 releasebuf( )过程释放缓冲区,使装满数据的当前工作缓冲区成为 G 缓冲区。

3) 进程同步

由于使用缓冲区可使生产者进程和消费者进程并行执行,相应地,指针 Nexti 和指针 Nextg 将不断地沿顺时针方向移动,在下列两种情况下需要保持两种进程同步的机制。

(1) Nexti 指针追上 Nextg 指针,即生产进程速度大于消费进程速度,没有空缓冲区,全部缓冲区已满。此时,需要阻塞生产者进程,等待消费者进程为生产者进程释放空缓冲区 R。

(2) Nextg 指针追上 Nexti 指针,即消费者进程速度大于生产者进程速度,全部缓冲区已空。此时,需要阻塞消费者进程,等待生产者进程为消费者进程释放装有数据的缓冲区 G。

8.3.5 缓冲池

公共缓冲池是被广泛应用的一种缓冲管理技术,公共缓冲池中设置多个可供若干进程共享的缓冲区,这种方式能提高缓冲区的利用率。

1) 缓冲池的组成

公共缓冲池既可用于输入,又可用于输出,其中至少包含三种类型的缓冲区、三种缓冲队列和四种工作缓冲区。

(1) 三种类型的缓冲区。空缓冲区、装满输入数据的缓冲区、装满输出数据的缓冲区。

(2) 三种缓冲队列。

① 空缓冲队列 emq:由空缓冲区链接而成的队列。

② 输入队列 inq:由装满输入数据的缓冲区链接而成的队列。

③ 输出队列 outq:由装满输出数据的缓冲区链接而成的队列。

(3) 四种工作缓冲区。

① 收容输入数据的缓冲区。收容完输入数据后,缓冲区被插入输入队列中。

② 提取输入数据的缓冲区。存在于输入队列中,当进程需要输入数据时,先从输入队列中获取这种缓冲区。

③ 收容输出数据的缓冲区。收容完输出数据后,缓冲区被插入输出队列中。

④ 提取输出数据的缓冲区。存在于输出队列中,当进程需要输出数据时,先从输出队

列中获取这种缓冲区。

2) getbuf( )过程和 putbuf( )过程

对缓冲池的操作由 getbuf( )过程和 putbuf( )过程来完成。为了使进程能以互斥的方式访问缓冲池队列,可为每个队列设置一个相应的互斥信号量 MS(type)。为了保证进程同步使用缓冲区,可以为每个队列设置一个资源信号量 RS(type)。其中,type 指示缓冲区队列类型,可以是 emq、inq、outq。

(1) getbuf( )过程。

```
Procedure getbuf(type)
Begin
    wait(RS(type));               //申请缓冲区
    wait(MS(type));               //申请缓冲队列的互斥访问权
    b(number)= takebuf(type);     //摘取缓冲区
    signal(MS(type));             //释放缓冲队列的互斥访问权
End
```

(2) putbuf( )过程。

```
Procedure putbuf (type,number)
Begin
    wait(MS(type));               //申请缓冲队列的互斥访问权
    addbuf(type,number);          //向 type 指示的队列中插入 number 指示的缓
                                  //冲区,number 可以是 hin、sin、sout、hout,
                                  //如图 8-11 所示
    signal(MS(type));             //释放缓冲队列的互斥访访问权
    signal(RS(type));             //释放缓冲区
End
```

3) 缓冲区的工作方式

缓冲区可以工作在收容输入、提取输入、收容输出和提取输出四种工作方式下,如图 8-11 所示。

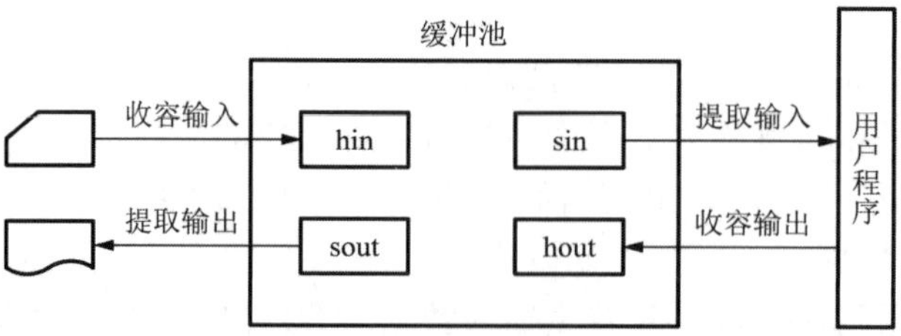

图 8-11 公共缓冲池中缓冲区的工作方式

(1) 收容输入。

当进程需要收容输入数据时,要先从空缓冲队列摘取一个空缓冲区,将输入数据写入缓

冲后再把装入了输入数据的缓冲区插入到输入队列中去。操作步骤为：

① getbuf(emq)；

② 将输入数据写入缓冲区；

③ putbuf(inq,hin)。

(2) 提取输入。

当进程需要输入数据(如计算进程需要提取输入数据,然后对数据进行计算处理)时,先从输入队列摘取输入缓冲区,然后从中提取输入数据,最后把缓冲区作为空缓冲区插入空缓冲队列。操作步骤为：

① getbuf(inq)；

② 从缓冲区提取数据；

③ putbuf(emq,sin).

(3) 收容输出。

当进程需要收容输出数据时,要先从空缓冲队列摘取一个空缓冲区,将输出数据写入缓冲区后,再把装入了输出数据的缓冲区插入到输出队列中去。操作步骤为：

① getbuf(emq)；

② 将输出数据写入缓冲区；

③ putbuf(outq,hout)。

(4) 提取输出。

当进程需要输出数据(如打印进程需要提取输出数据送打印机)时,先从输出队列摘取输出缓冲区,然后从中提取输出数据,最后把这个缓冲区插入空缓冲队列。操作步骤为：

① getbuf(outq)；

② 输出数据；

③ putbuf(emq,sout)。

8.4 设备分配

在多道程序环境下,系统中的设备不允许用户自行使用,必须由系统分配。当进程向系统提出 I/O 请求时,设备分配程序便按照一定的策略把设备分配给用户。设备分配功能的完成需要记录设备情况的数据结构和设备分配算法。

8.4.1 设备分配中的数据结构

支持设备分配的数据结构需要记录设备的状态(忙或空闲)、设备类型等基本信息。下面是一种支持设备分配的数据结构设计方案。该方案包括:设备控制表、控制器控制表、通道控制表、系统设备表。这些数据结构记录了设备、控制器、通道的状态及控制器进行控制所需要的信息。

1) 设备控制表 DCT(Device Control Table)

系统为每个设备建立一张设备控制表,多台设备的设备控制表构成设备控制表集合。

每张设备控制表包含以下信息：

(1) 设备类型。

(2) 设备标识符。

(3) 设备状态：忙/闲。

(4) 指向控制器表的指针。

(5) 重复执行的次数或时间。

(6) 设备队列的队首指针。设备队列也叫设备请求队列，是因请求设备而被阻塞的进程的 PCB 构成的队列。设备队列的队首指针指向队首的 PCB。

2) 控制器控制表 COCT(Controller Control Table)

系统为每个控制器设置一张用于记录该控制器信息的控制器控制表。控制器控制表中通常有以下字段：

(1) 控制器标识符。

(2) 控制器状态。

(3) 与控制器相连接的通道表指针。

(4) 控制器队列的队首指针。控制器队列是由因请求设备控制器，但设备控制器处于"忙"状态被阻塞的进程的 PCB 构成的队列。设备控制器队列的队首指针指向队首的 PCB。

3) 通道控制表 CHCT(Channel Control Table)

在一些主机系统中还有通道设备，系统会为每个通道设备建立一张通道控制表。通道控制表包括以下字段：

(1) 通道标识符。

(2) 通道状态。

(3) 与通道连接的控制器表首址。

(4) 通道队列的队首指针。

4) 系统设备表 SDT (System Device Table)

系统设备表是系统范围的数据结构，其中记录了系统中全部设备的情况。每个设备占一个表目，其中包括设备类型、设备标识符、设备控制表及设备驱动程序的入口地址。

系统设备表、控制器控制表、设备控制表之间的关系及利用数据结构进行设备分配的流程如图 8-12 所示，其中的逻辑设备表 LUT(Logical Unit Table)用于实现逻辑设备名与物理设备的映射关系。LUT 的用途及一般结构见 8.4.3 设备独立性小节的介绍。

8.4.2 设备分配

为了使系统有条不紊地工作，系统在分配设备时应考虑以下三个因素：

(1) 设备的固有属性。

(2) 设备分配算法。

(3) 设备分配时的安全性。

1) 设备的固有属性

在分配设备时，首先应考虑与设备分配有关的设备属性。设备的固有属性可分成三种：

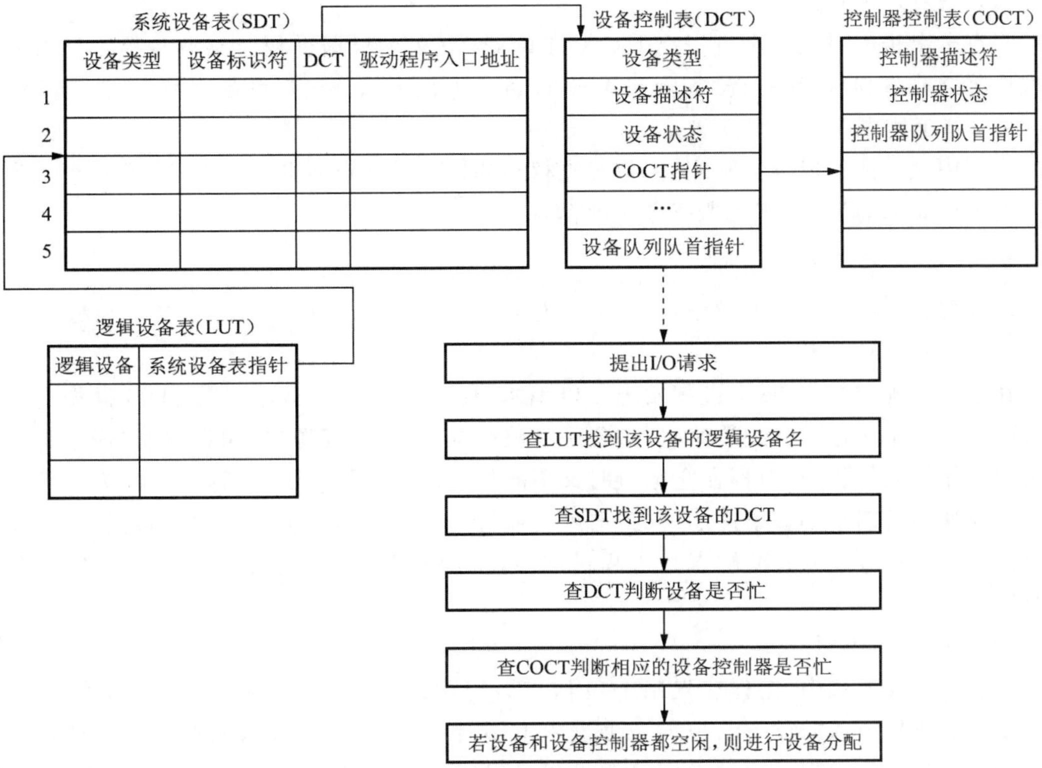

图 8-12 设备分配数据结构和分配流程的关系

第一种是独占性,指这种设备在一段时间内只允许一个进程独占,此即“临界资源”;第二种是共享性,指这种设备允许多个进程同时共享;第三种是可虚拟性,指设备本身虽是独占设备,但经过某种技术处理,可以把它改造成虚拟设备。对上述的独占、共享、可虚拟三种设备应采取不同的分配策略。

(1) 独占设备。

对于独占设备,应采用独占分配策略,即将一个设备分配给某进程后,便由该进程独占,直至进程完成或释放该设备。然后,系统才能将该设备分配给其他进程使用。这种分配策略的缺点是设备得不到充分利用,而且还可能引起死锁。

(2) 共享设备。

对于共享设备,可同时分配给多个进程使用,但此时须注意对这些进程访问该设备的先后次序进行合理的调度。

(3) 虚拟设备。

由于可虚拟设备是指一台物理设备在采用虚拟技术后可变成多台逻辑上的所谓虚拟设备,因而一台可虚拟设备对于用户进程而言是可共享的设备,可以将它同时分配给多个进程使用,并对进程访问该设备的先后次序进行控制。

2) 设备分配算法

对于设备分配的算法,与进程调度的算法有相似之处,但相对简单。通常只采用以下两种分配算法。

(1) 先来先服务。

当有多个进程对同一设备提出 I/O 请求时，该算法是根据进程对某设备提出请求的先后次序将这些进程排成一个设备请求队列，设备分配程序总是先把设备分配给队首进程。

(2) 基于优先权的分配算法。

在利用该算法形成设备队列时，将优先权高的进程排在设备队列的前面，而对于优先级相同的 I/O 请求，则按先来先服务原则排队。

3) 设备分配中的安全性

从进程运行的安全性上考虑，设备分配有以下两种方式。

(1) 安全分配方式。

在这种分配方式中，每当进程发出 I/O 请求，便进入阻塞状态，直到其 I/O 操作完成时才被唤醒。在采用这种分配策略时，进程一旦获得某种设备(资源)便阻塞，使得该进程不可能再请求任何其他资源，而且在它运行时又不能保持任何资源。因此，这种分配方式已经摒弃了造成死锁的四个必要条件之一的"请求和保持"条件，进程不会死锁，从而使设备分配是安全的。但这种分配方式的缺点是进程进展缓慢，即对于同一个进程，CPU 与 I/O 设备是串行工作的。

(2) 不安全分配方式。

在这种分配方式中，进程在发出 I/O 请求后仍继续运行，需要时又发出其他的 I/O 请求。仅当进程所请求的设备已被另一个进程占用时，请求进程才进入阻塞状态。这种分配方式的优点是一个进程可同时操作多个设备，使进程推进迅速，但其缺点是分配不安全，因为它可能具备"请求和保持"条件，从而造成进程死锁。

8.4.3 设备独立性

1) 设备独立性的概念

为了提高操作系统的可适应性和可扩展性，在现代操作系统中都毫无例外地实现了设备独立性，也称为设备无关性。其基本含义是应用程序独立于具体使用的物理设备。为了实现设备独立性而引入了逻辑设备和物理设备这两个概念。在应用程序中，使用逻辑设备名请求设备，而系统在实际执行 I/O 操作时，使用物理设备名。因此，系统必须具有将逻辑设备名转换为某物理设备名的功能。

2) 实现设备独立性带来的好处

实现设备独立性带来的好处是：

(1) 应用程序与物理设备无关，系统增减或变更 I/O 设备时不需要修改应用程序。

(2) 易于处理输入/输出设备的故障。例如，某台打印机发生故障时，可用另一台不同型号、不同品牌的打印机替换，而不用修改应用程序。

(3) 提高了系统的可靠性，增加了设备分配的灵活性。

3) 设备独立软件

设备独立软件完成的主要功能是：

(1) 执行所有设备的公有操作。

执行的操作包括设备的分配与回收、将逻辑设备名映射为物理设备名、对设备进行保护、缓冲管理、差错控制。为了实现逻辑设备名到物理设备名的转化，可以利用称为逻辑设备表LUT的数据结构。在该表的每个表目中都包含逻辑设备名、物理设备名。LUT的设置可采取两种方式：整个系统设置一张LUT或者为每个用户设置一张LUT。

(2) 向用户层软件提供统一的接口。

设备独立软件向用户层屏蔽访问硬件的细节，向应用软件和最终用户提供简单、统一的访问接口。如对各种设备的读操作在应用程序中都使用read( )函数调用，写操作都使用write( )函数调用。

例 8-1　实现在打印机/dev/ptl上输出字符串“hello”的功能，用下述语句即可。

```
fd= open("/dev/ptl");
write("hello");
close(fd);
```

8.4.4　独占设备的分配程序

对于具有I/O通道的系统，在进程提出I/O请求后，系统的设备分配程序可按下述步骤进行设备分配：

(1) 分配设备。

根据用户请求的设备的物理名，查找系统设备表，从中找出该设备的设备控制表，检查设备控制表中的设备状态字。若设备忙，则将进程阻塞在该设备的阻塞队列中；若设备空闲，则根据设备分配算法将设备分配给进程。

(2) 分配控制器。

若系统为进程分配了其请求的设备，就到该设备的控制表中找出与该设备连接的控制器的COCT，即设备控制器控制表，检查其中的状态字段。若该控制器忙，则将请求I/O的进程阻塞在该设备控制器的阻塞队列中；若控制器空闲，则将它分配给进程。

(3) 分配通道。

在有通道的系统中，还需要从相应的设备控制器控制表中找到与该控制器连接的通道控制表，检查表中的通道状态字段。若通道忙，则将进程阻塞在该通道的阻塞队列上；若通道空闲，则将该通道分配给进程。

当进程获得了设备、设备控制器，或者获得了设备、设备控制器和通道(在有通道的系统中)时，系统的本次设备分配才算成功，系统可以启动进程的I/O。

8.4.5　SPOOLing技术

1) 什么是SPOOLing

在多道程序环境下，利用一道程序来模拟脱机输入时外围控制机的功能，把低速I/O设备上的数据传送到高速磁盘上，再利用另一道程序来模拟脱机输出时外围控制机的功能，把数据从磁盘传送到低速输出设备上。这种在联机情况下实现的同时外围操作称为SPOOLing (Simultaneous Peripheral Operations On-Line)。

2）SPOOLing 系统的组成

SPOOLing 系统的组成如图 8-13 所示。

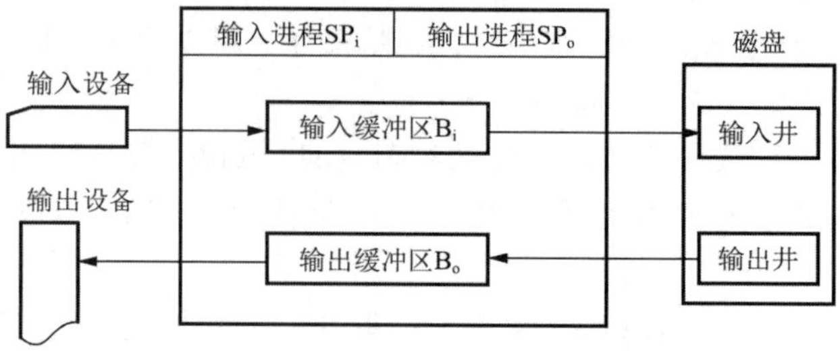

图 8-13　SPOOLing 系统的组成

（1）输入井和输出井。这是在磁盘上的两个分别存放输入数据和输出数据的存储区域，作为大量输入或输出数据的缓冲区。

（2）输入缓冲区和输出缓冲区。输入缓冲区用来暂存由输入设备送来的输入数据；输出缓冲区用来存放从输出井送来的输出数据，以后再传给输出设备。

（3）输入进程 SP_i 和输出进程 SP_o。输入进程把输入设备送来的数据送入输入缓冲区，再把缓冲区中的数据送入输入井。当消费者进程需要输入数据时，再从输入井把输入数据读入内存。输出进程把要输出的数据从内存送入输出井，当需要输出数据时，再从输出井把数据读到输出缓冲区（如打印缓冲区），数据从输出缓冲区送往输出设备。

（4）请求 I/O 队列。请求输入或输出的进程提交的输入/输出任务组成的队列。

3）利用 SPOOLing 技术实现共享打印机

当用户进程提出打印请求时，SPOOLing 系统先为用户做两件事：

（1）由输出进程在输出井中申请空闲盘块，并将要打印的数据送入其中。

（2）输出进程为用户申请并填写一张用户请求打印表，将该表挂到请求打印队列上。

当打印机空闲时，输出进程完成以下动作：

① 从请求打印队列队首取一张请求打印表。

② 将打印数据从输出井送到打印机缓冲区（输出缓冲区）。

③ 打印。

④ 打印完毕，若打印队列不为空，则转第①步。

4）SPOOLing 系统的特点

（1）提高了 I/O 速度。由于使用磁盘作为低速设备（如打印机、磁带等）的大容量缓冲区，所以提高了输入输出的速度。

（2）将独占设备改造为共享设备。通过 SPOOLing 系统使独占设备变为逻辑上的共享设备，系统可以同时接受多个用户对设备的访问请求，从而提高了设备利用率。

（3）实现了虚拟设备功能。把一台物理上只能互斥使用的设备变为从用户眼里看到的共享设备。宏观上看，系统可以同时响应多个用户对设备的请求；微观上看，任意时刻设备只能为某一个用户进程服务。SPOOLing 系统实现了将独占设备虚拟为多个逻辑设备的功能。

8.5 I/O 软件原理

I/O 软件的总体目标是将软件组织成一种层次结构，底层软件用来屏蔽硬件的具体细节，上层软件则为用户提供一个简洁、规范的接口。用户程序、操作系统中设备管理软件的构成和关系如图 8-14 所示。设备管理软件组织成四个层次，即

(1) 用户层软件。

(2) 与设备无关的软件层。

(3) 设备驱动程序。

(4) 中断处理程序。

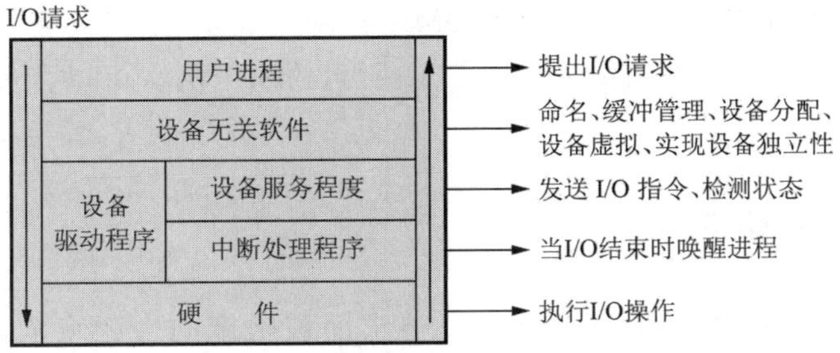

图 8-14　设备管理软件的层次结构

设备管理软件与硬件关系最密切的是设备驱动程序，包括设备服务程序和中断处理程序。设备驱动程序上层是设备无关软件，通常完成设备命名、设备分配、设备独立性、缓冲管理、设备虚拟等功能。最上层的用户进程向系统发送 I/O 请求，显示 I/O 操作的结果，提供用户与设备的接口。

8.5.1 设备管理软件的功能

本小节介绍设备管理软件的功能，8.5.2～8.5.4 小节分别介绍设备无关软件层、设备驱动程序、I/O 设备中断处理程序的功能。操作系统设备管理软件(I/O 软件)应该实现以下功能：

1) I/O 设备的独立性

当用户使用的设备发生变化时，比如用激光打印机替代了喷墨打印机，应用程序的代码不需要修改。操作系统向应用软件层提供的这一支持方便了应用程序的开发和维护。

2) 错误处理

错误应该在尽可能接近硬件的地方处理，只有在底层软件处理不了的情况下才通知上层软件。例如，控制器进行一个读操作，它应该尽量处理并完成操作，如果因为某种故障使控制器处理不了，则交给设备驱动程序，可能只需重读一次就可以解决问题。

3) 异步传输

多数物理 I/O 是异步传输，即 CPU 在启动传输操作后便可以转向其他工作，直到中断

到达。

4）缓冲管理

由于设备之间存在速度差异，所以需要为所有块设备和字符设备提供缓冲管理功能，并向上层软件屏蔽由设备差异带来的缓冲管理实现的具体细节。

5）设备的分配和释放

对共享设备和互斥设备应该采取不同的方式为用户请求分配设备。设备使用完毕，要完成对设备的释放。

6）实现 I/O 控制方式

针对不同的设备提供不同的 I/O 控制方式。例如，对于打印机、键盘等字符设备采用中断控制，而对磁盘这样的块设备可以采用中断控制方式，也可以采用 DMA 控制方式。但是，鉴于磁盘传输数据的特点，一般都采用 DMA 控制方式。

操作系统通过将 I/O 软件组织成如图 8-14 所示的四个层次可以合理、高效地实现以上目标。

8.5.2 中断处理程序

I/O 中断处理程序的作用是将发出 I/O 请求而被阻塞的进程唤醒。用户进程在发出 I/O 请求后，由于等待 I/O 的完成而被阻塞，CPU 转去执行其他任务。当 I/O 任务完成，控制器向 CPU 发中断请求信号，CPU 转去执行中断处理程序，由中断处理程序唤醒被阻塞的用户进程。

8.5.3 设备驱动程序

设备驱动程序是 I/O 进程与设备控制器之间的通信程序，其主要任务是接收上层软件发来的抽象的 I/O 请求，如 read 或 write 命令，把它们转换为具体 I/O 指令后，发送给设备控制器，启动设备执行 I/O 操作。此外，它也将由设备控制器发来的信号传送给上层软件。设备驱动程序中包括所有与设备相关的代码。每个设备驱动程序只处理一种设备，或者一类紧密相关的设备。开发驱动程序需要知道某类设备控制器有多少个寄存器及它们的名称、用途。驱动程序工作的简化流程如图 8-15 所示。

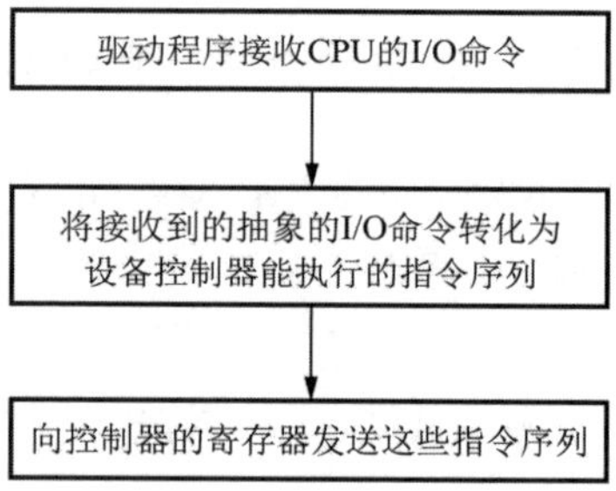

图 8-15 设备驱动程序的简化工作流程图

下面举例说明驱动程序的作用。例如，当有一个读第 N 块磁盘的请求时，磁盘驱动程序的工作如下：

（1）计算出所请求块的物理地址。

（2）检查驱动器电机是否在运转。

（3）检查磁头臂是否定位在正确的柱面上。

（4）确定需要哪些控制器指令及指令的执行次序。

(5) 向设备控制器的设备寄存器中写入指令。

(6) I/O 完成后,向上层软件传送数据。

设备驱动程序属于操作系统的内核程序,一般由设备生产厂商开发,销售硬件设备时附送给用户,并不是由操作系统厂商提供(操作系统厂商提供一些标准设备和常用设备的驱动程序)。设备驱动程序要遵循操作系统提供的内核与设备驱动的接口标准。由于不同的操作系统提供的内核与驱动程序接口不一样,要使驱动程序在不同的操作系统环境中运行,对同一种设备需要开发针对不同操作系统的驱动程序。我们经常说某个驱动程序是 for Windows 或者说是 for Linux 的就是这个原因。

8.5.4　与硬件无关的 I/O 软件

设备无关软件和设备驱动程序之间的精确界限在各个系统中都不尽相同。对于一些以设备无关方式完成的功能,在实际中由于考虑到执行效率等因素,也可以考虑由驱动程序完成。

设备无关 I/O 软件的功能如下:

(1) 设备命名。将设备名映射到相应的驱动程序。

(2) 设备保护。为设备设置合理的访问权限。

(3) 提供独立于设备的块大小。不同磁盘的扇区大小可能不同,设备无关软件屏蔽了这一事实并向上层软件提供统一的数据块大小。例如,扇区为 512 B,若逻辑磁盘块大小为 1 KB,则软件发出读 2 个连续扇区的命令,将连续两个扇区作为一个大小为 1 KB 的逻辑块来处理。

(4) 为块设备和字符设备提供必要的缓冲技术。

(5) 块设备的存储分配。当创建了一个文件并向其输入数据时,该文件必须被分配新的磁盘块。为了完成分配工作,操作系统需要为每个磁盘都配置一张记录空闲盘块的表或位图。但定位一个空闲块的算法是独立于设备的,因此可以在设备无关软件层处理。

(6) 分配和释放独立设备。

(7) 进行错误处理。

8.6　磁盘管理

磁盘存储器不仅容量大、存取速度快,而且可以实现随机存取,是存放大量程序和数据的理想设备。在现代计算机系统中都配置了磁盘存储器,用于存放文件。计算机系统中对文件的操作基本上都涉及对磁盘的访问。磁盘 I/O 速度的快慢和磁盘系统的可靠性都将直接影响系统性能。磁盘管理的重要目标是提高磁盘空间利用率和磁盘访问速度。

8.6.1　磁盘结构

磁盘设备是一种复杂的机电设备。本节仅对磁盘的数据组织、磁盘的类型和访问时间等做简要介绍。

1）磁盘的数据组织和格式

磁盘驱动器可包括一个或多个物理盘片，每个磁盘片分一个或两个存储面（surface），如图 8-16（a）所示。每个磁盘面被组织成若干个同心环，这种环称为磁道（track），如图 8-16（b）所示，各磁道之间留有必要的间隙。为了使处理简单，在每条磁道上可存储相同数目的二进制位。这样，磁盘密度即每英寸磁道中所存储的位数，显然是内层磁道的密度较外层磁道的密度高。每条磁道又被划分成若干个扇区（sector）。图 8-16（b）显示了一个磁道分成 8 个扇区，各扇区之间保留一定的间隙。

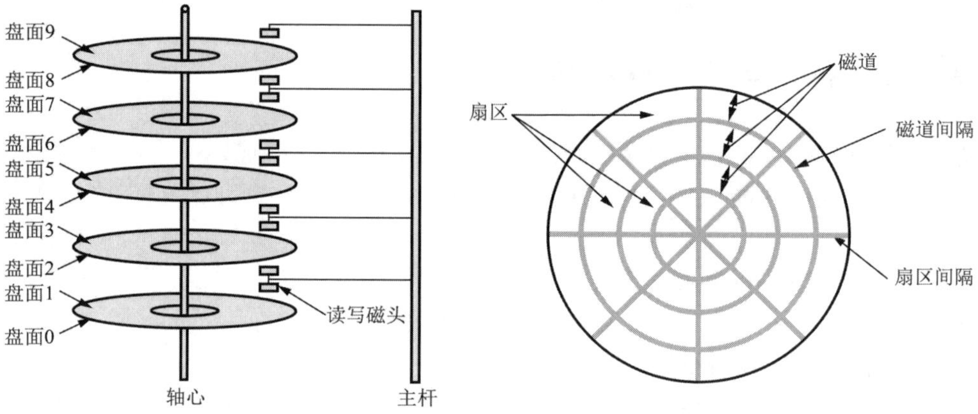

（a）磁盘驱动器的结构

（b）磁盘的数据布局

图 8-16　磁盘的结构和布局

一个物理记录存储在一个扇区上。磁盘上存储的物理记录块数目是由扇区数、磁道数以及磁盘面数所决定的。为了提高磁盘的存储容量，充分利用磁盘外磁道的存储能力，现代磁盘不再把内外磁道划分为相同数目的扇区，如图 8-17（b）所示。而是利用外层磁道容量较内层磁道大的特点，将盘面划分成若干条环带，使得同一环带内的所有磁道具有相同的扇区数。显然，外层环带的磁道拥有较内层环带的磁道更多的扇区，如图 8-17（a）所示。为了减少这种磁道和扇区在盘面分布的几何形式变化对驱动程序的影响，大多数现代磁盘都隐藏了这些细节。

为了在磁盘中存储数据，必须先将磁盘低级格式化。图 8-18 所示为一种温盘（温切斯特盘）中一条磁道格式化的情况。每条磁道含有固定数量的扇区，每个扇区大小为 600 个字节，其中 512 个字节存放数据，其余的用于存放控制信息。现在的磁盘因存放的文件更大，扇区会被格式化为用 1 024 个字节存放文件数据。

扇区中的信息包括两部分：

（1）标识符字段，即 ID 字段。其中一个字节的 SYNCH 具有特定的位图像，作为该字段的定界符。利用磁道号、磁头号及扇区号三者来标识一个扇区。CRC 字段用于段校验。

（2）数据字段，即 Data 字段。其中可存放 512 个字节的数据及标识和校验信息。

磁盘低级格式化完成后，一般要对磁盘进行分区。在逻辑上，每个分区就是一个独立的逻辑磁盘。每个分区的起始扇区和大小都记录在磁盘 0 扇区的主引导记录分区表所包含的表项中。在这个分区表中必须有一个分区被标记成活动的，以保证能够从硬盘引导系统。

但是，在真正可以使用磁盘前，还需要对磁盘进行一次高级格式化，即设置一个引导块、根目录和一个空文件系统，同时在分区表中标记该分区所使用的文件系统。

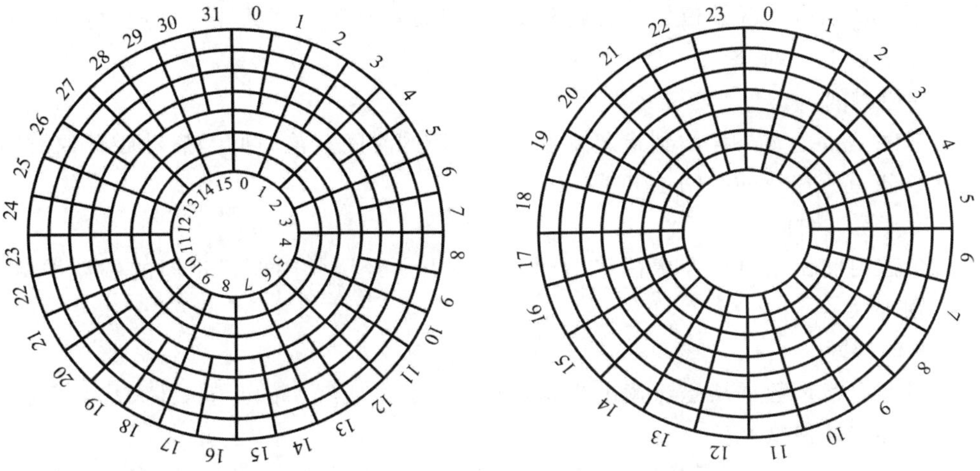

(a) 具有两个环带的磁盘的几何形式　　(b) 所有磁道包含相同扇区数的几何形式

图 8-17　磁盘的几何形式

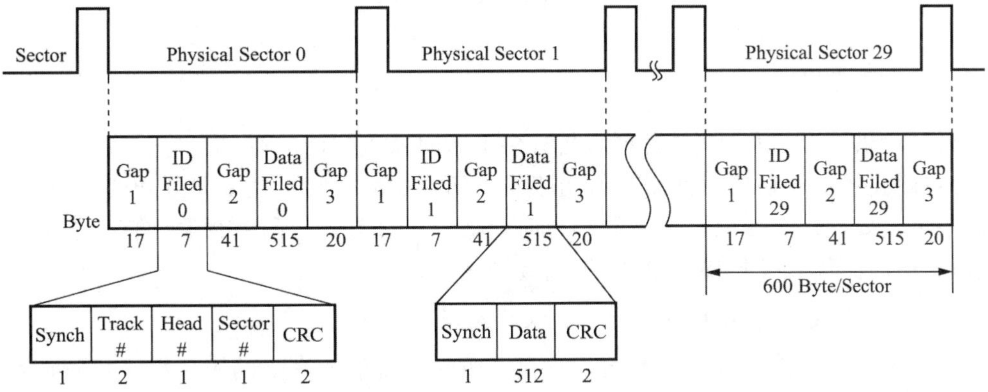

图 8-18　磁盘的格式化

2) 磁盘的类型

对磁盘可以从不同的角度进行分类。最常见的是将磁盘分成硬盘和软盘、单片盘和多片盘、固定头磁盘和活动头(移动头)磁盘等。下面仅对固定头磁盘和移动头磁盘进行介绍。

(1) 固定头磁盘。

这种磁盘在每条磁道上都有读/写磁头,所有的磁头都被装在一个刚性磁臂中。通过这些磁头可访问各磁道,且进行并行读/写操作,有效地提高了磁盘的I/O速度。这种结构的磁盘主要用于大容量磁盘上。

(2) 移动头磁盘。

每个盘面仅配有一个磁头,也被装入磁臂中。为了能访问该盘面的所有磁道,该磁头必须能移动并进行寻道。可见,移动磁头仅能以串行方式读/写,致使磁盘读写速度较慢。但由于其结构简单,故仍广泛应用于中小型磁盘设备中。在微型机上配置的硬盘采用移动磁头结构,故本节主要针对这类磁盘的I/O进行讨论。

3) 磁盘的访问时间

磁盘设备在工作时以恒定速率旋转。为了读或写,磁头必须能移动到所要求的磁道上,并等待所要求的扇区的开始位置旋转到磁头下，然后开始读或写数据。因此，可把对磁盘的访问时间分成以下三部分。

（1）寻道时间。

寻道时间是指把磁头移动到指定磁道上所经历的时间。该时间是启动磁臂的时间与磁头移动 n 条磁道所花费的时间之和。

（2）旋转延迟时间。

旋转延迟时间是指将指定扇区移动到磁头下面所经历的时间。不同的磁盘类型，其旋转速度差别很大。

（3）传输时间。

传输时间是指把数据从磁盘读出或向磁盘写入数据所经历的时间，其大小与每次所读/写的字节数和旋转速度有关。

在访问时间中，寻道时间和旋转延迟时间基本上都与所读/写数据的多少无关，而且寻道时间和旋转延迟时间通常占据了访问时间中的大部分。适当地集中数据在磁盘上存放的位置，可以减少磁臂移动的距离，这将有利于提高传输速率。

8.6.2 磁盘调度

磁盘是可供多个进程共享的设备，当有多个访问磁盘的请求时，应采用一种最佳调度算法，以使对磁盘的平均访问时间最短。由于在访问磁盘的时间中主要是寻道时间，因此磁盘调度的一个重要目标是使磁盘的平均寻道时间最少。目前常用的磁盘调度算法有先来先服务、最短寻道时间优先及扫描等算法，下面逐一介绍。

1）先来先服务(First Come First Served，FCFS)

这是一种最简单的磁盘调度算法。它根据访问磁盘请求发生的先后次序进行调度。此算法的优点是公平、简单，且每个请求都能依次得到处理，不会出现某一请求长期得不到满足的情况。但此算法由于未对寻道进行优化，致使平均寻道时间可能较长。表 8-1 给出了有 9 个磁盘 I/O 请求时，按 FCFS 算法进行调度的情况。这里将磁盘请求按照先后次序排队，平均寻道距离为 55.3 条磁道，与后面即将讲到的几种调度算法相比，其平均寻道距离较大，故 FCFS 算法仅适用于请求磁盘 I/O 的数目较少的场合。

2）最短寻道时间优先(Shortest Seek Time First，SSTF)

该算法优先满足这样的磁盘请求：其要求访问的磁道与当前磁头所在的磁道距离最近，以使每次的寻道时间最短。表 8-2 给出了采用 SSTF 算法进行调度时各磁盘请求被调度的次序、每次磁头移动的距离，以及 9 次调度磁头平均移动的距离。比较表 8-1 和表 8-2 可以看出，SSTF 算法的磁头移动的平均距离明显低于 FCFS 算法的距离，因而 SSTF 算法较之 FCFS 算法有更好的寻道性能，故曾一度被广泛采用。

SSTF 算法虽然能获得较好的寻道性能，但可能导致“饥饿”(starvation)现象。因为只要不断有新的请求到达，且其所要访问的磁道与磁头当前所在磁道的距离较近，这种新的磁盘请求必然优先被响应，导致所要访问的磁道距离与磁头所在位置较远的磁盘任务总是不能得到调度。

表 8-1　FCFS 调度算法

（从 100 号磁道开始）	
被访问的下一个磁道号	移动距离（磁道数）
55	45
58	3
39	19
18	21
90	72
160	70
150	10
38	112
184	146
平均寻道长度：55.3	

表 8-2　SSTF 调度算法

（从 100 号磁道开始）	
被访问的下一个磁道号	移动距离（磁道数）
90	10
58	32
55	3
39	16
38	1
18	20
150	132
160	10
184	24
平均寻道长度：27.5	

3）扫描（SCAN）算法

该算法不仅考虑到欲访问的磁道与当前磁道的距离，而且优先考虑的是磁头当前的移动方向。例如，当磁头正在自内侧向外侧移动时，SCAN 算法所考虑的下一个访问对象应是其欲访问的磁道既在当前磁道之外，又是距离最近的。这样自内侧向外侧地访问，直至再无更外侧的磁道需要访问时才将磁臂变为自外向内移动。此时，同样也是每次响应当前磁头所在磁道内侧且距离该磁道最近的磁盘访问请求。这样，磁头逐步地从外向内移动，直至再无更内侧的磁道要访问。由于在这种算法中磁头移动的规律颇似电梯的运行，因而又常称为电梯调度算法。表 8-3 给出了按 SCAN 算法对 9 个进程进行调度及磁头移动的情况。

表 8-3　SCAN 调度算法

（从 100＃磁道开始，向磁道号增加方向访问）	
被访问的下一个磁道号	移动距离（磁道数）
150	50
160	10
184	24
90	94
58	32
55	3
39	16
38	1
18	20
平均寻道长度：27.8	

4）循环扫描（CSCAN）算法

SCAN 算法能获得较好的寻道性能，故被广泛用于大、中、小型机器和网络中的磁盘调度。但 SCAN 算法也存在这样的问题：当磁头刚从内向外移动而越过了某一磁道时，恰好又有一请求访问此磁道，这时该请求必须等待，待磁头继续从内向外，然后从外向内扫描完所有要访问的磁道后，才处理该请求，致使该请求被大大地推迟。为了减少这种延迟，CSCAN 算法规定磁头单向移动。例如，只是自内向外移动，当磁头移到最外侧要访问的磁道后，磁头立即返回到最内侧的欲访问的磁道，亦即将被访问的最小磁道号紧接着最大磁道号构成循环，进行循环扫描。表 8-4 给出了 CSAN 算法对 9 个进程调度的次序及每次磁头移动的距离。

表 8-4　CSCAN 调度算法

（从 100＃磁道开始，向磁道号增加方向访问）	
被访问的下一个磁道号	移动距离（磁道数）
150	50
160	10
184	24
18	166
38	20
39	1
55	16
58	3
90	32
平均寻道长度：35.8	

5）NStepSCAN和FSCAN调度算法

（1）NStepSCAN算法。

在SSTF、SCAN及CSCAN几种调度算法中，都可能出现磁臂停留在某处不动的情况，例如，有一个或几个磁盘请求对某一磁道有较高的访问频率，即反复发生请求对某一磁道的I/O操作，从而垄断了整个磁盘设备。这一现象称为磁臂粘着，在高密度磁盘上容易出现磁臂粘着。N步SCAN算法是将磁盘请求队列分成若干个长度为N的子队列，磁盘调度将按FCFS算法依次处理这些子队列。而每处理一个队列时又是按照SCAN算法，对一个队列处理完后再处理其他队列。当正在处理某子队列时，如果又出现新的磁盘I/O请求，便将新请求放入其他队列，这样就可避免出现磁臂粘着现象。当N值取得很大时，会使N步扫描算法的性能接近于SCAN算法的性能。当$N=1$时，N步SCAN算法便蜕化为FCFS算法。

（2）FSCAN算法。

FSCAN算法实质上是N步SCAN算法的简化，即FSCAN只将磁盘请求队列分成两个子队列。一个是由当前所有请求磁盘I/O的进程形成的队列，由磁盘调度按SCAN算法进行处理。在扫描期间，将新出现的所有磁盘I/O的请求放入另一个等待处理的请求队列。这样，所有的新请求都将被推迟到下一次扫描时处理。

8.6.3　提高磁盘I/O速度的方法

磁盘的I/O速度远低于内存的访问速度，通常低4～6个数量级。因此，磁盘的I/O成为计算机系统的瓶颈。本节介绍几种已经广泛采用的提高磁盘I/O速度的方法。

1）提前读

简单地说，提前读就是系统根据现在用户请求读的内容，把预计最近不久可能要读的内容与现在请求读的内容一起提前读入内存。用户读文件时，经常是按顺序读文件内容，文件的存放是按内容顺序放入磁盘块的。操作系统知道文件内容是按照怎样的顺序存放在磁盘块中的，所以可以在按照用户请求读当前磁盘块时，提前把下一个磁盘块的内容也读入缓冲区。比如文件f1，其内容依次存放在10、20、60号磁盘块中，如果当前用户请求读的内容在10号磁盘块中，那么系统在读入10号磁盘块的内容时把20号磁盘块的内容也提前读入缓冲区。这样，当下次要访问已经提前读入缓冲区的磁盘块时，就不需要从磁盘中读，而是可以直接从内存的缓冲区中读。因此，大大减少了读数据的时间，提高了用户读磁盘数据的速度。

2）延迟写

延迟写是在支持请求分页的虚拟存储管理中，对修改过的换出页，在把页标记为换出页时并不马上把页的内容写入磁盘，而是暂时保留在内存中，直到这些页所在的页框要被使用，导致页的内容将被覆盖前的“最后”时刻才启动磁盘操作把修改过的一个或若干个页写入磁盘。这种延迟写的策略减少了写磁盘的次数。

3）优化物理块的分布

寻道时间和磁盘旋转延迟时间通常占据磁盘I/O所耗时间中的主要部分，所以适当地集中数据在磁盘上存放的位置可以减少磁臂移动的距离，有利于提高传输速率。为了达到这一目的，可以采取优化文件物理块分布的方法。现在的文件系统都允许文件离散存放。理论上一个文件的物理块可以分散在磁盘的任意位置。但是，如果将一个文件存放在过于分散的多个磁盘块上，则会增加磁头的移动距离。例如，如果分配给一个文件的第一个磁盘块在最内侧的磁道上，而第二个磁盘块在最外侧的磁道上，那么当读完该文件的第一个磁盘块时，需要把磁头从最内侧的磁道移动到最外侧的磁道。而如果把这个文件存放在同一个磁道或者相邻的两个磁道上，那么读这个文件的两个磁盘块，磁头的移动距离会短得多，读磁盘的速度会快得多。

因此，现在的文件系统基本都会考虑对文件的位置进行优化，原则就是尽可能把一个文件存放在同一个磁道或者相邻的磁道上。实现这个原则的技术一方面是以连续的几个扇区即一个簇作为磁盘块的分配单位，另一方面是把磁盘分成块组，一个块组中的不同簇都在相邻的磁道上，一个文件尽可能放在同一个块组中，如 Linux 的 Ext2 文件系统。

4）虚拟磁盘

虚拟磁盘是指利用内存空间去仿真磁盘，又称 RAM 盘。虚拟磁盘可以接受所有标准的磁盘操作，但这些操作的执行不是在磁盘上，而是在内存中。因此，对虚拟磁盘的访问比对磁盘的访问速度快。用户对虚拟磁盘的操作与对磁盘的操作完全相同，所有实现细节对用户都是透明的。虚拟磁盘通常用于存放临时性文件，如编译程序所产生的目标程序等。虚拟磁盘与磁盘高速缓存虽然都位于内存，但是虚拟磁盘中的内容操作完全由用户控制，而高速缓存中的内容则是由操作系统控制的。

5）磁盘高速缓存

磁盘高速缓存是指内存的一块存储空间，用来暂存从磁盘中读出的一系列盘块中的信息。因此，这里的高速缓存是一组逻辑上属于磁盘，而物理上是驻留在内存中的盘块。高速缓存在内存中可分成两种形式：第一种是在内存中开辟一个单独的存储空间作为磁盘高速缓存，其大小是固定的，不会受应用程序多少的影响；第二种是把所有未利用的内存空间变为一个缓冲池，供请求分页系统和磁盘 I/O 时（作为磁盘高速缓存）共享，此时高速缓存的大小不再是固定的。当磁盘频繁发生 I/O 时，该缓冲池可能包含更多的内存空间，而在应用程序运行得较多时，该缓冲池可能只剩下较少的内存空间。

本章习题

1. 说明设备控制器的结构和功能。
2. 说明 DMA 控制器的结构和控制方式。
3. 什么是设备驱动程序？
4. 设备管理软件的构成是怎样的？
5. 什么是 SPOOLing 系统？说明 SPOOLing 系统的构成。
6. 什么是设备的独立性？
7. 什么是安全分配算法？什么是不安全分配算法？
8. 设备分配与设备的固有属性有什么关系？

9. 有哪些技术可以提高磁盘访问速度？

10. 什么是虚拟设备？什么是虚拟磁盘？

11. 有哪些磁盘调度算法？每种磁盘调度算法有什么优缺点？

12. 磁盘访问时间由哪几部分组成？

13. 什么是磁盘高速缓存？什么是提前读？什么是延迟写？

14. 引入缓冲技术的主要原因是什么？

15. 有哪几种 I/O 控制方式？分别简要说明每种控制方式的原理。

16. 一个软盘有 40 个柱面，寻道时移过每个柱面花费 6 ms。若不采取措施尽量使文件的块在磁盘上紧密存放，则逻辑上相邻的块平均间隔 13 个柱面。另一种情况是，操作系统尽量把相邻的块放在一起，此时块间的平均距离为 2 个柱面。设旋转延迟为 100 ms，传输速率为每块 25 ms，则在这两种情况下传输一个 100 块的文件需要多长时间？

17. 假设磁头当前位于第 105 号磁道，正在向磁道序号增加的方向移动。现有一个磁道访问请求序列为 35、45、12、68、110、180、170、195，则采用 SCAN 调度（电梯调度）算法得到的磁道访问序列是什么？平均寻道长度是多少？

附　　录

附录 1　Tinix 的 boot. asm 代码及注释

一、boot. asm 流程概述

（1）初始化寄存器，调用 int 10 BIOS 中断显示“Booting ”。

（2）调用 int 13 BIOS 中断读软盘，遍历根目录区中所有的扇区，将每个扇区加载入内存。这些扇区中存放了根目录项。

（3）从加载入内存的根目录项中寻找文件名为 Loader. bin 的目录项。

（4）如果遍历所有根目录项都未找到文件名为 Loader. bin 的目录项，则屏幕显示 No LOADER。

（5）如果找到，则将含有该目录项的扇区加载入内存，并在 FAT 表中找到此扇区条目，由此找到下一个扇区号，在循环将该扇区加载入内存。每读一个扇区，屏幕显示一个“.”。

（6）循环，直到 FAT 表中找到的扇区对应的下一个扇区号等于 0x FFF，则说明到了文件末尾，此时显示“Ready.”。

（7）跳转至 loader 加载的内存位置处。

二、代码及注释

```
////////////////////////////////////预编译部分////////////////////////////////////

1\ %ifdef _BOOT_DEBUG_
2\ org 0100h                          ;调试状态,做成 .COM 文件,可调试
3\ %else
4\ org 07c00h
;Boot 状态,Bios 将 Boot Sector 加载到 0:7C00 处并开始执行(由于 BIOS 发现
;引导扇区后,会将引导扇区的 512 字节的内容加载到内存 0000:7c00 处,然后跳转
;到 0000:7C00 处,将控制权彻底交给这段引导代码)
5\ %endif
6\ %ifdef _BOOT_DEBUG_
```

```
7\ BaseOfStack equ 0100h
;调试状态下堆栈基地址(栈底,从这个位置向低地址生长)
8\ %else
9\ BaseOfStack equ 07c00h
;Boot 状态下堆栈基地址(栈底,从这个位置向低地址生长)栈的增长规则
10\ %endif

11\ %include "load.inc"

////////////////////////////////初始化部分////////////////////////////////

12\ jmp short LABEL_START        ;Start to boot.跳转到 LABEL_START,一条短
                                ;跳转指令
13\ nop                         ;这个 nop 不可少

;下面是 FAT12 磁盘的头,之所以包含它是因为下面用到了磁盘的一些信息
14\ %include "fat12hdr.inc"    ;FAT 磁盘信息

15\ LABEL_START:
//以下四条 move 指令使 ds、es、ss 三个段寄存器指向与 cs 相同的段
16\ mov ax,cs;
17\ mov ds,ax;
18\ mov es,ax;
19\ mov ss,ax;
20\ mov sp,BaseOfStack           ;堆栈指针指向栈底 7c00h 处

///////////////////////////////清屏并显示字符串///////////////////////////////

21\ mov ax,0600h
;AH=6,AL=0h,功能号为 AH=06h,实现功能是“当前显示页上滚,即在屏幕上
;定义一个窗口,并使窗口中信息上滚”
22\ mov bx,0700h
;黑底白字,BH 上滚时填补的空行的属性,07h 为正常,70h 为反显,此处 BH=07h
23\ mov cx,0
;左上角:(0,0),CH=左上角的行数,CL=左上角的列数,此处 CH=0,CL=0
24\ mov dx,0184fh
;右下角:(80,50),DH=左下角行号,DL=左下角列号,此处 DH=80,DL=50
25\ int 10h                     ;int 10h(BIOS 功能调用 int 10h 中断)
```

```
26\ mov dh,0                      ;"Booting",字符串"Booting "在本系统中规
                                  ;定的串号为 0
27\ call DispStr                  ;显示字符串,显示"Booting "

//////////////////////////////////软驱复位//////////////////////////////////

//要加载一个文件入内存,需要读软盘,故读软盘前进行 int 13h 中断
28\ xor ah,ah                     ;对 ah、dl 清零
29\ xor dl,dl                     ;软驱复位(当 ah=00h、dl=驱动器号"0 表示
                                  ;A 盘"时,软驱复位)
30\ int 13h                       ;(BIOS 功能调用 int 13h 中断)

//////////////////////////////读扇区的主程序//////////////////////////////

//下面在 A 盘的根目录寻找 Loader.bin,遍历根目录区中所有的扇区,将每一个扇区
//加载入内存,然后从中寻找文件名为 Loader.bin 的条目为止
31\ mov word [wSectorNo],SectorNoOfRootDirectory
//将 SectorNoOfRootDirectory 放入 wSectorNo 地址中,使 wSectorNo 中存放
//要读取的扇区号
32\ LABEL_SEARCH_IN_ROOT_DIR_BEGIN:
33\ cmp word [wRootDirSizeForLoop],0    ;循环判断,如果未找到则调用
                                        ;LABEL_NO_LOADERBIN
34\ jz LABEL_NO_LOADERBIN               ;判断根目录区是不是已经读完
35\ dec word [wRootDirSizeForLoop]      ;如果读完表示没有找到 Loader.bin
36\ mov ax,BaseOfLoader
37\ mov es,ax
//es<-BaseOfLoader,Loader.bin 被加载位置作为段地址基址在 es 中存放
38\ mov bx,OffsetOfLoader
//bx<-OffsetOfLoader 于是,es:bx=BaseOfLoader:OffsetOfLoader(bx 中
//存放 0100h)
39\ mov ax,[wSectorNo]
//ax<-Root Directory 中的某 Sector 号,ax 中存放要读取的扇区号
40\ mov cl,1                            ;cl 中放入 1
41\ call ReadSector
//调用 ReadSector,从第 19 个扇区开始,读出扇区内容,逐个放入 es:bx 中

42\ mov si,LoaderFileName
```

```
//ds:si-> “Loader.bin”(将“Loader.bin”放入 ds=si 地址内)
mov di,OffsetOfLoader
//es:di-> BaseOfLoader:0100=BaseOfLoader* 10h+ 100
cld                                  ;清方向标志
mov dx,10h                           ;循环 16 次,由于每个扇区内有 16 个
                                     ;条目
LABEL_SEARCH_FOR_LOADERBIN:
cmp dx,0                             ;循环次数控制,判断 dx 是否为 0 来
                                     ;进行控制循环
jz LABEL_GOTO_NEXT_SECTOR_IN_ROOT_DIR ;如果已经读完了一个 Sector
dec dx                               ;就跳到下一个 Sector
mov cx,11
LABEL_CMP_FILENAME:                  ;比较文件名,判断是否为“Loader.bin”
cmp cx,0
jz LABEL_FILENAME_FOUND              ;如果比较了 11 个字符都相等,则表示
                                     ;找到
dec cx
lodsb                                ;ds:si->al
cmp al,byte [es:di]
jz LABEL_GO_ON
jmp LABEL_DIFFERENT
// 只要发现不一样的字符就表明本 DirectoryEntry 不是我们要找的 Loader.bin

////////////////////////////////比较字符////////////////////////////////

LABEL_GO_ON:                         ;比较字符串中下一个字符
inc di
jmp LABEL_CMP_FILENAME               ;继续循环

////////////////////////////////指向下一个条目////////////////////////////////

LABEL_DIFFERENT:                     ;指向下一条目录
and di,0FFE0h                        ;else di &=E0 为了让它指向本条
                                     ;目开头
add di,20h
mov si,LoaderFileName                ;di+=20h 下一个目录条目
jmp LABEL_SEARCH_FOR_LOADERBIN
```

```
//////////////////////////////跳转至下一扇区//////////////////////////////

LABEL_GOTO_NEXT_SECTOR_IN_ROOT_DIR:
;跳转至下一扇区,wSectorNo=wSectorNo+ 1
;调用 LABEL_SEARCH_IN_ROOT_DIR_BEGIN 判断根目录是否读完
add word [wSectorNo],1
jmp LABEL_SEARCH_IN_ROOT_DIR_BEGIN

LABEL_NO_LOADERBIN:                     ;没有"Loader.bin"项
mov dh,2                                ;"No LOADER."(字符串"No LOADER"
                                        ;在本系统中串号为 2)
call DispStr                            ;显示字符串(显示"No LOADER")
%ifdef _BOOT_DEBUG_
mov ax,4c00h
int 21h                                 ;没有找到 Loader.bin,回到 DOS
%else
jmp $                                   ;没有找到 Loader.bin,死循环
%endif

//////////////找到正确的文件名后,找到文件内容的第一个扇区///////////////

LABEL_FILENAME_FOUND:                   ;找到 Loader.bin 后便来到这里继续
mov ax,RootDirSectors
and di,0FFE0h                           ;di-> 当前条目的开始
add di,01Ah                             ;di-> 首 Sector
mov cx,word [es:di]
push cx                                 ;保存此 Sector 在 FAT 中的序号
add cx,ax
add cx,DeltaSectorNo
;这句完成时 cl 里面变成 Loader.bin 的起始扇区号 (从 0 开始数的序号)
mov ax,BaseOfLoader
mov es,ax                               ;es<-BaseOfLoader
mov bx,OffsetOfLoader
//bx<-OffsetOfLoader 于是,es:bx=BaseOfLoader:OffsetOfLoader=
//BaseOfLoader* 10h+OffsetOfLoader
mov ax,cx                               ;ax<-Sector 号
```

```
//////////////////////////////读文件内容所在扇区//////////////////////////////

LABEL_GOON_LOADING_FILE:
push ax                              ;(压栈保留 ax、bx 中的值)
push bx
mov ah,0Eh                           ;每读一个扇区就在"Booting"后面打
                                     ;一个点,形成这样的效果:
mov al,'.'
mov bl,0Fh                           ;Booting ......(显示".")
int 10h                              ;(BIOS 功能调用 int 10h 中断)
pop bx
pop ax

mov cl,1
call ReadSector                      ;调用读扇区函数 ReadSector
pop ax                               ;取出此 Sector 在 FAT 中的序号
call GetFATEntry                     ;调用 GetFATEntry 函数,从 FAT 表
                                     ;中获取下一扇区的簇号
cmp ax,0FFFh                         ;判断是否结束
jz LABEL_FILE_LOADER
;若结束,则显示"Ready",表示已经全部将 Loader.bin 加载入内存
push ax                              ;保存 Sector 在 FAT 中的序号
mov dx,RootDirSectors
add ax,dx
add ax,DeltaSectorNo                 ;获取每扇区字节数,下一扇区的地址
add bx,[BPB_BytsPerSec]
jmp LABEL_GOON_LOADING_FILE          ;继续打点,读 Loader.bin,重复
                                     ;这一过程
LABEL_FILE_LOADED:

mov dh,1                             ;"Ready.",("Ready "字符串在本系
                                     ;统中串号为 1)
call DispStr                         ;显示字符串,调用字符串显示函数

////////////////////////////////跳转至内存////////////////////////////////

jmp BaseOfLoader:OffsetOfLoader
//这一句正式跳转到已加载到内存中的 Loader.bin 的开始处
```

```
                                         ;开始执行 Loader.bin 的代码
                                         ;Boot Sector 的使命到此结束

///////////////////////////////变量/////////////////////////////////

116\ wRootDirSizeForLoop dw RootDirSectors
// Root Directory 占用的扇区数,在循环中会递减至零
117\ wSectorNo dw 0                      ;要读取的扇区号
128\ bOdd db 0                           ;奇数还是偶数

///////////////////////////////字符串///////////////////////////////

121\ LoaderFileName db "Loader.bin",0   ;Loader.bin 之文件名
;为简化代码,下面每个字符串的长度均为 MessageLength
122\ MessageLength equ 9                 ;所用字符串长
123\ BootMessage: db "Booting "          ;9 字节,不够则用空格补齐. 序号 0
124\ Message1 db "Ready. "               ;9 字节,不够则用空格补齐. 序号 1
125\ Messagc2 db "No LOADER"             ;9 字节,不够则用空格补齐. 序号 2

/////////////////////////////显示一个字符串/////////////////////////////

作用:显示一个字符串,函数开始时 dh 中应该是从 0 开始的字符串序号
126\ DispStr:
127 mov ax,MessageLength                 ;串长度放入 ax 中
128\ mul dh
//dh 中存放有字符串序号,此处与 ax 相乘放入 ax 中获得要显示的字符串的相对
//BootMessage 起始地址的地址
129\ add ax,BootMessage                  ;ax 与 BootMessage 起始地址相加
                                         ;获得要显示字符串的地址
130\ mov bp,ax
131\ mov ax,ds                           ;ES:BP=串地址,获得 20 为地址的
                                         ;串的地址(8088 分段寻址方式)
132\ mov es,ax
133\ mov cx,MessageLength                ;CX=串长度
134\ mov ax,01301h                       ;AH=13,AL=01h
135\ mov bx,0007h                        ;页号为 0(BH=0) 黑底白字(BL=07h)
136\ mov dl,0
137\ int 10h                             ;int 10h(BIOS 功能调用 int 10h
                                         ;中断)
```

```
138\ ret                                  ;返回主程序
```

//////////////////////////////读扇区入内存//////////////////////////////

作用:从第 ax 个 Sector 开始,将 cl 个 Sector 读入 es:bx 中

```
ReadSector:
;------------------------------------
;怎样由扇区号求扇区在磁盘中的位置(扇区号->柱面号,起始扇区,磁头号)
;------------------------------------
;设扇区号为 x
```

$$; \frac{x}{\text{每磁道扇区数}} \Rightarrow \begin{cases} \text{商 } y \Rightarrow \begin{cases} \text{柱面号} = y >> 1 \\ \text{磁头号} = y \& 1 \end{cases} \\ \text{余 } z \Rightarrow \text{起始扇区号} = z + 1 \end{cases}$$

```
139\ push bp                              ;SP=SP-2,bp=SP+1
140\ mov bp,sp                            ;bp=SP
141\ sub esp,2                            ;辟出两个字节的堆栈区域保存要读
                                          ;的扇区数: byte [bp-2]

142\ mov byte [bp- 2],cl                  ;将 cl 中的值放入 bp- 2 中,cl 为要
                                          ;读的扇区数
143\ push bx                              ;保存 bx,将 bx 值压入堆栈
144\ mov bl,[BPB_SecPerTrk]               ;bl:除数,将每个磁道的扇区数值放入
                                          ;bl 中
145\ div bl                               ;y 在 al 中,z 在 ah 中,ax/bl 商送
                                          ;回 al,余数送 ah
146\ inc ah                               ;z++(ah 中第一次存放为起始扇区号,
                                          ;然后进行扇区号递加)
147\ mov cl,ah                            ;cl<-起始扇区号 (存放当前扇区号)
148\ mov dh,al                            ;dh<-y
149\ shr al,1
;y > > 1 (其实是 y/BPB_NumHeads,这里 BPB_NumHeads=2,逻辑右移 1 位)
150\ mov ch,al                            ;ch<-柱面号
151\ and dh,1                             ;dh & 1=磁头号
152\ pop bx                               ;恢复 bx
//至此,"柱面号,起始扇区,磁头号" 全部得到 ^^^^^^^^^^^^^^^^^^^^^^^^^
153\ mov dl,[BS_DrvNum]                   ;驱动器号(0 表示 A 盘)
154\ .GoOnReading:
155\ mov ah,2                             ;读(int 13h 功能调用 ah=2 功能号)
156\ mov al,byte [bp- 2]                  ;读 al 个扇区
```

```
int 13h                                 ;(BIOS 功能调用 int 13h 中断)
jc .GoOnReading
//如果读取错误 CF 会被置为 1,这时就不停地读,直到正确为止

add esp,2                               ;释放堆栈区 2 字节的空间
pop bp

ret

///////////////////////////Sector 在 FAT 中的条目///////////////////////////

//作用:找到序号为 ax 的 Sector 在 FAT 中的条目,结果放在 ax 中需要注意的是,
//中间需要读 FAT 的扇区到 es:bx 处,所以函数一开始保存了 es 和 bx
GetFATEntry:
push es
push bx
push ax                                 ;保存 es、bs,将其压入堆栈,(SP)=
                                        ;SP-2,且 SP+1=AX
mov ax,BaseOfLoader                     ;将 09000h 放入 ax 中
sub ax,0100h                            ;在 BaseOfLoader 后面留出 4K
                                        ;空间用于存放 FAT
mov es,ax                               ;设定特殊段寄存器中值
pop ax
mov byte [bOdd],0
mov bx,3
mul bx                                  ;dx:ax=ax*3
mov bx,2
div bx                                  ;dx:ax/2 ==> ax<-商,dx<-余数
cmp dx,0                                ;判断是否为偶数
jz LABEL_EVEN                           ;若是偶数则转至 LABEL_EVEN
mov byte [bOdd],1

//////////////////////////////处理不同的条目//////////////////////////////

LABEL_EVEN:                             ;偶数
xor dx,dx
//现在 ax 中是 FATEntry 在 FAT 中的偏移量,下面来计算 FATEntry 在哪个扇区
//中(FAT 占用不止一个扇区)
mov bx,[BPB_BytsPerSec]                 ;每个扇区字节数值放入 bx 中
```

```
181\ div bx
//dx:ax / BPB_BytsPerSec ==>ax<-商(FATEntry 所在的扇区相对于 FAT 来说的
//扇区号)
                                        ;dx<-余数(FATEntry 在扇区内的偏移)
182\ push dx                             ;将余数压栈
183\ mov bx,0
//bx<-0 于是,es:bx=(BaseOfLoader- 100):00=(BaseOfLoader- 100)*10h
184\ add ax,SectorNoOfFAT1               ;此句执行之后的 ax 就是 FATEntry
                                        ;所在的扇区号
185\ mov cl,2
186\ call ReadSector
//读取 FATEntry 所在的扇区,一次读两个,避免在边界发生错误,因为一个
//FATEntry 可能跨越两个扇区
187\ pop dx
188\ add bx,dx
189\ mov ax,[es:bx]
190\ cmp byte [bOdd],1
//如果 FAT 项值大于或等于 0xff8 时,则表示当前簇已经是本文件的最后一个簇
191\ jnz LABEL_EVEN_2
192\ shr ax,4
193\ LABEL_EVEN_2:
194\ and ax,0FFFh                        ;ax 与 0fffh 求与运算

////////////////////////////////////////////////////////////////////////////

195\ LABEL_GET_FAT_ENRY_OK:
196\ pop bx                              ;将保留地 bx、es 出栈
197\ pop es
198\ ret

////////////////////////////////////////////////////////////////////////////

199\ times 510-($ - $$) db 0             ;填充剩下的空间,使生成的二进制代
                                        ;码恰好为 512 字节
200\ dw 0xaa55                           ;结束标志:使得 0 面 0 磁道 0 扇区
                                        ;510 字节存 55,511 字节存 aa,0 扇
                                        ;区从 0-511 号单元,共 512 字节
```

附录 2　Linux 2.6.11 的 task_struct 结构

```
struct task_struct {
volatile long state;            /* -1 unrunnable,0 runnable,> 0 stopped */
struct thread_info*thread_info;
atomic_t usage;
unsigned long flags;            /* per process flags,defined below */
unsigned long ptrace;
int lock_depth;                 /* Lock depth */
int prio,static_prio;
struct list_head run_list;
prio_array_t*array;
unsigned long sleep_avg;
unsigned long long timestamp,last_ran;
int activated;
unsigned long policy;
cpumask_t cpus_allowed;
unsigned int time_slice,first_time_slice;
#ifdef CONFIG_SCHEDSTATS
  struct sched_info sched_info;
#endif
struct list_head tasks;
    /*
      * ptrace_list/ptrace_children forms the list of my children
      * that were stolen by a ptracer.
      */
struct list_head ptrace_children;
struct list_head ptrace_list;
struct mm_struct*mm,* active_mm;
/* task state */
struct linux_binfmt*binfmt;
long exit_state;
int exit_code,exit_signal;
int pdeath_signal;              /* The signal sent when the parent dies */
unsigned long personality;
unsigned did_exec:1;
pid_t pid;
```

```
    pid_t tgid;
        /*
          * pointers to (original) parent process,youngest child,younger
          * sibling,older sibling,respectively. (p-> father can be replaced
          * with p->parent->pid)
          */
    struct task_struct* real_parent; /* real parent process (when being
                                          debugged) */
    struct task_struct*parent;  /* parent process */
        /*
          * children/sibling forms the list of my children plus the tasks
          * I'm ptracing.
          */
    struct list_head children;   /* list of my children */
    struct list_head sibling;    /* linkage in my parent's children list */
    struct task_struct*group_leader; /* threadgroup leader */
      /* PID/PID hash table linkage. */
    struct pid pids[PIDTYPE_MAX];
    struct completion*vfork_done;   /* for vfork( ) */
    int __user*set_child_tid;       /* CLONE_CHILD_SETTID */
    int __user*clear_child_tid;     /* CLONE_CHILD_CLEARTID */
    unsigned long rt_priority;
    unsigned long it_real_value,it_real_incr;
    cputime_t it_virt_value,it_virt_incr;
    cputime_t it_prof_value,it_prof_incr;
    struct timer_list real_timer;
    cputime_t utime,stime;
    unsigned long nvcsw,nivcsw; /* context switch counts */
    struct timespec start_time;
    /* mm fault and swap info: this can arguably be seen as either mm-spe-
cific or thread-specific */
    unsigned long min_flt,maj_flt;
    /* process credentials */
    uid_t uid,euid,suid,fsuid;
    gid_t gid,egid,sgid,fsgid;
    struct group_info*group_info;
      kernel_cap_t cap_effective,cap_inheritable,cap_permitted;
    unsigned keep_capabilities:1;
    struct user_struct*user;
```

```
    #ifdef CONFIG_KEYS
      struct key*session_keyring;    /* keyring inherited over fork */
      struct key*process_keyring;    /* keyring private to this process
(CLONE_THREAD) */
      struct key*thread_keyring;     /* keyring private to this thread */
    #endif
        int oomkilladj; /* OOM kill score adjustment(bit shift). */
        char comm[TASK_COMM_LEN];
    /* file system info */
        int link_count,total_link_count;
    /* ipc stuff */
    struct sysv_sem sysvsem;
    /* CPU- specific state of this task */
    struct thread_struct thread;
    /* filesystem information */
    struct fs_struct*fs;
    /* open file information */
    struct files_struct*files;
    /* namespace */
    struct namespace*namespace;
    /* signal handlers */
    struct signal_struct*signal;
    struct sighand_struct*sighand;
        sigset_t blocked,real_blocked;
    struct sigpending pending;
    unsigned long sas_ss_sp;
        size_t sas_ss_size;
    int (* notifier)(void*priv);
    void*notifier_data;
        sigset_t*notifier_mask;
    void*security;
    struct audit_context*audit_context;
    /* Thread group tracking */
    u32 parent_exec_id;
    u32 self_exec_id;
    /* Protection of (de-)allocation: mm,files,fs,tty,keyrings */
    spinlock_t alloc_lock;
    /* Protection of proc_dentry: nesting proc_lock,dcache_lock,write_
lock_irq(&tasklist_lock); */
```

```
spinlock_t proc_lock;
/* context- switch lock */
spinlock_t switch_lock;
/* journalling filesystem info */
void*journal_info;
/* VM state */
struct reclaim_state*reclaim_state;
struct dentry*proc_dentry;
struct backing_dev_info*backing_dev_info;
struct io_context*io_context;
unsigned long ptrace_message;
siginfo_t*last_siginfo; /* For ptrace use. */
*
* current io wait handle: wait queue entry to use for io waits
* If this thread is processing aio,this points at the waitqueue
* inside the currently handled kiocb. It may be NULL (i.e. default
* to a stack based synchronous wait) if its doing sync IO.
*/
wait_queue_t*io_wait;
/* i/o counters(bytes read/written,# syscalls */
    u64 rchar,wchar,syscr,syscw;
#if defined(CONFIG_BSD_PROCESS_ACCT)
  u64 acct_rss_mem1;          /* accumulated rss usage */
  u64 acct_vm_mem1;           /* accumulated virtual memory usage */
  clock_t acct_stimexpd;       /* clock_t—converted stime since last
                                   update */
#endif
#ifdef CONFIG_NUMA
struct mempolicy*mempolicy;
short il_next;
# endif
};
```

该结构的定义文件:linux/include/linux/sched.h

参考文献

[1] TANENBAUM A S. 现代操作系统[M]. 4 版. 陈向群，马红兵，译. 北京：机械工业出版社，2017.

[2] SILBERSCHATZ ABRAHAM，GALVIN PETER BAER，GAGNE GREG. Operating System Concepts[M]. 9th ed. Hoboken：John Wiley & Sons，2012.

[3] 孙钟秀，费翔林. 操作系统教程[M]. 4 版. 北京高等教育出版社，2008.

[4] 范志东，张琼声. 自己动手构造编译系统——编译、汇编与链接[M]. 北京：机械工业出版社，2016.

[5] 袁春风，余子濠. 计算机系统基础[M]. 2 版. 北京：机械工业出版社，2018.

[6] TANENBAUM A S. 操作系统：设计与实现[M]. 王鹏，尤晋元，等译. 北京：电子工业出版社，1998.

[7] 孟静. 操作系统教程——原理和实例分析[M]. 2 版. 北京：高等教育出版社，2006.

[8] 陈莉君. 深入分析 Linux 内核源代码[M]. 北京：人民邮电出版社，2002.

[9] ROBERT LOVE. Linux 内核设计与实现[M]. 陈莉君，康华，张波，译. 北京：机械工业出版社，2004.

[10] BOVET DANIEL P，CESATI MARCO. 深入理解 Linux 内核[M]. 2 版. 陈莉君，张琼声，张宏伟，译. 北京：中国电力出版社，2007.

[11] STALLINGS WILLIAM. 操作系统——内核与设计原理[M]. 4 版. 魏迎梅，王涌，等译. 北京：电子工业出版社，2002.

[12] 汤晓丹，梁红兵，哲凤屏，等. 计算机操作系统[M]. 3 版. 西安：西安电子科技大学出版社，2007.

[13] 于渊. 自己动手写操作系统[M]. 北京：电子工业出版社，2006.

[14] LIONS JOHN. 莱昂氏 UNIX 源代码分析[M]. 晋元，译. 北京：机械工业出版社，2000.

[15] 李善平，刘文峰. Linux 内核 2.4 版源代码分析大全[M]. 北京：机械工业出版社，2002.

[16] ALESSANDRO RUBINI，JONATHAN CORBET. Linux 设备驱动程序[M]. 魏永

明，骆刚，姜君，译. 北京：中国电力出版社，2002.

[17] BRYANT R E，O'HALLARON DAVID R. Computer Systems：A Programmer's Perspective[M]. 3th ed. Hoboken：Person Education，2017.

[18] TANENBAUM ANDREW S. Distributed Operating Systems[M]. Englewood：Printice Hall，1997.

[19] STALLINGS WILLIAM. Operating System Internals and Design Principles[M]. 5th ed. Englewood：Printice Hall，2007.

后 记

年轻的时候对计算机科学顶礼膜拜，对自己能从事这个专业而感到骄傲，遗憾的是从事这个专业工作最初的十年，没有参与、更没有主持过令人有成就感的项目。虽然每一次小的软件开发、每一个程序模块的完成都给我带来欣喜和满足，但理想却难以找到实现的方向。我庆幸自己后来选择了教师这个职业，使我有比较充分的时间和空间，让自己的思想、兴趣任意驰骋。

一直以来，我对透视计算机的构成及工作的每一个细节感兴趣，对如何使计算机更完美，能像瑞士军刀一样对应用问题所向披靡感兴趣。操作系统就像一块磁铁牢牢地吸引了我对于计算机科学的几乎所有热情，她复杂、强大、外柔内刚，她使一台台机器灵活自如地高效工作，没有了她，计算机的世界就少了优美、和谐、自如。感谢学校、学院及校出版社给我写作《计算机操作系统原理》教材的机会，使我对操作系统的热爱有了倾泄的方式，找到了与人分享的途径。

本书的第一版尽管有很多不尽如人意之处，但使用十年来，因其讲解细致受到学生们和同行的肯定，这也给我继续撰写教材以信心。随着计算机软、硬件技术及运算环境的飞速发展、变化，以及我对计算机系统不断更新的认知，出版教材的第二版变得日益紧迫。结合近十年用书中存在的问题和新技术发展的需要，在第二版教材中对第一版的内容、表达方式进行了扩充、完善。第二版的撰写、修订、校稿是在教学任务繁重的情况下断断续续地进行的，其中在外人看来的辛苦，于我而言是一种欣喜、内心的宁静和改善后的如释重负。希望第二版教材在教学中发挥应有的作用，更希望读者能喜欢这本书的内容和表达方式。

本书参考、引用了一些国内外优秀教材的内容，在此对这些文献的作者表示感谢。

我的研究生与我一起对操作系统的教学和研究做了大量工作，他们是：苏卫、侯波、刘冬萍、黄亭宇、夏守姬、周冲、刘童璇、陈晓伟、吴明泉、刘东、李莹、范志东。夏守姬同学完成了本书操作系统体系结构的综述，刘童璇同学对 Tinix 代码做了详尽注释，吴明泉同学协助完成了第 7 章文件系统的写作与修改，李莹同学实现了线程的模拟程序，范志东同学完成了书中所有的插图绘制工作。曾经参与操作系统方向毕业设计的各届同学不仅很好地完成了自己的本科毕业设计，而且为我的课堂教学和实践教学积累了大量的素材，他们是：钱兵、王慧、宋豫、董振宇、夏守姬、黄亭宇、文良勇、孙志成、高威、董黎明、陈晓伟、蒋玉新、叶武迪、汪洋、李吉乐、吴明泉、李莹、范志东、孙鹏程。已经毕业的两位同学陈坤和董黎明在繁忙又繁重的工作之余帮助我认真检查教材中的错误与不妥，陈坤在我写作的过程中给予了我很多鼓励和帮助。我还想感谢在第一版教材出版后，继续致力于学习和探究系统软件实现技术的学生们。他们与我一起解决新的疑问，积累新的认知，他们是：张森、李超、沙岩、汪谦、包瑞琳、孟祥奎、徐晨升、赵国梁、田育华、高国亮。范志东、刘童璇、董黎明在系统软件和新的计算环境、新技术发展和需求方面向我持续提供颇有助益的信息与帮助。

在此对帮助和支持我完成此书的学生们表示衷心的感谢和敬意！

感谢我的父母、丈夫和我可爱的女儿对我工作的理解和竭尽所能的支持！特别感谢我的女儿为我的工作付出的支持与耐心。

谨以此书献给我亲爱的家人和一直支持、帮助我的可爱的学生和同事，谢谢他们陪伴我在寻觅的道路上走过每一段迷茫，越过每一道坎坷，体验无数的温暖与美好。

张琼声

2022 年 5 月于中国石油大学(华东)

图书在版编目(CIP)数据

计算机操作系统原理 / 张琼声，马力，李华昱编著
. --2 版. --青岛 : 中国石油大学出版社，2022.8
ISBN 978-7-5636-7418-3

Ⅰ. ①计… Ⅱ. ①张…②马…③李… Ⅲ. ①操作系统 Ⅳ. ①TP316

中国版本图书馆 CIP 数据核字(2022)第 088429 号

中国石油大学(华东)规划教材

书　　名：计算机操作系统原理
JISUANJI CAOZUO XITONG YUANLI
编　　著：张琼声　马　力　李华昱

责任编辑：高　颖(电话　0532-86983568)
封面设计：青岛友一广告传媒有限公司

出 版 者：中国石油大学出版社
(地址：山东省青岛市黄岛区长江西路 66 号　邮编：266580)
网　　址：http://cbs.upc.edu.cn
电子邮箱：shiyoujiaoyu@126.com
排 版 者：青岛天舒常青文化传媒有限公司
印 刷 者：青岛新华印刷有限公司
发 行 者：中国石油大学出版社(电话　0532-86983437)
开　　本：787 mm×1 092 mm　1/16
印　　张：16.5
字　　数：422 千字
版 印 次：2022 年 8 月第 2 版　2022 年 8 月第 1 次印刷
书　　号：ISBN 978-7-5636-7418-3
定　　价：42.00 元